BEITRÄGE ZUM AUSLÄNDISCHEN UND INTERNATIONALEN PRIVATRECHT

HERAUSGEGEBEN VOM

MAX-PLANCK-INSTITUT FÜR AUSLÄNDISCHES UND INTERNATIONALES PRIVATRECHT

Direktor: Professor Dr. Hans Dölle

22

1 9 5 2

WALTER DE GRUYTER & CO.
BERLIN

J. C. B. MOHR (PAUL SIEBECK)
TÜBINGEN

GRUNDFRAGEN

DES

DEUTSCHEN INTERLOKALEN RECHTS

Von

HANS G. FICKER

1 9 5 2

WALTER DE GRUYTER & CO.
BERLIN

J. C. B. MOHR (PAUL SIEBECK)
TÜBINGEN

Druck: Buchdruckerei Eugen Göbel, Tübingen

Den Manen

REINHOLD RICHTERS

1875—1946

Vorwort

Es ist mir eine angenehme Pflicht, der Notgemeinschaft der deutschen Wissenschaft (jetzt Forschungsgemeinschaft), welche die vorliegende Abhandlung entscheidend förderte, auch an dieser Stelle meinen geziemenden Dank auszusprechen. Ich darf ferner dem Max-Planck-Institut für ausländisches und internationales Privatrecht, an der Spitze seinem verehrten Leiter, Professor Dr. Hans Dölle, für mannigfache und stets in liebenswürdigster Weise gewährte Unterstützung bei der Anfertigung und Veröffentlichung dieser Arbeit sowie für die Auszeichnung, sie in der Reihe seiner Beiträge aufzunehmen, herzlich danken. Besonderen Dank gebührt Dr. Dr. Paul Heinrich Neuhaus, der das Manuskript einer redaktionellen Durchsicht unterzog und mir viele wertvolle Hinweise gab. Dr. Gustav Schwartz hat mich in Fragen des Warenzeichen- und Firmenrechts, Professor Dr. A. N. Makarov in Frage des Staatsangehörigkeitsrechts, Dr. Erich R. Prölss in Frage des Versicherungsrechts beraten. Ich bin den führenden Vertretern dieser Rechtsgebiete hierfür zu großem Dank verpflichtet.

Wäre es mir nicht vergönnt gewesen, die Sammlung von Entscheidungen zum interzonalen Recht, deren Veröffentlichung das Institut vorbereitet, schon im Entstehen ausgiebig zu benützen, so wäre eine Auswertung der weit verstreuten Rechtsprechung nicht möglich gewesen. Dem Initiator dieser Sammlung, Professor Dr. Bernhard C. H. Aubin, gebührt hierfür gleichfalls ein besonderes Wort des Dankes.

Wie sehr der Verfasser sich Reinhold Richter verpflichtet und verbunden fühlt, möge die Widmung dieses Buches zeigen.

Mainz, am 18. Januar 1952

Hans G. Ficker

Inhalt

Zweiter Teil

DER GRUNDSATZ
VON DER TERRITORIALITÄT DER ZWANGSMASSNAHMEN
IM DEUTSCHEN INTERLOKALEN RECHT

Verzeichnis der Abkürzungen

1. Abgekürzt zitierte Schriften

Beitzke	=	Günther Beitzke, Probleme der Enteignung im Internationalprivatrecht, in Festschrift für Leo Raape, 1948, S. 93 ff.
Beuck	=	W. Beuck, Zonenprobleme, Sonderfragen aus Ostbeziehungen der Wirtschaft, 2. Aufl. 1948
Beuck, IZR	=	W. Beuck, Interzonales Privatrecht. Gesetzgebung, Materialien und Judikatur zur Ost-West-Rechtsprechung, 1951.
Bussmann	=	Kurt Bussmann, Zwangsmaßnahmen gegenüber Unternehmenskennzeichen, in Festschrift für Leo Raape, 1948, S. 131 ff.
Dölle	=	Hans Dölle, Betrachtungen zum ausländischen, internationalen und interzonalen Privatrecht im besetzten Deutschland, in Festschrift für Leo Raape, 1948, S. 149 ff.
Dölle, Ordre public	=	Hans Dölle, der Ordre public im Internationalen Privatrecht. Deutsche Landesreferate zum III. Internationalen Kongreß für Rechtsvergleichung in London 1950, S. 397 ff.
Düringer-Hachenburg	=	Düringer-Hachenburg, Das Handelsgesetzbuch vom 10. Mai 1897, 3. Aufl. 1930 ff.
Fedozzi	=	Prospero Fedozzi, De l'efficacité extraterritoriale des lois et des actes de droit public, Recueil des Cours 27 (1929 II) 145 ff.
Frankenstein	=	Ernst Frankenstein, Internationales Privatrecht (Grenzrecht), I 1926, II 1929, III 1934, IV 1935.
Gutzwiller	=	Max Gutzwiller, Der Geltungsbereich der Währungsvorschriften, 1940.
Kahn	=	F. Kahn, Abhandlungen zum Internationalen Privatrecht, herausgegeben von Lenel u. Lewald 1928.
Kegel	=	Gerhard Kegel, Der Gegenstand des internationalen Privatrechts, in Festschrift für Leo Raape, 1948, S. 13 ff.
Koeppel	=	Klaus Koeppel, Die deutsche Devisengesetzgebung im internationalen Privatrecht, 1938.

Lerebours-Pigeonniere	=	Paul Lerebours-Pigeonniere, Précis de droit international privé, 3. Aufl. 1937.
Melchior	=	George Melchior, Die Grundlagen des Deutschen Internationalen Privatrechts, 1932.
Neumeyer	=	Karl Neumeyer, Internationales Verwaltungsrecht, I 1910, II 1922, III 1930, IV 1936.
Nussbaum	=	Arthur Nussbaum, Deutsches Internationales Privatrecht, 1932.
Petersen	=	Georg Petersen, Fragen des Enteignungsrechts, in Tagung deutscher Juristen Bad Godesberg 30. 9./1. 10. 1947, Reden und Vorträge, S. 127 ff.
Raape	=	Leo Raape, International. Privatrecht, 3. Aufl. 1950.
Raape[2]	=	Leo Raape, Internationales Privatrecht, 3. Aufl. 1950. 2. Aufl. 1945.
Rheinstein	=	Max Rheinstein, Die inländische Bedeutung einer ausländischen Zwangsvollstreckung in Geldforderungen, RabelsZ 8 (1934) S. 277 ff.
Riezler	=	Erwin Riezler, Die räumliche Begrenzung des Privatrechts, Sitzungsberichte der Bayerischen Akademie der Wissenschaften. Philosophisch-historische Klasse. Jg. 1948 Heft 2. Auch sep. München 1949.
Savigny	=	Friedrich Carl v. Savigny, System des heutigen Römischen Rechts, VIII. Band 1849.
Schnitzer	=	Adolf F. Schnitzer, Handbuch des Internationalen Privatrechts, 2 Bände 1944.
Scott	=	James Brown Scott, Cases on International Law. St. Paul 1922.
Scrimali	=	Antonio Scrimali, I conflicti interregionali di leggi nel diritto internazionale 1935.
Staudinger-Raape	=	J. v. Staudingers Kommentar zum Bürgerlichen Gesetzbuch und Einführungsgesetz, VI. Band. Einführungsgesetz, 2. Teil. Erläutert von Leo Raape, 9. Auflage 1931.
Strupps Wörterbuch	=	Karl Strupp, Wörterbuch des Völkerrechts und der Diplomatie, Band I und II, 1922—1925.
Vogel	=	Hermann Vogel, Sitzverlegungen über Zonengrenzen, in Festschrift für Leo Raape, 1948, S. 203 ff.
Ernst Wolff	=	Ernst Wolff, Probleme des interlokalen Privatrechts in Deutschland, in Festschrift für Leo Raape, 1948, S. 181 ff.
Martin Wolff	=	Martin Wolff, Das internationale Privatrecht Deutschlands, 2. Aufl. 1949.
Zitelmann	=	Ernst Zitelmann, Internationales Privatrecht, I 1897, II 1912.
Zweigert	=	Konrad Zweigert, Die dritte Schule im internationalen Privatrecht, in Festschrift für Leo Raape, 1948, S. 35 ff.

2. Sonstige Abkürzungen

a. A.	=	Anderer Ansicht
aaO	=	am angegebenen Ort
ABGB	=	Allgemeines (österreichisches) Bürgerliches Gesetzbuch
A C	=	Appeal Cases
AcP	=	Archiv für die civilistische Praxis
AG	=	Amtsgericht
AHK	=	Alliierte Hohe Kommission
AktG	=	Gesetz über Aktiengesellschaften und Kommanditgesellschaften auf Aktien (Aktiengesetz vom 30. 1. 1937
Amtsbl.	=	Amtsblatt
Art.	=	Artikel
AZGB	=	Rundschreiben des Ausschusses zonenmäßig getrennter Betriebe, Hamburg
B	=	Beschluß
BB	=	Der Betriebsberater
Bek	=	Bekanntmachung
Betrieb	=	Der Betrieb
Bd	=	Band
BGB	=	Bürgerliches Gesetzbuch
BGBl	=	Bundesgesetzblatt
BGE	=	Entscheidungen des Schweizerischen Bundesgerichts in Zivilsachen
BGH	=	Bundesgerichtshof
Bl. f. PMZW	=	Blatt für Patent-, Muster- und Zeichenwesen
BZ	=	Britische Zone
Clunet	=	Journal de droit international, fondé par Clunet, continué par Prudhomme
comm.	=	commercial, commerciale
DDR	=	Deutsche Demokratische Republik
disp. prel.	=	disposizioni preliminari
DJ	=	Deutsche Justiz
DNZ	=	Deutsche Notar-Zeitschrift
DOG	=	Deutsches Obergericht für das Vereinigte Wirtschaftsgebiet
DR	=	Deutsches Recht
DRiZ	=	Deutsche Richterzeitung
DRZ	=	Deutsche Rechts-Zeitschrift
DV	=	Deutsche Verwaltung
DVO	=	Durchführungsverordnung
ebd.	=	ebenda
EG	=	Einführungsgesetz zum Bürgerlichen Gesetzbuch
Einl.	=	Einleitung
FGG	=	Gesetz über die Angelegenheiten der freiwilligen Gerichtsbarkeit vom 17. 5. 1898
G	=	Gesetz
GBl	=	Gesetzblatt
GesSlg	=	Gesetzsammlung
GG	=	Grundgesetz für die Bundesrepublik Deutschland vom 23. 5. 1949

GmbH	=	Gesellschaft mit beschränkter Haftung
GRuR	=	Gewerblicher Rechtsschutz und Urheberrecht
GVBl	=	Gesetz- und Verordnungsblatt
Hans JVBl	=	Hanseatisches Justiz- und Verwaltungsblatt
HESt	=	Höchstrichterliche Entscheidungen in Strafsachen
HEZ	=	Höchstrichterliche Entscheidungen in Zivilsachen
HGB	=	Handelsgesetzbuch
HW	=	Haus und Wohnung
internat.	=	international
IZR	=	siehe Beuck, IZR
Jb	=	Jahrbuch
JBl	=	Juristische Blätter (Wien)
JböffR	=	Jahrbuch des öffentlichen Rechts
JMBl	=	Justizministerialblatt
JMBl NW	=	Justizministerialblatt für Nordrhein-Westfalen
JN	=	Jurisdiktionsnorm
JR	=	Juristische Rundschau
JuV	=	Justiz und Verwaltung
JW	=	Juristische Wochenschrift
JZ	=	Juristenzeitung
KG	=	Kammergericht
KO	=	Konkursordnung
KRG	=	Kontrollratsgesetz
KunstUrhG	=	Gesetz, betreffend die Urheberrechte an Werken der bildenden Kunst und der Photographie vom 9. 1. 1907
LAG	=	Landesarbeitsgericht
LG	=	Landgericht
LitUrhG	=	Gesetz, betreffend die Urheberrechte an Werken der Literatur und der Tonkunst vom 19. 6. 1901
MABl	=	Ministerialamtsblatt
MBl	=	Ministerialblatt
m. E.	=	meines Erachtens
MDR	=	Monatsschrift für deutsches Recht
MRG	=	Gesetz der Militärregierung
MuW	=	Markenschutz und Wettbewerb
Nachrichtendienst	=	Nachrichtendienst des deutschen Vereins für öffentliche und private Fürsorge
Nds Rpfl	=	Niedersächsische Rechtspflege
Niemeyers Z	=	Niemeyers Zeitschrift für internationales Recht
NJ	=	Neue Justiz
NJW	=	Neue Juristische Wochenschrift
ObLG	=	Oberstes Landesgericht
OG	=	Oberstes Gericht
OGH	=	Oberster Gerichtshof (Britische Zone)
OGHZ	=	Entscheidungen des Obersten Gerichtshofs für die Britische Zone in Zivilsachen
oHG	=	offene Handelsgesellschaft
o. J.	=	ohne Jahr
OLG	=	Oberlandesgericht
Publ	=	Publikation

RabelsZ	=	Zeitschrift für ausländisches und internationales Privatrecht, begründet von Ernst Rabel
RdA	=	Recht der Arbeit
RDIP	=	Revue de droit international privé, fondée par Darras, continuée par de Lapradelle
RegBl Thür	=	Regierungsblatt (Thüringen)
RG	=	Reichsgericht
RGBl	=	Reichsgesetzblatt
RGZ	=	Entscheidungen des Reichsgerichts in Zivilsachen
RheinZ	=	Rheinische Zeitschrift für Zivil- und Prozeßrecht
Rpfleger	=	Der deutsche Rechtspfleger
Rspr	=	Rechtsprechung
Rspr dt. Ger	=	Rechtsprechung deutscher Gerichte
RuS	=	Rechtsprechung und Schrifttum
RuWPr	=	Rechts- und Wirtschaftspraxis. Forkel-Verlag
RV	=	Reichsverfassung vom 11. 8. 1919
Rvgl Hwb	=	Rechtsvergleichendes Handwörterbuch für das Zivil- und Handelsrecht des In- und Auslandes. Herausgegeben von Schlegelberger 1929 ff.
Schl HA	=	Schleswig-Holsteinische Anzeigen
schweiz.	=	schweizerisch
SJZ	=	Süddeutsche Juristenzeitung
SMA (D)	=	Sowjetische Militäradministration (Deutschland)
Sp	=	Spalte
StAZ	=	Das Standesamt, Zeitschrift für Personenstandsrecht, Ehe- und Kindschaftsrecht, Staatsangehörigkeitsrecht
trib.	=	tribunal, tribunale
tschechosl.	=	tschechoslowakisch
UmstG	=	Umstellungsgesetz vom 27. 6. 1948
VBlBZ	=	Verordnungsblatt für die Britische Zone
Vereinf	=	Vereinfachung
VO	=	Verordnung
Veröff Vers	=	Veröffentlichungen des Zonenamtes des Reichsaufsichtsamtes für das Versicherungswesen
VR	=	Versicherungsrecht
VVG	=	Gesetz über den Versicherungsvertrag vom 30. 5. 1908
VW	=	Versicherungswirtschaft
WZG	=	Warenzeichengesetz vom 5. 5. 1936
Z	=	Zeitschrift
ZADR	=	Zeitschrift der Akademie für Deutsches Recht
Z auslöRuVR	=	Zeitschrift für ausländisches öffentliches Recht und Völkerrecht
ZBlJR	=	Zentralblatt für Jugendrecht und Jugendwohlfahrt
ZVBl	=	Zentralverordnungsblatt

Arabische Zahlen ohne nähere Angabe bezeichnen die Seiten

EINFÜHRUNG

1. Die Notwendigkeit der Aufgabe

Als der Verfasser im Jahre 1931, einer Aufforderung MARTIN WOLFFS folgend, eine rechtsvergleichende Darstellung des Internationalen Obligationenrechts und des Internationalen Handelsrechts in gedrängter Kürze versuchte [1], war es eine Art Abschiedsstimmung, die ihn hierbei bewegte. Der Grund für dieses Gefühl, daß hier vielleicht zum letzten Male eine Disziplin in ihrem bisherigen Umfang und ihrer alten Problemstellung wiedergegeben würde, wird namentlich im Internationalen Handelsrecht an zahlreichen Punkten deutlich: Die Vereinheitlichung des Rechts des Exportkaufmanns, dieses in einem weiten, untechnischen Sinne genommen, war damals auf so gutem Wege, daß man damit rechnen konnte, daß ein Rechtsgebiet nach dem anderen, das eine ausführlicher, das andere nur in großen Zügen, international angepaßt werden würde und daß damit die behandelten Disziplinen, wenn auch nicht insgesamt gegenstandslos werden, so doch auf die Erörterung von Teilproblemen zurückgedrängt werden würden. Gerade damals hatte man auf dem großen Gebiete des Wechsel- und Scheckrechts praktische Erfahrungen mit der Vereinheitlichung von Wertpapierrecht im Wege des Staatsvertrages gemacht. Die Hauptmasse der Rechtsnormen dieses wichtigen Abschnittes war international vereinheitlicht worden; kollisionsrechtliche Fragen spielten daher im Geltungsbereich des Abkommens nur dort noch eine Rolle, wo Vorbehalte ausgesprochen worden waren oder wo man auf die nationalen Rechte zurückverwiesen hatte. Auf weiten Gebieten des Produktenhandels herrschte ferner das Formular der führenden Börse, so daß hier praktisch eine Vereinheitlichung erzielt worden war und grenzrechtliche Probleme nur noch am Rande und in geringem Umfang auftauchten.

Der Verfasser, damals an einem Institut des Völkerbundes beschäftigt, das ausschließlich die Vereinheitlichung von Privat- und

[1] Rvgl Hwb IV (1933) 371 ff., 459 ff.

Handelsrecht durch Staatenübereinkunft betrieb, überblickte die zahlreichen Bestrebungen, die im Gange waren, und war an einer Anzahl von ihnen beteiligt. Er wußte, daß starke wirtschaftliche und wissenschaftliche Kräfte hinter ihnen standen, und war von dem den Augenblick überdauernden Wert der Rechtsvereinheitlichung und ihrer über die behandelte Materie selbst weit hinausgreifenden politischen Bedeutung fest überzeugt. Er übersah nicht, daß politische und wirtschaftliche Gegenkräfte vorhanden waren und daß man auf dem Gebiete der Rechtsvereinheitlichung mit Jahrzehnten rechnen mußte, daß es auch weite Gebiete gab — wie das Familienrecht —, die einer internationalen Vereinheitlichung zumindest des materiellen Rechts unzugänglich waren. Aber noch war die Blockbildung in der politischen Welt nicht so weit gediehen, daß sie ein Hemmnis der Vereinheitlichung im universellen Rahmen bildete. Gewiß hatte die Panamerikanische Union Teile der Arbeit regional vorweggenommen. Aber sie bot auch wieder Antrieb und Vorbild, und man konnte hoffen, mit einigen rechtstechnischen Kunstgriffen, wie Vorbehalten für Gruppenvereinheitlichungen, ihren Abmachungen Rechnung tragen zu können, ohne sie ganz aus dem Spiele lassen zu müssen. Und so blickten die Arbeiten von 1931 auf ihre Themen, Internationales Obligationen- und Handelsrecht, eigentlich zurück und sahen vor sich die großen wissenschaftlichen Aufgaben, die die Rechtsvereinheitlichung auch methodologisch mit sich bringt und an denen kaum der erste Spatenstich geschehen ist [2].

Inzwischen ist alles anders geworden. Zwar lebt und arbeitet das römische Institut noch und ist unverdrossen damit beschäftigt, zerrissene Fäden wieder zu knüpfen und neue anzuspinnen. Aber der arglose Glaube, daß auf manchen Gebieten eine Weltvereinheitlichung das Kollisionsrecht ausschließen oder ihm ein anderes Gesicht geben würde, ist dahin. Damit ist nicht gesagt, daß die Vereinheitlichung des Schuld-, Handels- und Wirtschaftsrechts im

---

[2] Demogue, L'unification internationale du droit privé (1927); eine gute Übersicht, allerdings nach dem Stand von 1925 und daher in vielen Einzelheiten überholt. Scherrer, Zur Frage der Vereinheitlichung des Privatrechts (Basel 1939). Gutteridge, The Technique of the Unification of Private Law, British Yearbook for International Law 20 (1939) 37 ff. Skeptisch und lehrreich David, Traité élémentaire de droit civil comparé (1950) 141—185. Ein einzelnes Rechtsgebiet erörternd, aber darüber hinaus von Bedeutung Riese, Luftrecht (1949) 33—70. Die Vorlesung, die Oppikofer an der Haager Akademie über „L'unification internationale du droit privé, spécialement en matière du droit des transports" gehalten hat, ist leider nicht veröffentlicht; vgl. Recueil des Cours, Tables générales des 62 premiers volumes (1939) 845 unter VII. Neuestens hat sich Zweigert der Fragen angenommen; sein Vortrag vom 14. 10. 1950 ist abgedruckt in RabelsZ 16 (1951) 387 ff.

europäischen Rahmen in absehbarer Zeit nicht eine große Rolle spielen wird: Europa muß versuchen, die für einen internationalen Austausch wichtigsten Partien seines Rechts, ich nenne nur das See- und Luftprivatrecht, das Recht des Handelskaufs und das Recht der Handelspapiere, zu vereinheitlichen oder weiter zu vereinheitlichen, wenn es überhaupt mit dem gemeineuropäischen Gedanken ernst machen will. Aber die Disziplinen des Internationalen Handelsrechts und des Internationalen Schuldrechts in heutigem Umfang und heutiger Problemstellung wird es für sehr lange Zeit noch geben, sei es auch nur, um über Rechtskollisionen zwischen den drei oder vier großen Blöcken zu entscheiden.

Daß es neben diesen Disziplinen allerdings in Deutschland ein *interterritoriales Recht* in nennenswertem Umfang wieder geben würde, hätte wohl im Jahre 1931 keiner gedacht, wenn er auch noch so skeptisch die Entwicklung verfolgte. Die Probleme des interterritorialen Rechts waren natürlich geläufig und wurden, wenn auch nicht häufig, diskutiert: als dauernde in den sog. plurilegislativen (Mehrrechts-) Staaten, für die damals Polen das beste Beispiel bot, als Übergangsprobleme in allen den Staaten, die sich durch die Pariser Vorortsverträge vergrößert hatten und in den neuen Gebieten das alte Recht zunächst bestehen ließen. In Frankreich hatte sich besonders Niboyet [3] mit diesen Fragen befaßt, der Italiener Scrimali hat ihnen ein ganzes Buch gewidmet [4]. Aber gerade auf denjenigen Gebieten des Rechts, die für den Kaufmann und für die Wirtschaft von größerem Interesse sind, hatten die interlokalrechtlichen Fragen bei dem Zuge dieser Rechtsgruppen zu weiträumiger Einheitlichkeit niemals eine bedeutende Rolle gespielt. Es bedurfte der tragischen völkerrechtlichen Situation Deutschlands nach 1945, um diesen Fragen größere, ja einschneidende Wichtigkeit in wirtschaftlicher wie rechtlicher Beziehung zukommen zu lassen [5]. Allerdings war das deutsche Privat- und Handelsrecht im Zeitpunkt des Zusammenbruchs in allen wesentlichen Punkten Reichsrecht und blieb auch nach 1945 gesamtdeutsches Recht. Aber das Auseinanderleben der Zonen und in einem geringeren Ausmaße auch der Länder lockerte das Gefüge, stärkere Einbrüche folgten, und ein

[3] Conflits entre les lois françaises et les lois locales d'Alsace et Lorraine en droit privé. Commentaire de la loi du 24 juillet 1921 (Paris 1922).

[4] I conflitti interregionali di leggi nel diritto internazionale (Palermo 1935), hierzu meine Besprechung in RabelsZ 10 (1936) 449 ff.; ferner Eliesco, Conflits de lois dans l'espace sans conflits de souveraineté (Thèse 1925). Weiteres Schrifttum bei Dölle, Ordre public 411.

[5] Vorher hatte die Eingliederung Österreichs und der sudetendeutschen Gebiete Anlaß zu einer Diskussion der Fragen gegeben, die sich jedoch fast durchweg im Rahmen des Familienrechts hielt.

Ende ist, soweit das Verhältnis Ost-West in Frage kommt, noch nicht abzusehen. Und so wird denn nichts anderes übrig bleiben, als nicht nur die alten Probleme des Internationalen Schuld- und Handelsrechts, kompliziert durch die immer intensiver werdenden Einwirkungen des öffentlichen Rechts, erneut aufzugreifen, sondern auch die leidigen Fragen des Interlokalen Rechts mehr als bisher in den systematischen Zusammenhang einzugliedern, um feste Ausgangspunkte für geschmeidige und der rechtlichen Vielfältigkeit der Tatbestände angepaßte Lösungen zu finden[6]. Damit ist allerdings nicht gesagt, daß es erforderlich oder auch nur zweckmäßig wäre, ein Haus mit vielen Zimmern zu errichten. Im Gegenteil, je eher der Begriff des Interlokalen Rechts und seine Probleme wieder aus dem Vordergrund verschwinden, desto besser ist es[7].

Jedoch dürfte es, wie sich die Situation des deutschen Rechts nun einmal gestaltet hat, von Nutzen sein, von einem dem Kollisionsrecht so unverrückbar eigenen Begriff wie dem des Anknüpfungsmomentes aus an die Fragen des Interlokalen Rechts heranzugehen und festzustellen, ob und wieweit die Anknüpfungsmomente, die sich im Internationalen Kollisionsrecht bewährt haben oder zumindest dort ihren Platz ausfüllen, bei dem kleineren und häßlicheren Bruder Verwendung finden können, ob sie einer anderen Gruppierung bedürfen oder ob sie ausgewechselt werden müssen und welche Perspektiven sich hieraus ergeben; ferner erscheint es erforderlich, den im Interlokalen Recht derzeit im Mittelpunkt stehenden Grundsatz von der Territorialität der Zwangsmaßnahmen unter diesen Gesichtspunkten etwas näher zu untersuchen.

Denjenigen aber, denen es, wie dem Verfasser, schmerzlich ist, von den großen Fragen der Vereinheitlichung ganzer Rechtsgruppen, die das Kollisionsrecht überhaupt weitgehend überflüssig machen sollte, auf Fragestellungen zurückgeworfen zu sein, die die Not des Vaterlandes in besonderem Maße spiegeln und die wir alle als überholt betrachteten, möge es zum Troste dienen, daß es die Aufgabe aller Wissenschaft ist, alte Probleme wieder und wieder leidenschaftslos zu durchdenken, sie von neuen Seiten zu sehen und neue Erkenntnisse aus ihnen zu gewinnen. Vielleicht werden auch die hier behandelten Dinge im größeren gesamteuropäischen Zusammenhang einmal fruchtbar werden können.

---

[6] Hierzu Dölle 174 ff.; er spricht von „dem Bestreben, jene feste Ausgangsbasis zu schaffen, deren auch die hier befürwortete kasuistische Methode, wenn anders sie den Namen einer Methode verdienen soll, nicht gut entraten kann."

[7] Ähnlich sind die Gefühle, mit denen Riezler (SJZ 1947, 233) vom interzonalen Prozeßrecht spricht.

2. Terminologie

a) Allgemeines

Doch zunächst muß zur Terminologie einiges gesagt werden. Zwar sollen hier zu der so oft erörterten Frage, wie man am besten die Summe der Rechtssätze bezeichnet, die über die Zuordnung eines Sachverhaltes zu einer Privatrechtsordnung entscheiden, keine Ausführungen gemacht werden. Wir nennen sie, soweit die Rechtsordnungen zweier Staaten, die keine gemeinsame staatliche Ordnung über sich haben, zur Wahl stehen, mit der althergebrachten Bezeichnung „Internationales Privatrecht", obwohl es jetzt unzweifelhaft ist, daß es sich hier grundsätzlich nicht um „internationales", sondern um staatliches, und obwohl es immer noch zweifelhaft ist, ob es sich um Privatrecht handelt [8]. Auch bezeichnen wir das Kollisionsrecht, soweit es sich um die Frage der Anwendung von Verwaltungsrecht unter den gleichen Voraussetzungen handelt, als „Internationales Verwaltungsrecht", verwenden den Begriff also ganz im Sinne NEUMEYERS [9].

Schon dieser [10] hat geklagt, daß eine unmißverständliche Gesamtbezeichnung noch nicht gefunden worden sei. Heute, wo das Interlokale Recht wieder besondere Bedeutung erheischt, ist dieser Mangel noch empfindlicher. Man bedarf nicht nur einer Gesamtbezeichnung, es fehlt zur Erleichterung der Verständigung auf dem so spröden Gebiete auch die leicht ins Ohr eingehende Gruppenbezeichnung, um Interlokales und Internationales *Privatrecht* einerseits, Interlokales und Internationales *Verwaltungsrecht* andererseits zusammenzufassen. Im folgenden wird als Gesamtbezeichnung für alle vier Rechtsdisziplinen [11] der Ausdruck „Kollisionsrecht", werden als Gruppenbezeichnungen die Ausdrücke „Kollisionsprivatrecht" und „Kollisionsverwaltungsrecht" benutzt. Ist es erforderlich, In-

---

[8] Die Frage ist oft erörtert. Die Mehrheit der Meinungen in Deutschland weist das Internationale Privatrecht dem Privatrecht zu: MELCHIOR 50, NUSSBAUM 14, RAAPE 5, SCHNITZER I 19 ff. Anderer Auffassung ZITELMANN I 199, NEUMEYER IV 481 ff. (hiergegen GUTZWILLER 24), CAVAGLIERI, Lezioni di diritto internazionale privato (3. Aufl. 1933) 62 und die Mehrheit der französischen Lehre, diese in zahlreichen Variationen.

[9] „. . . ein völlig entsprechendes Gegenstück zum internationalen Privatrecht": NiemeyersZ 32 (1924) 2. Daß dies nur im Ansatz zutreffen kann, aus dem Gegensatz zwischen privatem und öffentlichem Recht sich vielmehr Verschiedenheiten der Fragestellung ergeben, die ganz grundsätzlicher Natur sind, verkennt NEUMEYER nicht und hat er selbst später stark, vielleicht zu stark hervorgehoben (vgl. IV 3 f., 115 ff.). Zutreffend ist, daß die Kollisionsnormen des Internationalen Verwaltungsrechts grundsätzlich — aber nur grundsätzlich! — einseitiger, die des Internationalen Privatrechts grundsätzlich zweiseitiger Natur sind; hierzu ZWEIGERT, SJZ 1950, 45 und die dort Angeführten.

[10] IV 487.

[11] Das Internationale Strafrecht bleibt hier außer Betracht.

ternationales Privatrecht und Internationales Verwaltungsrecht zusammenzufassen, so wird von „Internationalem Kollisionsrecht“, bei der Zusammenfassung von Interlokalem Privatrecht und Interlokalem Verwaltungsrecht von „Interlokalem Kollisionsrecht“ oder auch nur von „Interlokalem Recht“ gesprochen. Der Stempel des Notbehelfs ist den meisten dieser Bezeichnungen so offensichtlich aufgedrückt, daß dem Verfasser ihre Unschönheit hoffentlich verziehen werden wird.

b) Scheidung von Internationalem und Interlokalem Kollisionsrecht

Bei der Scheidung zwischen Internationalem und Interlokalem Kollisionsrecht muß auf eine richtige Eingruppierung sorgfältig geachtet werden. Zwar erscheint die Zuteilung auf den ersten Blick so eindeutig, daß man sich der Zweifel überhoben glaubt: hier das Internationale Kollisionsrecht, das zwischen den Rechtsordnungen zweier Staaten wählt, die keine gemeinsame staatliche Ordnung [12] über sich haben, dort das Kollisionsrecht innerhalb einer staatlichen Ordnung, in der verschiedene Rechtsordnungen gelten. Die Übergänge und Dunkelheiten sind trotz dieser scheinbar eindeutigen Antithese zahlreich. Sie ergeben sich aus der Unsumme von Schwierigkeiten, die sich an den Begriff der staatlichen Ordnung heften; auch wenn man, wie die hier gewählte Definition, den Begriff der Souveränität vermeidet, tauchen die gleichen Schwierigkeiten, die diesem Begriff anhaften, in etwas anderer Problemstellung bei jenem auf. So wird man das Kollisionsrecht zwischen den einzelnen Staaten des Commonwealth, also etwa zwischen Indien und Kanada, als ein internationales, wenn auch eigener Art, ansehen können. Hingegen werden kollisionsrechtliche Fragen zwischen den einzelnen Bundesrepubliken der UdSSR als solche interlokalrechtlicher Art betrachtet [13]; daran wird man auch heute festhalten, obschon einzelne dieser Bundesrepubliken Sitz und Stimme in den Vereinten Nationen haben, was gemeinhin als eines der sichersten Indizien unabhängiger staatlicher Ordnung angesehen wird [14].

Man wird deshalb bei der Verschiedenheit der Gruppen und der Flüssigkeit der Übergänge niemals aus der Zugehörigkeit einer

[12] Savigny 29 spricht von einem „gemeinsamen Landesgesetz“.

[13] Vgl. Makarov in RabelsZ 7 (1933) 163 ff.

[14] Beim Übergang vom Interlokalen zum Internationalen Privatrecht — einer Begleiterscheinung des Selbständigwerdens oder Wiederselbständigwerdens von Gebietsteilen eines Staates — ergeben sich ebenso interessante wie schwierige Fragen, die hier nicht weiter zu verfolgen sind; sie sind bei der Anwendung des Art. 21 auf das Rechtsverhältnis des deutschen Vaters zu dem österreichischen unehelichen Kinde praktisch geworden. Hierzu sind die Bemerkungen von Beitzke, NJW 1951, 200 und Neuhaus, RabelsZ 16 (1951) 510 zu vergleichen. Dort auch die Rspr.

Rechtsbeziehung zu einer der Gruppen allein Schlüsse ziehen können. Vielmehr wird man immer darauf Rücksicht nehmen müssen, daß jedes einzelne Internationale Privatrecht oder Interlokale Verwaltungsrecht nach seinen eigenen Rechtsbedingungen lebt, die jeweils festgestellt werden müssen. Die Dinge werden sich hier geradezu umkehren können. So hat es die Nachkriegssituation mit sich gebracht, daß interlokalrechtliche Spannungen — z. B. zwischen Nord- und Südkorea schon vor dem 25. Juni 1950 — sehr viel schärfer sein können als internationalkollisionsrechtliche Divergenzen, etwa zwischen Belgien und Frankreich. Man wird deshalb schwerlich, um nur den wichtigsten Punkt zu nennen, aus der reinen Tatsache, daß die eine Rechtsbeziehung zum Internationalen, die andere zum Interlokalen Kollisionsrecht gehört, den Schluß ziehen können, daß in jenem der ordre public zum Zuge kommen kann, in diesem nicht [15]. Man muß vielmehr aus der konkreten Situation und der positiven Rechtslage heraus die Frage für jedes Interlokale Recht gesondert prüfen. So ist in dieser Abhandlung nicht von irgendeinem, sondern vom *deutschen* Interlokalen Recht die Rede.

Damit soll dem Interlokalen Recht nicht seine Besonderheit auch außerhalb des positivrechtlichen Rahmens abgesprochen werden; es soll nur vor der Anwendung allzu deduktiver Beweisführungen gewarnt werden, die im Kollisionsrecht erfahrungsgemäß besonders nahe liegen [16]. Innerhalb des einzelnen Kollisionsrechts ist vielmehr die Scheidung zwischen Internationalem und Interlokalem Kollisionsrecht von großer Bedeutung, vielleicht von größerer, als man auf den ersten Blick zuzugeben bereit ist. Es ist deshalb stets eine besondere Bezeichnung für die Fälle bereitgehalten worden, in denen es sich um Kollisionsrecht innerhalb einer staatlichen Ordnung handelt. RAAPE [17] verwendet hier den Ausdruck „interlokales", SCRIMALI [18] „interregionales" Privatrecht. Andere reden von „interprovinzialem Privatrecht".

c) Die Unterteilungen des deutschen Interlokalen Rechts

Die besonderen Verhältnisse Deutschlands haben eine Unterteilung des Interlokalen Rechts nötig gemacht. So spricht man vor allem vom „Interzonalen" Recht. In Berlin hat es zu „intersektoralem" Recht [19] kommen müssen, einer Zwangsbildung, die zeigt, zu

[15] Vgl. dazu unten S. 56 ff.

[16] Ähnlich DÖLLE 174: „Es wäre methodisch verfehlt, wollte man für die Behandlung dieser Fragen aus bestimmten rechtlichen Prinzipien deduktiv Lösungen ableiten, die allgemeine Geltung beanspruchen."

[17] S. 101 ff. [18] S. 16.

[19] Vgl. KRECH, Intersektorales und interzonales Privatrecht, in: Probleme der Währungsreform (Berlin und Frankfurt a. M. 1949) 1 ff.

welchen rechtlichen Grotesken mangelhaft durchdachte völkerrechtliche Lösungen führen können.

Hier wird folgende Sprechweise verwandt:

Unter der Bezeichnung „Interzonales Recht" werden alle Kollisionen zusammengefaßt, die sich aus der Verschiedenheit der Rechtsordnungen des Gebietes der jetzigen Bundesrepublik Deutschland und des Gebietes der jetzigen Deutschen Demokratischen Republik oder aus der Verschiedenheit der Rechtsordnungen eines jetzt der Bundesrepublik und eines jetzt der Demokratischen Republik angehörenden Landes ergeben. Zwar gehören die „Zonen" staatsrechtlich der Vergangenheit an; aber der Ausdruck „Interzonales Recht" hat sich so eingebürgert und ist so schwer zu ersetzen, daß er hier beibehalten wird. Dabei muß man sich klar darüber sein, daß er eine außergewöhnliche politische Situation rechtlich widerspiegelt. Weder sind Gesetzeskonflikte zwischen der Bundesrepublik und der Demokratischen Republik solche zwischen souveränen Staaten; denn der Gesamtstaat Deutschland besteht. Noch sind es Konflikte zwischen Einzelstaaten innerhalb eines Bundesstaates; denn Bundesrepublik und Demokratische Republik sind nicht Einzelstaaten eines Bundesstaates Deutschland. Am ehesten käme der bitteren Wirklichkeit eine Formulierung nahe, daß es sich um Kollisionen zwischen zwei staatlichen Gebilden innerhalb eines bestehenden, handlungsunfähigen Staates [19a] handelt, die beide in Anspruch nehmen, dieser Staat zu sein [20].

Diese Situation kann jedoch nicht den Anlaß dazu geben, das Interzonale Recht aus dem Interlokalen Rechte herauszunehmen und es einem besonderen Regime zu unterstellen. Gewiß werden in manchen Beziehungen die „Interzonalen" Kollisionen anders zu behandeln sein als das übrige Interlokale Privatrecht, und es bestehen daher keinerlei Bedenken, dem auch terminologisch Rechnung zu tragen [21]. Jedoch muß davor gewarnt werden, diese zweifellos vorhandenen Verschiedenheiten ins Grundsätzliche zu erheben und die methodologische Frage der Begriffsmerkmale der Disziplin mit rein völkerrechtlichen, ja politischen Problemen zu verquicken. Im Laufe der Darstellung wird öfters die Rede darauf kommen, daß die kollisionsrechtlichen Fragen von denen der völkerrechtlichen Anerkennung des in Betracht kommenden Partners mit Sorgfalt geschieden

---

[19a] Vgl. BGH 28. 6. 1951.

[20] Vgl. KRÜGER, Bundesrepublik Deutschland und Deutsches Reich, SJZ 1950, 113. Ähnlich wie oben GUSTAV BOEHMER, Grundlagen der bürgerlichen Rechtsordnung I (1950) S. VII; BEUCK, IZR 1.

[21] DÖLLE 178; wohl auch BEUCK, IZR 2.

werden [22]. Auf diese Weise hielt man jene Fragen von der allzuschnell wechselnden Politik fern und sicherte ihren Lösungen eine Konstanz, die jener verschlossen ist. Sie würde verloren gehen und damit die Rechtssicherheit bedenkliche Einbuße erleiden, wenn man, wie Wengler es vorschlägt [23], mit dem Grundsatz der Parität der Rechtsordnungen, der jedem echten Kollisionsrecht zugrunde liegt, brechen würde und an Hand historischer Vorbilder, die dann doch in entscheidenden Punkten nicht recht passen wollen, als Grundlage des deutschen Interzonenrechts den Kolonialstatus der Ungleichheit proklamieren wollte. Schumacher [24] hat mit Recht darauf hingewiesen, „daß in derartigen Fällen (wie etwa dem Verhältnis Elsaß-Lothringens zu Frankreich nach 1919) die Ungleichheit der Teilrechtsordnungen von einem übergeordneten Gesetzgeber festgelegt worden sei". In dem weiteren Beispiel, das Wengler anführt, dem kollisionsrechtlichen Verhältnis des „Altreichs" zu Österreich in den Jahren 1938 bis 1944, ist gerade, wie etwa ein Blick in die 4. Durchführungsverordnung zum Ehegesetz oder in die noch öfter zu nennende Erbrechtsverordnung vom 12. 12. 1941 zeigt, an der Parität — aus welchen Gründen auch immer — peinlich festgehalten worden. Man sollte deshalb das Interzonenrecht im Zusammenhange des Kollisionsrechtes dort belassen, wo es formal hingehört, und der Versuchung widerstehen, mit einer starken Politisierung der Disziplin für den Augenblick erwünschte Lösungen zu erreichen, aber dafür durch Jahrzehnte bewährte Erkenntnisse preiszugeben [25].

---

[22] Unten S. 97 N. 56, S. 99 N. 64. Auch KG (West) 29. 3. 1951 stellt es eindeutig auf den „faktischen Zustand" in der Ostzone ab.

[23] Rechtsgutachten für den Bundesminister für gesamtdeutsche Fragen (zur Frage der Geltung des Gesetzes der DDR über die Herabsetzung des Volljährigkeitsalters vom 17. 5. 1950 in der Bundesrepublik Deutschland), abgedruckt Amtsbl. des württ.-bad. Justizministeriums 1950, 96 f. und StAZ 1951, 56 f.; ferner: Prinzipienfragen des interzonalen Rechts in Deutschland, NJW 1951, 49 ff. Wie oben Beitzke, JZ 1951, 509, 734; Samson, JR 1951, 647. Auch der interessante Vorschlag von Raape NJW 1951, 457, zwischen den normalen Regeln des Kollisionsrechts und der Ablehnung der fremden Rechtsordnung durch den ordre public eine Zwischenzone unerwünschter Gesetze zu schaffen und das Territorialitätsprinzip außerhalb der eigentlichen Zwangsregelungen zu verwenden, scheint mir staatsrechtliche und politische Fragen zu sehr mit Rechtsanwendungsfragen zu verquicken.

[24] NJW 1951, 170.

[25] Die Wenglersche Auffassung führt in praxi zu einer starken Bevorzugung der lex fori gegenüber den durch echte Anknüpfungen ermittelten Rechtsordnungen. In der Volljährigkeitsfrage stehen der hessische Erlaß vom 29. 9. 1950 (JMBl. 93, auch StAZ 1950, 245) und der nordrhein-westfälische Erlaß vom 31. 10. 1950 (MBl. 1049, auch StAZ 1950, 269) auf diesem Standpunkt. In anderer Richtung gehen die Auffassung des Bundesministers der Justiz in seinem Schreiben vom 17. 8. 1950 (abgedruckt Amtsbl. des Württ.-Bad. Justizministeriums 1950, 86 sowie StAZ 1950, 273), der bayerische Erlaß vom 24. 8. 1950 (MABl.

Kollisionsrechtliche Fragen, die sich aus der Verschiedenheit der Rechtsordnungen der ehemaligen Westzonen ergeben, werden zweckmäßigerweise nicht als interzonale bezeichnet, da bei ihnen die oben erwähnten Eigenheiten des Interzonalen Rechtes als Ost-West-Problem nicht auftreten. So galt z. B. die Regelung über die Rechtswirkungen des Ausspruchs einer nachträglichen Eheschließung in der britischen, nicht in den Ländern der amerikanischen Zone, die Regelung über die Anerkennung freier Ehen rassisch und politisch Verfolgter in den Ländern der amerikanischen, nicht in denen der französischen und auch nicht in der britischen Zone. Hieraus sich ergebende grenzrechtliche Fragen unterscheiden sich jedoch, auch soweit auf der einen Seite eine ehemalige Zone als solche beteiligt ist, in keiner Weise von den Kollisionen zwischen den einzelnen Ländern innerhalb eines der beiden deutschen Staaten. Sie werden daher besser bei diesen eingruppiert und der Ausdruck „Interzonales Recht" für kollisionsrechtliche Ost-West-Konflikte reserviert.

Kollisionen zwischen den Privatrechtsordnungen einzelner deutscher Länder innerhalb eines der deutschen Staatsgebilde werden am besten als *Interterritoriales* Recht bezeichnet. So können sich, um bei dem erwähnten Beispiel zu bleiben, grenzrechtliche Fragen daraus ergeben, daß das Land Rheinland-Pfalz ein Gesetz über die nachträglichen Eheschließungen erlassen hatte, das Land Baden nicht[26]. Oder im Interterritorialen Verwaltungsrecht daraus, daß das Land Thüringen in manchen Enteignungsgesetzen andere Wege eingeschlagen hat als das Land Sachsen[27].

Interprovinziales Recht wird in Deutschland selten vorkommen. Es hat nach 1918 in Frankreich und Italien eine größere Rolle gespielt, da im Elsaß und in Lothringen auf vielen Gebieten, so im Handels-[28] und Grundstücksrecht das deutsche, in den früher österreichischen Provinzen Italiens österreichisches Recht in Geltung geblieben war. In Deutschland sind interprovinzialrechtliche Konflikte z. Z. dort möglich, wo 1945 gebildete Länder sich aus Bruchstücken verschiedener Länder des Deutschen Reichs zusammensetzen, wie dies etwa in Hessen (Land Hessen und preußische Gebiete) und Rheinland-Pfalz (preußische Gebiete, Hessen und Pfalz) der Fall ist. Auf dem Gebiete des Privatrechts werden solche interpro-

329, auch StAZ 1950, 267) und das Schreiben des niedersächsischen Justizministeriums vom 5. 9. 1950 (abgedruckt Amtsbl. des Württ.-Bad. Justizministeriums 1950, 95 sowie StAZ 1951, 54).

[26] Das Bundesgesetz v. 29. 3. 1951 (BGBl. I 215), das die einschlägigen Landesgesetze aufhebt, läßt in § 7 III die Ansprüche, die auf Grund der früheren Bestimmungen erworben sind, ausdrücklich unberührt. Vgl. unten S. 39 N. 47.

[27] Vgl. Benkard, DRZ 1947, 357.

[28] Vgl. RGZ 107, 99.

vinzialrechtlichen Konflikte sehr selten, auf dem des Verwaltungsrechts häufiger sein.

Sehr viel bedeutender ist leider die Rolle, die das *intersektorale* Recht spielt, das eine Folge der Einteilung Berlins in vier Sektoren ist. Wie beim Interzonalen Recht, mit dem es vieles gemeinsam hat, obwohl seine staats- und völkerrechtliche Grundlage verschieden von diesem ist, wird man den Ausdruck auf kollisionsrechtliche Konflikte zwischen dem Ostsektor einerseits und einem der Westsektoren andererseits beschränken. Besonders aus der Tatsache, daß in dem Ostsektor eine andere Währung gilt als in den anderen Sektoren, haben sich zahlreiche, auch für die Praxis recht unbequeme kollisionsrechtliche Fragen ergeben, so namentlich auf dem Gebiete des Kostenrechts.

Als *Oberbegriff* für alle Arten von Kollisionsrecht innerhalb einer staatlichen Ordnung, soweit es nicht interpersonaler Natur ist, wird der Ausdruck „interlokales" Recht verwandt [29] oder auch, dem Vorschlag SCRIMALIS folgend, der Ausdruck „interregionales" Recht [30].

3. Kollisionsrecht und Fremdenrecht

Die Stellung des Kollisionsrechts im gesamten Rechtsgefüge ist namentlich für das Internationale Privatrecht eingehend erörtert worden, aber auch für das Internationale Verwaltungsrecht [31]. Zur Vorbereitung der Klärung einiger Einzelfragen wird es lediglich zweckmäßig sein, die Abgrenzung zum Fremdenrecht mit einigen Worten zu fixieren. Wie bekannt, behandelt die französische Rechtslehre in der Disziplin „Droit international privé" drei Rechtsgruppen: nationalité, condition des étrangers, conflit de lois, und zwar in dieser Reihenfolge. Die Einteilung hat sich bei uns aus historischen wie dogmatischen Gründen trotz mancher Ansätze nicht durchgesetzt. Das Staatsangehörigkeitsrecht ist in Deutschland ein Teil des Staatsrechts, der conflit de lois wird als alleiniger Inhalt des Kollisionsrechts angesehen und das „Fremdenrecht" hat, obwohl einige Bücher diesem Gegenstand gewidmet sind [32], als selbständiger Zweig des Rechts niemals vorbehaltlose Anerkennung gefunden; die ihm angehörenden Rechtssätze werden bei den Disziplinen erörtert, zu denen sie inhaltlich gehören. Es soll hier nicht dar-

[29] RAAPE 101 ff.; ZITELMANN I 395.

[30] S. 15 ff. SCRIMALI unterteilt die interregionalen Konflikte in interfederale — zwischen Einzelstaaten im Bundesstaat, und interkantonale Konflikte — im Einheitsstaat.

[31] Vor allem bei NEUMEYER IV 44—80.

[32] Vgl. v. FRISCH, Fremdenrecht (1910); E. ISAY, Fremdenrecht (1923); STEINBACH, Untersuchungen zum Fremdenrecht (1931).

auf eingegangen werden, ob es richtig wäre, den französischen Aufbau zu übernehmen. Praktische Gründe sprechen ebenso dafür wie systematische dagegen [33]. Einer der Vorteile einer Übernahme würde sein, daß die vielfältigen Auswirkungen des Staatsangehörigkeitsrechts in den beiden anderen Rechtsgruppen besser hervortreten würden [34], während jetzt Staatsangehörigkeit, Internationales Privatrecht und die fremdenrechtlichen Bestimmungen etwa des Handelsrechts meist sogar von verschiedenen Lehrstühlen aus gelehrt werden [35].

Hier kommt es lediglich auf die Abgrenzung der Kollisionsnormen von fremdenrechtlichen Normen unter dem Gesichtspunkt der Wahl der Anknüpfungsmomente an [36]. Erwin Riezler hat in seinem anregenden Aufsatz über Fragen des interzonalen Zivilprozeßrechts [37] die Vorschriften der Zivilprozeßordnung aufgeführt, in denen die Tatsache eine Rolle spielt, daß ein Beteiligter nicht die deutsche Staatsangehörigkeit besitzt. Die in der Praxis bedeutsamsten dieser Vorschriften sind § 110 (Sicherheitsleistung) und § 114 (Armenrecht). Beide Bestimmungen sprechen von „Angehörigen fremder Staaten" und unterscheiden sie einerseits ausdrücklich von den „Staatenlosen", denen jeweils eine besondere Vorschrift gewidmet ist, und andererseits im Aufbau des Ganzen, aber ohne besondere Anführung, von den deutschen Staatsangehörigen. Ein Vergleich dieser Vorschriften mit unzweifelhaft kollisionsrechtlichen Normen des Einführungsgesetzes zeigt ihren grundverschiedenen Aufbau. Während die Kollisionsnorm, etwa des Art. 13 I EG, wissen will und wissen muß, welchem Staate der Ausländer angehört, genügt für die genannten prozessualen Vorschriften die Ausländereigenschaft als solche. Schon dies läßt darauf schließen, daß die angeführten Bestimmungen nicht kollisionsrechtlicher, sondern fremdenrechtlicher Natur sind. Eine nähere Analyse bestätigt dies. Fremdenrecht und Kollisionsrecht haben gemeinsam, daß in jenem

[33] Vgl. über das andersgeartete Verhältnis von Kollisionsrecht und Fremdenrecht nach französischem Recht etwa Neumeyer IV 86 N. 4.

[34] Es ist eines der großen Verdienste Raapes, die Einflüsse des Staatsangehörigkeitsrechts auf das Internationale Privatrecht in Einzeluntersuchungen herausgearbeitet zu haben; so in Staatsangehörigkeit und Scheidungsakt (1943), Die Staatsangehörigkeit kraft Eheschließung und kraft Abstammung (1948).

[35] Hierzu Raape, Die Staatsangehörigkeit kraft Eheschließung 14 f.

[36] Auch die Unterscheidung von fremdenrechtlichen und Rechtsgeltungsnormen kann von Interesse sein; hierzu Riezler 22. Danach gehören § 55 I LitUrhG, § 51 II KunstUrhG zur ersterwähnten Kategorie, wofür auch hier schon die Terminologie spricht („Wer nicht Reichsangehöriger ist ...").

[37] SJZ 1947, 233—239.

immer, in diesem häufig die Tatsache, daß ein Beteiligter, von der lex fori aus betrachtet, Ausländer ist, entscheidend ist; deshalb werden sie auch mitunter verwechselt. Aber während im Kollisionsrecht diese Tatsache als Anknüpfungsmoment für die Wahl der anzuwendenden Rechtsordnung entscheidend sein kann und deshalb die Staatsangehörigkeit des Ausländers im einzelnen bestimmt sein muß, steht diese Rechtsordnung im Fremdenrecht bereits fest. Hier hat die Ausländereigenschaft lediglich zur Folge, daß nicht die Regel A (für Inländer), sondern die Regel B (für Ausländer) dieser Rechtsordnung zum Zuge kommt. Das Fremdenrecht wählt also, darin liegt wiederum eine Ähnlichkeit mit dem Kollisionsrecht, auch zwischen zwei Gruppen von Vorschriften, aber — hierin im Gegensatz zum Kollisionsrecht — zwischen Gruppen derselben Rechtsordnung, die nur zwischen Inländern und Fremden scheidet. Daneben umfaßt es, und hierin liegt der vorherrschende Unterschied, auch die auf die Fremden anwendbaren Sachnormen [38].

Die beiden vorstehend — nur beispielsweise — genannten prozessualen Bestimmungen [39], die §§ 110 und 114 ZPO, sind demnach Vorschriften des Fremdenrechts, nicht des Kollisionsrechts. Denn die Ausländereigenschaft, die nur generell bestimmt zu sein braucht, hat lediglich zur Folge, daß innerhalb der deutschen Rechtsordnung § 110 (nicht § 108) und § 114 Abs. 2 (nicht Abs. 1) zur Anwendung kommen. Auf die Frage, welcher Nation ein Ausländer angehört, brauchen die Vorschriften keinen Wert zu legen. Diese Frage taucht erst dann auf, wenn es sich um die Feststellung handelt, ob etwa ein Staatsvertrag mit dem Heimatstaat des Ausländers über diese Frage abgeschlossen ist. Vorschriften über diesen Punkt zählen seit 80 Jahren zu dem eisernen Bestand aller Handels-, Niederlassungs- und Rechtsschutzabkommen [40]. Aber diese Vorschriften gehen nicht etwa dahin, daß dem Personalstatut des Ausländers Einfluß gewährt wird, bewegen sich also nicht im kollisionsrechtlichen Rahmen, sondern sichern den Angehörigen des Vertragsstaates Inländerbehandlung

---

[38] Zu der Frage des Verhältnisses von Kollisionsrecht und Fremdenrecht sind die Ausführungen von NEUMEYER IV 85 ff. aufschlußreich; nur läßt er die Wahlfunktion, die das Fremdenrecht a u c h hat, zu sehr in den Hintergrund treten.

[39] Auch bei Vorschriften des Prozeßrechts kann es zweifelhaft sein, ob es sich nicht um eine Kollisionsnorm handelt. Für § 55 ZPO bejaht dies PAGENSTECHER, Zur Prozeßfähigkeit der Ausländer nach deutschem internationalem Prozeßrecht, in: Festschrift für Raape 249—257, und erschüttert damit das „starre Dogma“ (so RABEL in RabelsZ 6 [1932] 323), daß für das Prozeßrecht ausnahmslos die lex fori maßgebend sei.

[40] Sie sind zusammengestellt bei BAUMBACH-LAUTERBACH, Zivilprozeßordnung 20. Aufl. (1951), Anhang zu den §§ 110 und 114.

zu, dispensieren also lediglich von der fremdenrechtlichen Bestimmung.

Festzuhalten ist somit, daß es nicht die Staatsangehörigkeit eines Beteiligten im einzelnen, sondern seine Eigenschaft als In- oder Ausländer ist, die im Tatbestand der fremdenrechtlichen Norm eine Rolle spielt.

Erster Teil

Die Anknüpfungsmomente im deutschen Interlokalen Recht

Kapitel I

DIE ANKNÜPFUNGSMOMENTE IM KOLLISIONSRECHT

1. Das Anknüpfungsmoment im Tatbestand der Kollisionsnorm

Das Kollisionsrecht ist ein System von Anknüpfungen [1]. Die Anknüpfung [2] knüpft im Rahmen der einzelnen Kollisionsnorm die Rechtsfolge, die Bestimmung des anzuwendenden Rechts, an ein bestimmtes Tatbestandsmerkmal, das Anknüpfungsmoment [3]. Da das Anknüpfungsmoment Teil des Tatbestandes der Kollisionsnorm ist, muß festgestellt werden, wie dieser Tatbestand zu begreifen ist und welche Rolle das Tatbestandsmerkmal oder der Tatumstand des Anknüpfungsmoments in ihm spielt.

Es ist das große Verdienst ERNST RABELS, in seinem Qualifikationsaufsatz [4] ausgesprochen zu haben, daß Tatbestand der Kollisions-

---

[1] Vgl. STAUDINGER-RAAPE 4.

[2] Zur Anknüpfung insbesondere: NEUNER, Die Anknüpfung im internationalen Privatrecht, RabelsZ 8 (1934) 81 ff. Die oben gestreiften Fragen werden in jeder Darstellung des Internationalen Privatrechts erörtert. Sie werden daher hier nur insoweit skizziert, als sie für den Gang der Ausführungen von Interesse sind. KEGEL hat ihnen in der Festschrift für Raape S. 13 ff. unter dem Titel „Der Gegenstand des Internationalen Privatrechts" eine interessante Abhandlung gewidmet.

[3] Den gleichen Ausdruck verwenden GUTZWILLER 9 N. 17, KEGEL 25; RAAPE 31 ff.: Anknüpfungsgrund; SCHNITZER I 110 ff., VERPLAETSE, RabelsZ 13 (1940/41) 452 ff.: Anknüpfungspunkt; MARTIN WOLFF 34: Anknüpfungsbegriff. Vgl. auch NEUMEYER IV 136 ff., ferner Rvgl Hwb IV 375.

[4] Das Problem der Qualifikation, RabelsZ 5 (1931) 241 ff. Über die Auswirkungen der Lehre RABELS handelt ZWEIGERT 35 ff. Ihre große Bedeutung liegt in der Einfachheit ihrer Grundlinien und der Befreiung der Disziplin von manchen ihr gerade bei Behandlung der Grundfragen noch anhaftenden scholastischen Argumenten.

norm nicht das durch eine Rechtsordnung bereits geformte Rechtsverhältnis, sondern das ist, was RABEL als „Lebensverhältnis" bezeichnet [5]. Dieses Lebensverhältnis kann, wie jeder Tatbestand, verschiedenste Dinge umfassen: einen Vorgang, etwa eine Geburt; einen Zustand, etwa das Liegen einer Sache an einem bestimmten Ort; eine menschliche Handlung, etwa die Abgabe einer Erklärung. Das Lebensverhältnis kann neben einer Reihe solcher Tatsachen auch bereits durch eine Rechtsordnung eingeordnete Rechtsverhältnisse enthalten: eine Ehe, das Eigentum an einer Sache, den Anspruch eines Menschen gegen einen anderen. In der Mehrzahl der Fälle umfaßt der Tatbestand eines oder mehrere solcher Rechtsverhältnisse sowie eine oder mehrere Tatsachen, etwa eine gültige Ehe und einige diese Ehe vielleicht erschütternde Tatumstände. In der Zusammenstellung aller dieser Tatumstände zu einem Tatbestand, in ihrer Gruppierung, ist der Gesetzgeber frei. Entscheidend ist jedoch, daß dieses Lebensverhältnis als ganzes, wie es den Tatbestand der Kollisionsnorm bildet, noch von keiner Rechtsordnung geprägt worden ist.

Dieses „Lebensverhältnis" bildet aber auch den Tatbestand der Sachnorm [6]. Kollisionsrecht und Sachrecht „greifen auf denselben Urstoff". „Der Gegenstand ist derselbe" [7]. Tatbestand der Sachnorm und Tatbestand der Kollisionsnorm sind also strukturell die gleichen, was natürlich den Gesetzgeber nicht zu hindern braucht, die Tatumstände im einzelnen Fall nach seinen Bedürfnissen verschieden zu gruppieren.

Der Unterschied zwischen Sachnorm und Kollisionsnorm besteht also nicht in dem Aufbau des Tatbestandes, sondern in der aus ihr vom Gesetzgeber gezogenen Rechtsfolge und in der sich aus den Eigentümlichkeiten dieser Rechtsfolge ergebenden Eigenart der Verbindung von Tatbestand und Rechtsfolge. Bei der sachrechtlichen Wertung des Tatbestandes verbindet der Richter die Rechtsfolge gleichmäßig mit dem gesamten Tatbestand, sowie dieser erfüllt ist. Daß *ein* Tatumstand letzthin die Rechtsfolge auslöst, steht dem nicht im Wege; denn eine besonders geartete Verbindung zwischen diesem Tatumstand und der Rechtsfolge ist nicht festzustellen. Bleiben wir bei dem vorstehend skizzierten Tatbestand der ehelichen Verfehlung, so knüpft der Gesetzgeber an den gesamten Tatbestand die Rechtsfolge, daß der beleidigte Ehegatte Scheidung verlangen kann. Der

[5] AaO 244. Ferner mit Entschiedenheit MARTIN WOLFF 2 u. ö.

[6] Sachnorm wird hier als Gegensatz zu Kollisionsnorm verwandt; vgl. RAAPE 2. Auch Verfahrensvorschriften können in diesem Sinne Sachnorm sein; vgl. PAGENSTECHER in Festschrift für Raape 249.

[7] RABEL aaO (vorige Seite N. 4) 244 f.

Richter verwirklicht in seinem Spruch diese Rechtsfolge der Sachnorm.

Anders die Art der Verbindung von Tatbestand und Rechtsfolge bei der Kollisionsnorm. Hier wird zwar die Rechtsfolge auch erst ausgelöst, wenn der Tatbestand erfüllt ist. Aber die verschiedenen Tatumstände sind hier nicht gleichwertig; es tritt vielmehr ein Tatumstand hervor, das *Anknüpfungsmoment*, das mit der kollisionsrechtlichen Folge, der Wahl einer Rechtsordnung, genauer: mit dem Subjekt dieser Rechtsordnung, in einer besonders engen Verbindung steht [8]; an diesen Tatumstand nämlich knüpft der Gesetzgeber die zu bestimmende Rechtsordnung an. Die übrigen Tatumstände sind nicht etwa gleichgültig; sie dienen vielmehr dazu, den entscheidenden Tatumstand erst zum Anknüpfungsmoment zu machen. Vervollständigen wir den eben erwähnten Fall: In einer gültigen Ehe hat der Ehemann, der Belgier ist, Eheverfehlungen begangen. Hier ist Anknüpfungsmoment für die Kollisionsnorm nach deutschem Recht nur der Tatumstand der Staatsangehörigkeit des Mannes (Art. 17 I EG). An ihn wird die kollisionsrechtliche Folge geknüpft, daß „die Gesetze des Staates maßgebend sind, dem der Ehemann zur Zeit der Erhebung der Klage angehört". Die übrigen Tatumstände: Vorhandensein einer gültigen Ehe, Vorliegen von Eheverfehlungen, sind nun aber nicht irrelevant. Denn die Staatsangehörigkeit des Mannes ist ja nicht in allen Fällen für die Rechtswahl entscheidend, sondern nach Art. 17 I EG nur „für die Scheidung der Ehe". Wobei diese Worte hier noch nicht nach einer bestimmten Sachrechtsordnung gewertet werden dürfen, sondern als Bezeichnung eines Lebensverhältnisses dienen, das von der zuständigen Rechtsordnung, nicht der lex fori als solcher, als „Scheidung der Ehe" qualifiziert werden wird.

Die Sprache ist eine gute Lehrmeisterin. Der Ausdruck „Anknüpfung" findet sich vor allem im Kollisionsrecht, da er die besondere Verbindung der Rechtsfolge mit *einem* Tatumstand so genau wiedergibt, wie ein Bild dies überhaupt vermag. Die Bezeichnungen „Anknüpfungsmoment" oder „Anknüpfungsgrund" sind vollends dem Internationalen Privatrecht so eigen, daß schon der Sprachgebrauch zeigt, daß hier eines der specifica des Kollisionsrechts liegt. Wir sehen diese Besonderheit nicht darin, daß das Anknüpfungsmoment im Tatbestand der Sachrechtsnorm fehlt, während es im Tatbestand der Kollisionsnorm enthalten ist [9]. Wir sehen das Be-

---

[8] Vgl. RvglHwb IV 375.

[9] Das nimmt Kegel 26 an: Das Anknüpfungsmoment „tritt zu dem materiellrechtlichen (privatrechtlichen) Sachverhalt als besonderes Stück des kollisionsrechtlichen (international-privatrechtlichen) Sachverhalts hinzu"; er folgert dar-

sondere des Kollisionsrechts vielmehr darin, daß das Anknüpfungsmoment im Tatbestand der Kollisionsnorm in seiner Wichtigkeit hervorgehoben ist, im Scheinwerferlicht steht. Der Unterschied zwischen den Tatbeständen der Sachnorm und der Kollisionsnorm liegt also nicht in der Art der Tatumstände, sondern in ihrer Akzentuierung: die Sachnorm akzentuiert grundsätzlich gleich, die Kollisionsnorm immer ungleich.

2. Kollisionsrechtliche und sachrechtliche Wertung in ihrem zeitlichen Verhältnis

Die kollisionsrechtliche und die sachrechtliche Wertung haben in allen Fällen nacheinander zu erfolgen, wenn das Recht ein Lebensverhältnis überhaupt erfaßt. Das ist klar ersichtlich, wenn es sich um Tatbestände handelt, bei denen ein Tatumstand mit Auslandsbeziehung die Erwägung der Anwendung fremden Rechts erheischt, und man pflegt gemeinhin zu sagen, der Richter habe dann zu prüfen, welches Recht anzuwenden sei, wenn der Tatbestand solche ausländischen Beziehungen enthalte. Das ist als praktischer Wink sicher richtig. Geht man aber auf die Grundlagen des richterlichen Auftrags zurück, so hat der Richter in *jedem* Fall zu prüfen, welches Recht von ihm auf den Fall angewandt werden muß. Der sachrechtlichen Wertung geht also in jedem Fall die kollisionsrechtliche Wertung voraus [10]. „Die inländische Sachnorm muß genau so zur Anwendung berufen werden wie die ausländische“ [11]. Man kann darüber streiten, auf welche Rechtsnorm man diese Berufung gründen will, wenn keine ausländische Beziehung vorhanden ist. Man kann sie für das Recht des BGB in Art. 1 des Einführungsgesetzes sehen, der mit der Feststellung des Inkrafttretens implicite den Befehl an alle Richter erteilt, das BGB dann anzuwenden, wenn kein ausländisches bürgerliches Recht nach den Art. 7 ff. EG zur Anwendung zu kommen hat. Man kann diese Rechtsnorm auch in dem Auftrage des

---

aus, daß es sich „bei den Anknüpfungsmomenten um besondere und insofern selbständige Teilstücke des kollisionsrechtlichen Sachverhalts“ handelt. Es kann unter Umständen der Fall sein, daß der als Anknüpfungsmoment verwandte Tatumstand bei der sachrechtlichen Bewertung nicht erheblich ist. Er kann aber ebenso gut auch bei ihm eine Rolle spielen; man denke an die fremdenrechtliche Bedeutung der Staatsangehörigkeit bei Sicherheitsleistung und Armenrecht und an die vielen Möglichkeiten, bei denen das Anknüpfungsmoment des Erfüllungsortes auch im Rahmen der Sachnorm eine Rolle spielen kann.

[10] Die hier erörterte Frage hat also mit der von ECKSTEIN gestellten (Die Frage des anzuwendenden Kollisionsrechts, RabelsZ 8 [1934] 121 ff.), nichts zu tun. Ihm geht es darum, bei der Wahl des Kollisionsrechts die „zufällige“ lex fori auszuschalten und die der Gesetzesharmonie günstigste Kollisionsnorm zu finden.

[11] RABEL aaO (oben S. 15 N. 4) 248 f.

Staates an die Richter sehen, Recht zu sprechen, und natürlich, falls kein ausdrücklicher Gesetzesbefehl die Anwendung ausländischen Rechts verlangt, nach dem Recht des Landes. Das Ergebnis ist das gleiche, daß nämlich dasselbe Lebensverhältnis, und zwar jedes Lebensverhältnis, das der richterlichen Kognition und darüber hinaus der rechtlichen Wertung unterliegt, auf zwei verschiedene Weisen gewertet, geprägt, „qualifiziert" werden muß, zunächst als Tatbestand einer Kollisionsnorm, dann als Tatbestand einer Sachnorm.

Dem steht es nicht im Wege, daß der Richter, wenn der Tatbestand keine Auslandsbeziehung enthält, die kollisionsrechtliche Folgerung der Anwendung eigenen Rechtes stillschweigend und sozusagen automatisch zieht. Hier ist es das Fehlen der Auslandsbeziehung, ein negatives Tatbestandsmerkmal, oder, wenn man lieber will, die reine Inlandsbeziehung des maßgebenden Anknüpfungsmoments, an die angeknüpft wird. Man wird diese Auffassung bei näherer Prüfung nicht als gekünstelt bezeichnen. Der routinierte Scheidungsrichter wird, wenn ihm eine Scheidungsklage vorgelegt wird, wohl stets den ersten Blick auf die Staatsangehörigkeit des Ehemannes werfen. Die Feststellung, daß er Deutscher ist, ist — kollisionsrechtlich gesprochen — die Anknüpfung der Rechtsfolge, daß deutsches Sachrecht zur Anwendung komme, entweder an diesen Tatumstand oder, wenn man dies vorzieht, an das negative Tatbestandsmerkmal, daß der Ehemann *nicht* Ausländer ist. Erst dann wird er sich an die Feststellung der sachrechtlichen Rechtsfolge machen.

3. Die Einheit des Anknüpfungsmoments

Die Kollisionsnorm bestimmt, welches Anknüpfungsmoment für die Rechtswahl entscheidend ist. Ein Tatbestand kann mehrere ausländische Beziehungen enthalten: der Ehemann kann Amerikaner, die Ehefrau Belgierin sein, der Eheschließungsort in Österreich liegen. Aber es ist immer nur *eine* dieser ausländischen Beziehungen, welche die Kollisionsnorm zum Anknüpfungsmoment wählt. Auch dann, wenn der erste Anschein dagegen spricht, wie z. B. in den Fällen, wo das Vertragsstatut der gemeinsamen Staatsangehörigkeit der Vertragsparteien entnommen wird. Denn die Staatsangehörigkeit einer der Parteien genügt in diesen Fällen zweifellos nicht, um das ihr zugeordnete Recht dem Recht des Vertragsortes vorgehen zu lassen. Es kann also erst die Staatsangehörigkeit der zweiten Partei sein — gleichgültig, welche der beiden Parteien man im Einzelfall als zweite betrachtet —, die die Anknüpfung auslöst. Die Staatsangehörigkeit der ersten Partei ist vielmehr nur ein Tatumstand wie die anderen auch. Daß mehrere örtliche Beziehungen zu einem Rechte die Argumente für die Anwendung dieses Rechtes verstärken, liegt auf der Hand[12].

Natürlich können die Kollisionsnormen verschiedener Staaten jeweils eine andere ausländische Beziehung für maßgebend erachten. Es liegt dann ein positiver Gesetzeskonflikt vor, der zu verschiedenen Wertungen des Tatbestandes führen kann. Auch kann bei Bewertung einer Beziehung zwischen zwei Personen für den einen Beteiligten die eine, für den anderen eine zweite Rechtsordnung für zuständig erachtet werden; so wendet Art. 13 I EG auf jeden der Verlobten bei Eingehung der Ehe grundsätzlich die Rechtsordnung des Staates an, dem der einzelne Verlobte angehört. Das bedeutet aber nicht, daß auf eine menschliche Beziehung zwei verschiedene Rechtsordnungen zugleich angewandt werden sollen, sondern im Gegenteil, daß die individuelle Stellung jedes der Verlobten in dieser Beziehung „seinem" Rechte, nämlich seinem Personalstatut, unterworfen bleiben soll[13].

Es steht mit der hier vertretenen Auffassung auch nicht im Einklang, wenn von zwei Anknüpfungsmomenten verschiedener Funktion im Tatbestand gesprochen wird. Kegel legt die Zusammenhänge an einem Beispiel wie folgt dar: „Ist ein Adoptionsvertrag geschlossen (privatrechtlicher Sachverhalt) und gehört der Annehmende dem Staat X an (Anknüpfungsmoment 1) und sind Sachnormen über die Adoption vorhanden (privatrechtliche Sachnormen) und sind diese Sachnormen vom Staate X erlassen (Anknüpfungsmoment 2) — Tatbestand —, dann finden diese Sachnormen auf diesen Sachverhalt Anwendung — Rechtsfolge"[14]. Diese Deutung nimmt etwas in den Tatbestand auf, was nach dem hier verfolgten Gedankengang in die Rechtsfolge gehört. Denn die Wahl der Sachnorm ist ja gerade der Inhalt der Rechtsfolge, allgemeinbegrifflich gesprochen: die Funktion der Kollisionsnorm, und kann daher nicht in die Prämisse übernommen werden. Nach der hier vertretenen Ansicht müßte der Satz etwa wie folgt lauten: Liegt ein Verhältnis zwischen zwei Personen vor, das auf Grund einer rechtsvergleichenden Betrachtung von der danach zuständigen Rechtsordnung vermutlich als Adoptionsverhältnis gewertet wird, und ist der Annehmende Angehöriger des Staates X — Lebensverhältnis mit Hervorhebung des Anknüpfungsmomentes —, dann finden die Sachnormen des Staates X auf dieses Verhältnis Anwendung — Rechts-

[12] Vgl. RvglHwb IV 375, § 2 a.

[13] Vgl. Raape 155 ff.

[14] S. 26. Allgemein S. 27: „Der Tatbestand der Kollisionsnorm verlangt als kollisionsrechtlichen (internationalprivatrechtlichen) Sachverhalt einen privatrechtlichen Sachverhalt mit Anknüpfungsmoment" (hierzu oben S. 17) „und privatrechtliche Sachnormen mit Anknüpfungsmoment."

folge —. Das andere „Brückenende", das KEGEL mit Recht sucht [15], findet sich also in der Rechtsfolge, nicht im Tatbestand. Man kann es besonders hervorheben, braucht dies aber nicht, da jede Rechtsordnung einem Rechtsträger — im Internationalen Kollisionsrecht einem Staate, im Interlokalen Kollisionsrecht einem Staat innerhalb der Gesamtstaatsordnung, einem Lande, einer Provinz — zugeordnet sein muß.

4. Einteilung der Anknüpfungsmomente

Die Anknüpfungsmöglichkeiten sind grundsätzlich unbeschränkt und mit ihnen ist es die Zahl der Anknüpfungsmomente [16]. Im Laufe der Entwicklung hat sich eine beschränkte Zahl von Hauptanknüpfungsmomenten herauskristallisiert, wobei sowohl dogmatische wie praktische Gesichtspunkte eine Rolle spielten. Da der Ort des Gerichtes als solcher nie Tatumstand ist, ist er schon deshalb niemals Anknüpfungsmoment in diesem Sinne. Auch die Funktion der lex fori im Rahmen des Kollisionsrechts ist eine andere als diejenige der auf Grund der kollisionsrechtlichen Tatumstände gewählten Rechtsordnungen [17].

Man kann die in Praxis und Theorie genannten Anknüpfungsmomente nach verschiedenen Gesichtspunkten ordnen und gruppieren. So kann man von der Zuordnung ausgehen, in der das Anknüpfungsmoment im kollisionsrechtlichen Tatbestand auftritt und nach Subjekt, Objekt und Handlung unterscheiden [18]; man kann die Art und Intensität der Verknüpfung der Norm mit dem Anknüpfungsmoment zum Gegenstand der Einteilung machen [19]. Auch kann man danach unterscheiden, ob das Anknüpfungsmoment, wie in der Regel, sofort genannt ist oder durch Verweisung auf eine andere Norm gewonnen wird [20] oder durch das Medium des Parteiwillens [21]. Man kann auch — und dies scheint das einfachste Einteilungsschema zu sein — das Anknüpfungsmoment ganz aus dem kollisionsrechtlichen Tatbestand lösen und die Anknüpfungsmomente nach den Hauptkomponenten staatlicher Herrschaft, der Gebiets-

---

[15] S. 25 f.

[16] NEUMEYER IV 137.

[17] RvglHwb IV 374.

[18] So RAAPE 32 f.

[19] In diesem Sinne hat NEUNER in RabelsZ 8 (1934) 89—117 die Anknüpfungsfragen behandelt.

[20] Beispiele bei NEUMEYER IV 138.

[21] Auf die Frage, ob der Parteiwille selbständiges Anknüpfungsmoment oder nur Verweisung auf ein anderes Recht im Rahmen des an sich maßgebenden Rechtes ist, ist hier nicht einzugehen. Die Antwort ist kurz skizziert RvglHwb IV 374; vgl. jetzt zusammenfassend NEUNER in RabelsZ 8 (1934) 102 ff.

hoheit und der Personalhoheit, gruppieren [22]. Dann steht auf der einen Seite das *personale* Anknüpfungsmoment der Zugehörigkeit eines Menschen zu einem Staate, auf der anderen Seite stehen die verschiedenen *lokalen* Anknüpfungsmomente, die durchweg auf die Belegenheit eines Ortes in einem Staate zurückgehen. Dieser Ort kann eine sehr verschiedene Funktion haben: er kann Wohnsitz oder Aufenthaltsort einer natürlichen Person, Sitz einer juristischen Person, Errichtungs- oder Erfüllungsort eines Rechtsgeschäftes, Begehungsort einer unerlaubten Handlung, Ort der Belegenheit einer Sache, Registerort eines Binnen- oder Seeschiffes sein [23]. Auch kann im Wege der Parteiverweisung im Rahmen der dieser gezogenen Grenzen ein Ort genannt werden, der keine dieser Qualitäten hat, etwa der Sitz der für das verkaufte Produkt maßgebenden Börse. Die Rolle des Anknüpfungsmoments im kollisionsrechtlichen Tatbestand ist bei dieser Art der Einteilung gleichgültig. Daher lassen sich auch die durch die Anknüpfungen des Zusammenhangs [24] gewonnenen Anknüpfungsmomente in dieses Schema einordnen. Denn diese Gruppierung verlangt ja nicht, daß Anknüpfungsmoment die Staatsangehörigkeit einer der an dem einzuordnenden Rechtsgeschäft *beteiligten* Person sein muß, mag dies auch die Regel sein. Die Kollisionsnorm „kann ins Blaue edizieren“ [25]. So kann auch an die Staatsangehörigkeit eines formell nicht, sachlich aber um so mehr Beteiligten angeknüpft werden, wie dies z. B. Art. 21 EG, erster Tatbestand, zeigt. Ähnlich liegt es in dem gleichfalls von Raape angeführten Falle des Art. 19 EG für das Verhältnis zwischen Mutter und Kind bei Lebzeiten des Vaters.

Man wird dieser Zurückführung der Anknüpfungsmomente auf ein vereinfachtes Schema, das sie nach rein logischen Gesichtspunkten — Person und Ort — gruppiert, vielleicht vorwerfen, daß sie der Vielgestaltigkeit der kollisionsrechtlichen Tatbestände nicht gerecht werde. Jedoch hängt die Geschmeidigkeit eines Kollisionsrechts nicht von der Subsumierung der Anknüpfungsmomente, sondern von der Zusammenstellung der Tatumstände im kollisionsrechtlichen Tatbestand ab. Namentlich kommt es darauf an, wie die einzelnen in Frage kommenden Anknüpfungsmomente mit den übrigen Tatumständen verbunden werden. Wenn Neumeyer [26] mit Recht

---

[22] So unterscheidet Schnitzer I 110 ff.: 1. Anknüpfungspunkte aus der Gebietshoheit, 2. Anknüpfungspunkte aus der Personalhoheit. Ähnlich Neumeyer IV 136 (örtliche und persönliche Anknüpfung); Staudinger-Raape 36.

[23] Es scheint mir richtiger zu sein, auch beim Seeschiff nicht die Flagge, sondern den Eintragungsort in den Vordergrund zu stellen. Vgl. zu der sehr komplizierten Frage RvglHwb IV 474. Rabel (RabelsZ 17 [1952] 135) spricht von der „unbekümmerten Verliebtheit in das Recht der Flagge“.

[24] Raape 33. [25] Rabel in RabelsZ 5 (1931) 245. [26] IV 137 Anm. 5.

über eine gewisse „Versteinerung“ der Anknüpfungstypen klagt, so sind es weniger diese, die zu wenig handlich geworden sind; es ist vielmehr die Beziehung des Anknüpfungsmomentes zu dem übrigen Tatbestand, die zu sehr typisiert worden ist. Das ist es, was unter dem Stichwort der allzu generellen Anknüpfung gerügt wird [27]. Die hier aus anderen Gründen vorgenommene Gruppierung hat mit dieser Auseinandersetzung nichts zu tun. Denn sie sagt nichts darüber aus, welche Anknüpfungsmomente gewählt werden sollten und warum. Ebenso will sie nichts darüber aussagen, wie die Tatbestände gebildet werden sollten und welche Tatbestandsmerkmale in ihnen akzentuiert werden müssen. Wie weit die Gestaltung des kollisionsrechtlichen Tatbestandes unter Umständen ins Einzelne gehen muß, um den Erfordernissen, die in dieser Hinsicht an ein Kollisionsrecht zu stellen sind, gerecht zu werden, ist in einer Einzeldarstellung an der Namensführung der geschiedenen Ehefrau nach Internationalem Privatrecht gezeigt worden [28].

Es könnte dieser Einteilung der Anknüpfungsmomente ferner entgegengehalten werden, daß sie die Einheitlichkeit des Personalstatuts zerreiße, da dieses teils auf dem Wege über die Staatsangehörigkeit, teils auf dem Wege über Wohnsitz, résidence habituelle oder Aufenthalt ermittelt werde und die beiden Anknüpfungsmöglichkeiten hier verschiedenen Gruppen angehörten. Man könnte darauf erwidern, daß sich schon aus diesem „teils ... teils ...“ die zwiespältige Natur des Personalstatuts ergebe; man könnte ferner erwidern, daß dieser Begriff uns aus einer wissenschaftlichen Periode, letztlich der der Postglossatoren, überkommen ist, die zumindest seit Savigny überwunden worden ist. Dies würde aber der Tatsache, daß das „Personalstatut“ zwar kein ganz unanfechtbarer, aber doch ein recht handlicher terminus ist, nicht gerecht werden. Es ist sicher von Interesse, ob das Anknüpfungsmoment im kollisionsrechtlichen Tatbestand näher mit einer Person oder einem Vorgang liiert ist; es lassen sich manchmal schon daraus Rückschlüsse auf die Denkweise des Gesetzgebers ziehen. Allerdings greift beides oft ineinander über, so wenn in vielen Staaten als Vertragsstatut in erster Linie das gemeinsame Personalstatut der Parteien, in zweiter Linie das am Ort des Vertragsschlusses geltende Recht anzuwenden ist [29]. Es gibt demnach nicht einen fest abge-

[27] Auch Kronstein, Crisis of „Conflict of Laws“ (mir zugänglich in dem Referat von Neuhaus, RabelsZ 15 [1949/50] 358) rügt an der Technik der Anknüpfungen nicht so sehr die allzu generelle Anknüpfung, sondern das von den Gerichten geförderte Überwuchern der Parteiautonomie und die den Rahmen der internationalen Zuständigkeit oft weit überschreitende Zuständigkeitsregelung mancher Staaten in Fragen des Eherechts.

[28] RabelsZ 16 (1951) 32 ff.

[29] Vgl. RvglHwb IV 375 unter A 1.

grenzten Bezirk, in dem das Personalstatut, und einen anderen, in dem ein an der Handlung oder am Orte orientiertes Statut waltet. Einen Fingerzeig gibt der Begriff immerhin, und deshalb wird diese Sprechweise auch dann erhalten bleiben können, wenn man aus ganz anderen Gesichtspunkten eine andere Einteilung vornimmt. Jedenfalls widerspricht diese Einteilung dem Begriff des Personalstatuts nicht und steht ihm, da sie aus ganz anderen Gesichtspunkten erfolgt, auch nicht im Wege.

Der Grund, warum hier mit einer gewissen Hartnäckigkeit die Einteilung in personale und lokale Anknüpfungsmomente verfochten wird, ist nicht etwa logische Spielerei. Derartige Distinktionen haben ja nur dann einen Zweck, wenn die einzelnen Gruppen verschiedene Spielregeln haben und ihren eigenen Verwendungskreis finden [30]. Beides ist hier der Fall.

(a) Sie haben verschiedene Spielregeln. Die hier vorgenommene Gruppierung läuft auf eine Absonderung der Staatsangehörigkeit als des wichtigsten personalen Anknüpfungsmoments hinaus. Die Staatsangehörigkeit ist nicht nur das einzige im Internationalen Privatrecht eine wesentliche Rolle spielende Anknüpfungsmoment, das nicht örtlicher Natur ist — die Anknüpfung an die Flagge ist nur eine irreführende Verhüllung der Anknüpfung an den Registerort, die Anknüpfungen an Volkszugehörigkeit [31], Rasse und Religion können hier außer Betracht bleiben [32] —, sie ist auch ein Anknüpfungsbegriff, der in grundsätzlich anderer Art als die übrigen Anknüpfungsmomente ermittelt und *ausgelegt* wird. Die Staaatsangehörigkeit hat seit je sehr weitgehend zum domaine réservé gehört. Daraus ist völlig einhellig die Folgerung gezogen worden, daß der Staat, zu dem die Angehörigkeit in Anspruch genommen wird, ganz allein über die Tatsache befindet, ob diese Staatsangehörigkeit gegeben ist und wie dieser Begriff ausgelegt werden muß [33]. Dies gilt, worauf u. a. RAAPE [34] hinweist, auch für die Fälle, wo privatrechtliche Rechtsbeziehungen (Ehe, Legitimation) die Staatsangehörigkeit vermitteln. Es gilt sogar im Prozeßrecht, das sonst eine Domäne der lex fori ist [35].

---

[30] Eine andere Gruppierung in subjektive und objektive Anknüpfungsmomente diente im RvglHwb IV 374 dazu, die Kritik an der Lehre von der Parteiautonomie zu entwickeln.

[31] Ein Beispiel s. unten S. 37.

[32] Sie sind namentlich im interpersonalen Rechte, so Französisch-Nordafrikas, von Bedeutung; man vergleiche etwa SOLUS in RvglHwb I 537 ff.

[33] KAHN I 50; ZITELMANN I 170; RAAPE 134 N. 22; FRANKENSTEIN I 86; MELCHIOR 441 ff. mit einigen, aus dem Mißbrauchbegriff sich ergebenden Einschränkungen; Gutachten des Haager Ständigen Internationalen Gerichtshofs vom 21. 10. 1925 (Publ. Série B Nr. 10 S. 19).

[34] S. 35.

[35] RIEZLER, Internationales Zivilprozeßrecht 137.

Daß sämtliche anderen Anknüpfungsmomente nicht lediglich von dem Staate, dessen Recht das Rechtsverhältnis zugeordnet werden soll, definiert werden, steht demgegenüber fest. Wie die Gewinnung dieser Anknüpfungsmomente zu erfolgen hat, steht heute wieder im Mittelpunkt der kollisionsrechtlichen Diskussion. Der Standpunkt, es sei Sache des Gerichtsstaates, der lex fori, die Anknüpfungsbegriffe zu umreißen[36], ist wohl noch vorherrschend. Dabei hat sich jedoch in den letzten Jahrzehnten die Auffassung immer mehr dahin entwickelt, daß unter lex fori in diesem Sinne nicht einfach die Sachnorm, sondern auch das Kollisionsrecht des Gerichtsortes verstanden werden müsse[37]. Das gab die Möglichkeit, dort, wo die Anknüpfungsmomente zugleich Begriffe der Sachnormen waren, den kollisionsrechtlichen Begriff selbständig gegenüber dem materiellrechtlichen zu entwickeln; „die andere Funktion des Begriffs rechtfertigt seine andere Bildung“[38]. Nunmehr zeichnet sich in RABELS autonom-rechtsvergleichender Methode, die auch und gerade in der Auslegung der Anknüpfungsmomente zur Anwendung kommt, ein neuer Weg zur Gewinnung der Anknüpfungsmomente ab[39]. Ihn zu verfolgen, würde weit in die grundsätzlichen Fragen des Kollisionsrechts führen. Aber auch und gerade in dieser Lehre wird die Auslegung der Staatsangehörigkeit ihre besondere Färbung und ihre Exklusivität bewahren, besonders auch gegenüber der des Wohnsitzes, der Schwesteranknüpfung im Personalstatut.

(b) Auch der Verwendungskreis des Anknüpfungsmomentes der Staatsangehörigkeit ist ein anderer als der der anderen Anknüpfungsmomente. Wir wollen hier nicht auf den sattsam bekannten Unterschied zwischen Staatsangehörigkeits- und Wohnsitzprinzip hinaus, der das Kollisionsrecht durchschneidet und so viele Schwierigkeiten im einzelnen wie im allgemeinen aufwirft. Denn die Anknüpfungsmomente Wohnsitz und Staatsangehörigkeit haben ja hier etwa die gleiche Funktion, nämlich Beziehungen, die gemeinhin zum Personalstatut gerechnet werden, mit der für zuständig erachteten Rechtsordnung zu verbinden. Hier ist etwas anderes gemeint.

Wenn das Interlokale Recht überhaupt erörtert wird — meist summarisch und als Anhängsel des Internationalen Kollisionsrechts —, so wird gewöhnlich darauf hingewiesen, daß sich jenes von diesem eigentlich nur dadurch unterscheide, daß im Interloka-

---

[36] So RAAPE 34; für das amerikanische Recht (Bestimmung des Wohnsitzbegriffs) GOODRICH, Handbook of the Conflict of Laws (2. Aufl. 1938) 31.

[37] NEUNER in RabelsZ 8 (1934) 117: „Das Anknüpfungsmoment wird von der lex fori, und zwar der Kollisionsnorm definiert in abstrakter Form.“ Vgl. auch MARTIN WOLFF 40.

[38] RvglHwb IV 376.

[39] Vgl. ZWEIGERT 35 ff.

len Recht die Anknüpfung an den Wohnsitz oder den Ort des gewöhnlichen Aufenthaltes gelte — auch dort, wo das ihm entsprechende Internationale Kollisionsrecht an die Staatsangehörigkeit anknüpfe — und daß in ihm die Vorbehaltsklausel nicht zum Zuge komme. Von letzterem später mehr[40]. Hier wird also eine ganz grundsätzliche Einschränkung in der Verwendung des Anknüpfungsmomentes der Staatsangehörigkeit gemacht, die sicher weiterhin die hier vorgeschlagene Sonderstellung dieses Anknüpfungsbegriffes rechtfertigt, auch wenn Art und Umfang dieser Einschränkung noch der besonderen Untersuchung bedarf. Denn ein Kollisionsrecht ohne Anknüpfung an die Staatsangehörigkeit hat eine völlig andere Färbung als ein Kollisionsrecht, das mit dieser Anknüpfung arbeitet. Diese Gegensätze treten, wie sich zeigen wird, besonders hervor, wenn beide Kollisionsrechte derselben Rechtsordnung angehören.

Kapitel II

BESONDERHEITEN DES DEUTSCHEN INTERLOKALEN RECHTS GEGENÜBER DEM DEUTSCHEN INTERNATIONALEN KOLLISIONSRECHT

Da bei so drängenden Problemen, wie sie die Rechtskollisionen im Nachkriegsdeutschland bieten, mit deduktiven Erörterungen wenig geholfen wird, so ist, nachdem einige Grundbegriffe zur Erörterung gestellt sind, vor weiterem die Prüfung des positiven deutschen Rechtes nach zwei Seiten nötig. Zunächst bedarf es der Feststellung des in Deutschland geltenden Staatsangehörigkeitsrechts und der daraus für das deutsche Interlokale Recht zu ziehenden Folgerungen. Sodann ist dessen positive Grundlage zu erörtern.

1. Ausscheiden der Staatsangehörigkeit als Anknüpfungsmoment

In ganz Deutschland gilt nach wie vor das Reichs- und Staatsangehörigkeitsgesetz vom 22. 7. 1913[1]. Sein hier besonders interessierender § 1: „Deutscher ist, wer die Staatsangehörigkeit in einem Bundesstaat oder die unmittelbare Reichsangehörigkeit besitzt“ — wobei das letztere eine ganz seltene Ausnahme bildete — wurde

[40] S. unten S. 56 ff.

[1] RGBl 583. Die Änderungen durch die Gesetze vom 5. 11. 1923 (RGBl I 1077) und 15. 5. 1935 (RGBl I 593) sowie durch die MinisterratsVO vom 20. 1. 1942 (RGBl I 40) sind hier ohne Interesse.

jedoch geändert durch § 1 der Verordnung über die deutsche Staatsangehörigkeit vom 5. 2. 1934 [2], welcher bestimmt: „Die Staatsangehörigkeit in den deutschen Ländern fällt fort. Es gibt nur noch eine deutsche Staatsangehörigkeit (Reichsangehörigkeit).“ Diese Regelung ist durch den Alliierten Kontrollrat nicht angetastet worden. Auch das Bonner Grundgesetz bestimmt in Art. 116 I: „Deutscher im Sinne dieses Grundgesetzes ist vorbehaltlich anderweitiger gesetzlicher Regelung, wer die deutsche Staatsangehörigkeit besitzt..“ und schreibt vor, daß die deutsche Staatsangehörigkeit nicht entzogen werden darf (Art. 16 I 1). Eine besondere Landeszugehörigkeit besteht auch nach dem Bonner Grundgesetz derzeit nicht, wenn dieses auch „die Staatsangehörigkeit in den Ländern“ als Thema der konkurrierenden Gesetzgebung nennt (Art. 74 Nr. 8) und einige der Länderverfassungen mit einer solchen rechnen. Die Verfassung der Deutschen Demokratischen Republik bestimmt schließlich in deutlicher Anlehnung an die Verordnung vom 5. 2. 1934: „Es gibt nur eine deutsche Staatsangehörigkeit“ (Art. 1 IV), und rechnet daher die Staatsangehörigkeit zu den Gebieten, auf denen dem Gesamtstaat das Recht der ausschließlichen Gesetzgebung zusteht (Art. 112). Während also bis 1934 in Deutschland in aller Regel eine notwendige Verbindung zwischen Landesangehörigkeit und deutscher Staatsangehörigkeit bestand, ist dies seitdem nicht mehr der Fall. Eine derartige Verbindung besteht heute noch im Staatsangehörigkeitsrecht der Schweiz und, wenngleich nicht lückenlos, der Vereinigten Staaten, um nur diese als Haupttypen des Bundesstaates klassischer Prägung zu nennen.

Auf die kollisionsrechtlichen Beziehungen angewandt, bedeutet dieser verschiedene Aufbau des Staatsangehörigkeitsrechtes, daß in dem Interlokalen Recht der Bundesstaaten alter Prägung das Anknüpfungsmoment der Staatsangehörigkeit, und zwar die Staatsangehörigkeit in einem Einzelstaat [3], sehr wohl eine Rolle spielen kann und eine Rolle spielt. Die Vereinigten Staaten scheiden aus der Erörterung deshalb aus, weil sie die Staatsangehörigkeit als Anknüpfungsgrund im Kollisionsrecht grundsätzlich nicht kennen. Es verdient jedoch angemerkt zu werden, daß neben der Gleichartigkeit der Anknüpfungsgründe im Interlokalen und Internationalen Kollisionsrecht, die sich hieraus ergibt, dieser bundesstaatliche Aufbau einer der Hauptgründe ist, warum das Recht der Vereinigten Staaten die Scheidung zwischen Internationalem und Interlokalem Privatrecht weniger beachtet und auch Kollisionen zwischen Einzel-

[2] RGBl I 85.

[3] Im Gegensatz zur unmittelbaren Reichsangehörigkeit, § 1 des Gesetzes von 1913.

staaten des Bundes als Fälle des „private international law" empfindet[4].

Ähnlich wie in den Vereinigten Staaten war die Auffassung in Deutschland vor 1900. Kollidierten die Rechtsordnungen zweier Einzelstaaten, so faßte man dies als eine Frage des Internationalen Privatrechts auf — das Internationale Verwaltungsrecht war damals als Disziplin noch nicht entdeckt —, wobei noch die ursprüngliche Bismarcksche Konzeption des Reiches als eines Bundes souveräner Fürsten und Städte mitschwang. Nachdem sich jedoch unter Hänels und Labands Führung die Auffassung durchgesetzt hatte, daß zwar die Einzelstaaten echte Staaten waren, das Reich aber allein die Souveränität besaß, waren dies in Wirklichkeit Fragen des Interlokalen Rechts. Trotzdem kam in ihm, z. B. bei einem Erbrechtsfall in Baden[5], die Anknüpfung an die Staatsangehörigkeit zum Tragen. Ebenso wird im Schweizer Interkantonalen Privatrecht vielfach an die Kantonsangehörigkeit angeknüpft[6]. Interlokales Recht und Anknüpfungsgrund der Staatsangehörigkeit schließen sich also keineswegs grundsätzlich aus[7].

Sie schließen sich allerdings aus in allen Staaten, die nur *eine* Staatsangehörigkeit kennen, mögen sie im übrigen Bundesstaaten oder Einheitsstaaten sein. In dem Interlokalen Recht dieser Staaten ist für das Anknüpfungsmoment der Staatsangehörigkeit kein Raum[8]. Auch in dem abgeschwächten Sinn der Anknüpfung an den

---

[4] Vgl. Raape 104. — Auf die komplizierten Fragen der Abgrenzung des Interlokalen und Internationalen Kollisionsrechts im Commonwealth braucht hier, wo es sich nur um die Nennung einiger klarer Typen für die Anknüpfung der Staatsangehörigkeit handelt, nicht eingegangen zu werden. Bei der weitgehenden Verschiedenheit des Rechts der einzelnen Gliedstaaten der Dominien liefern diese ein gutes Beobachtungsfeld für Interlokales Recht. Man vergleiche für Kanada etwa Canadian Pacific Ry. Co. v. Parent [1917] A.C. 195

[5] Er ist angeführt bei Raape 105.

[6] Vgl. Schnitzer I 58 ff. und die dort angeführten (mir nicht zugänglichen) Arbeiten von Bolle und Escher.

[7] Auch das BGB enthielt noch eine interlokalrechtliche Norm, die an die Einzelstaatsangehörigkeit anknüpfte: § 1322 I 1 (Zuständigkeit zur Befreiung von gewissen Ehehindernissen). Die Vorschrift wurde durch das Ehegesetz von 1938 aufgehoben und durch verschiedene lokale Anknüpfungen ersetzt.

[8] Vgl. z. B. die neue Regelung in der Tschechoslowakei in dem Gesetz über das internationale und interlokale Privatrecht und über die Rechtsstellung der Ausländer auf dem Gebiete des Privatrechts vom 11. 3. 1948 (deutsche Übersetzung von Korkisch RabelsZ 17 [1952] Heft 3) § 54 Halbs. 1: „Die Bestimmungen des internationalen Privatrechts gelten entsprechend, wenn es sich um das Verhältnis des in den Ländern Böhmen und Mähren-Schlesien geltenden Rechts zu dem in der Slowakei geltenden Rechte handelt, mit der Abweichung, daß an die Stelle der Staatsangehörigkeit der Wohnsitz oder letzte Wohnsitz (ständige Aufenthalt) in der Tschechoslowakischen Republik tritt." Das OLG Hamm übersieht in dem Urteil vom 16. 7. 1951 den im Text festgestellten Sachverhalt und kommt daher zu einer irrigen Beurteilung der interlokalrechtlichen Fragen.

Heimatort hat sie sich in Deutschland nicht durchsetzen können, vielmehr herrscht hier die lokale Anknüpfung, und zwar auch und gerade bei Kollisionen, die im deutschen Internationalen Privatrecht zur Domäne des Staatsangehörigkeitsgrundsatzes gehören, wie besonders beim Personalstatut [9]. „Personalstatut im interlokalen Privatrecht ist die lex domicilii, nicht die lex originis" [10]. Das zeigt in sehr instruktiver Weise eine der wenigen reichsrechtlichen Vorschriften des deutschen Interlokalen Rechts, § 1 der Verordnung über den Anwendungsbereich erbrechtlicher Vorschriften vom 12. 12. 1941 [11], die in einer typischen Frage des Personalstatuts eine rein örtliche Anknüpfung, die an den Wohnsitz, gewählt hat. Dem deutschen Interlokalen Recht, und zwar in allen seinen Spielarten vom Interprovinzialen bis zum Interzonalen Recht, ist es demnach im Gegensatz zum deutschen Internationalen Kollisionsrecht wesentlich, daß es keinen personalen Anknüpfungsbegriff kennt, sondern nur mit lokalen Anknüpfungsmomenten arbeitet. Eine der Folgen dieses Herrschens lokaler Anknüpfungsmomente ist, daß das deutsche Interlokale Privatrecht als Gesamtheit viel stärker territorial gefärbt ist als das deutsche Internationale Privatrecht [12].

---

[9] Übereinstimmend Dölle 178, Ernst Wolff 186.

[10] Raape² 104.

[11] RGBl I 765.

[12] Schon die Übergangsregelung, welche die VO vom 5. 2. 1934 (RGBl I 85) getroffen hatte, bevorzugt die lokale Anknüpfung vor der an die bisherige Landesangehörigkeit; vgl. § 4 I: „Soweit es nach geltenden Gesetzen rechtserheblich ist, welche deutsche Landesangehörigkeit ein Reichsangehöriger besitzt, ist fortan maßgebend, in welchem Lande der Reichsangehörige seine Niederlassung hat." Erst wenn diese fehlt, spielt die bisherige Landesangehörigkeit eine Rolle. Wieweit aus dieser Vorschrift interlokalrechtliche Schlüsse gezogen werden können, ist allerdings strittig; vgl. hierzu Schlegelberger in RabelsZ 14 (1942) 9, der aus anderen Erwägungen jedoch zur Anknüpfung an den Wohnsitz kommt.

Akut wurde die Frage bei den kollisionsrechtlichen Beziehungen zwischen „Altreich" und Österreich von 1938—1945. Sie wurde von dem großen Senat des RG für den Wohnsitz entschieden (Beschluß vom 17. 7. 1943), und zwar gegen die wohl vorwiegende Meinung des Schrifttums und gegen eine frühere Entscheidung des RG (RGZ 164, 195).

Unter veränderten Umständen ist die Frage nach 1945 neu aufgetaucht. OLG Gera 3. 10. 1947 möchte die „Zonenzugehörigkeit" als Anknüpfungspunkt benutzen: „Die Maßgeblichkeit der Zonenzugehörigkeit rückt das Heimatrecht als eine natürliche Tatsache in den Vordergrund, schützt den Schuldner vor einem Widerstreit mit den Pflichten, die ihm seine Besatzungsmacht auferlegt und bewahrt gleichzeitig den Gläubiger davor, seine Ansprüche gegen maßgebliche Bestimmungen durchsetzen zu wollen, die ihm spätestens bei der Zwangsvollstreckung den Zugriff versperren." Für diese Anknüpfung fehlt jede positivrechtliche Grundlage. Soweit der Standpunkt des Gerichts berechtigt ist, trägt ihm die Anknüpfung an den Wohnsitz des Schuldners bei Forderungen im Interlokalen Verwaltungsrecht (s. unten S. 105 ff.) Rechnung.

2. Auslegung der Anknüpfungsmomente aus den deutschen Sachnormen

a) Der Grundsatz

Damit ist eine grundsätzliche Besonderheit des derzeitigen deutschen Interlokalen Rechts, unter dem Gesichtswinkel der Anknüpfungsbegriffe gesehen, festgestellt. Vor weiterem ist es erforderlich, genauer festzustellen, auf *welchen Rechtsquellen* das deutsche Interlokale Recht beruht. Ernst Wolff [13] hat dieser Frage, soweit sie das Interlokale Privatrecht betrifft, Beachtung geschenkt und hat darauf hingewiesen, daß nicht etwa auf den Gebieten, auf denen die deutsche Rechtseinheit abbröckelt, das Interlokale Privatrecht der früheren deutschen Landesrechte, das vor 50 Jahren durch Art. 55 EG aufgehoben worden war, wieder in Kraft getreten ist. Der Hinweis ist nicht überflüssig; denn es lassen sich mitunter Ansätze zu der Auffassung beobachten, daß es genüge, eine Vorschrift aufzuheben, um die durch diese Vorschrift seinerzeit aufgehobenen Bestimmungen wieder in Kraft zu setzen [14]. Andererseits fehlt es an einer umfassenden gesamtstaatsrechtlichen Regelung des Interlokalen Privatrechts [15]; vor 1945 gab es nur Bruchstücke [16]; nach 1945 ist eine derartige Regelung, auch wenn man die Bedürfnisfrage bejahen sollte, kaum zu erwarten.

Soweit den deutschen Ländern die Befugnis zur Setzung von Sachnormen zusteht, haben sie daher auch die Befugnis zum Erlaß der dazu gehörigen Kollisionsnormen. Sie haben davon kaum Gebrauch gemacht. Wenn der Gesetzgeber der britischen Zone seiner Verordnung über die Rechtswirkungen des Ausspruchs einer nachträglichen Eheschließung vom 13. 8. 1948 [17] eine Bestimmung über den Geltungsbereich beigegeben hat [18], so sollte damit nur die Zuständig-

[13] S. 183.

[14] So hob z. B. § 34 Nr. 5 der LandesVO über Gerichtsverfassung und -verfahren in Rheinland-Pfalz vom 11. 5. 1947 (GVBl 155) den § 4 IV der 4. Vereinf. VO vom 12. 1. 1943 (RGBl I 7) auf, der seinerseits die §§ 521, 522, 522 a ZPO aufgehoben hatte. Dies konnte nur den Zweck haben, die genannten Paragraphen der ZPO wieder in Kraft zu setzen, wie dies durch § 3 Einl. des Rechtsmittelgesetzes für die amerikanische Zone, Art. 8 der VO über das Berufungsverfahren in bürgerlichen Rechtsstreitigkeiten vom 9. 6. 1947 (VBlBZ 76) für die britische Zone geschehen war. Zutreffend BGH 10. 5. 1951.

[15] Solche Regelungen gibt es in der Schweiz (Bundesgesetz vom 25. 6. 1891 betreffend die zivilrechtlichen Verhältnisse der Niedergelassenen und Aufenthalter, Art. 1—27), in Frankreich (Gesetz vom 24. 7. 1921) und in Polen (Gesetz vom 2. 8. 1926).

[16] Außer der erwähnten VO vom 12. 12. 1941 (RGBl I 765) besonders die 4. DVO zum EheG vom 25. 10. 1941 (RGBl I 654).

[17] VBlBZ 237.

[18] § 6: „Als Geltungsbereich der Verordnung gilt auch das Gebiet, in dem eine dieser Verordnung entsprechende Verordnung besteht.“ Wörtlich ebenso

keitsnorm des § 4 II 2 („Liegt dieser nicht im Geltungsbereich dieser Verordnung ...“) [19] erläutert werden, aber nicht etwa eine privatrechtliche Kollisionsnorm über die Anwendbarkeit der Verordnung aufgestellt werden. Ernst Wolff [20] nimmt an, daß sich die örtliche Abgrenzung einer seit 1945 erlassenen, nur für ein bestimmtes Gebiet geltenden Vorschrift unmittelbar oder analog nach dem Einführungsgesetz entscheide, wobei ihm allerdings der Umstand, daß dieses mit Anknüpfungsmomenten wie Staatsangehörigkeit und Ausland arbeitet, gewisse Schwierigkeiten bereitet. Dem kann nicht in vollem Umfang zugestimmt werden. Gewiß wird das deutsche Internationale Privatrecht als einzige mehr oder weniger abgeschlossene kollisionsrechtliche Regelung des deutschen Rechts viele Parallelen bieten. Aber trotzdem bleibt auch dort, wo keine ausdrücklichen kollisionsrechtlichen Regelungen auf den vom Landesrecht wieder eingenommenen Gebieten vorliegen, beim Fehlen gesamtstaatlicher Bestimmungen auf dem Gebiete des Interlokalen Rechts die Regelung Sache des Landesrechts, und Rechtsquelle bleibt auch beim Rückgreifen auf international-privatrechtliche Parallelen grundsätzlich das Landesrecht.

Aber es fragt sich, ob eine solche Anleihe bei dem Internationalen Privatrecht des Reiches im Bereiche der Anknüpfungsmomente — um diese allein handelt es sich hier — überhaupt statthaft und, wenn statthaft, erwünscht ist. Geboten ist sie ja nicht. Nachdem der personale Anknüpfungsbegriff der Staatsangehörigkeit nicht in Frage kommt, handelt es sich darum, ob die lokalen Anknüpfungsmomente des Interlokalen Rechts dem deutschen Internationalen Privatrecht entnommen werden sollten.

Diese Frage ist zu verneinen. Das Problem, nach welchen Prinzipien die Begriffe der kollisionsrechtlichen Tatbestände auszulegen sind, ist in den letzten Jahren nicht zur Ruhe gekommen. Wir streiften es bereits [21]. Die Entwicklung ging, wie wir sahen, von der Auslegung nach dem materiellen Rechte der lex fori über eine besondere kollisionsrechtliche Interpretation im Rahmen der lex fori zu den Lösungen der rechtsvergleichend-autonomistischen Methode Ernst Rabels. Was von den kollisionsrechtlichen Begriffen im allgemeinen gilt, gilt von den Anknüpfungsbegriffen, den kollisionsrechtlichsten der kollisionsrechtlichen Begriffe, im besonderen. Auch ihre Aus-

---

§ 20 I der VO über Personenstandsangelegenheiten in der Fassung der VO vom 13. 8. 1948 (VBlBZ 239).

[19] Vgl. § 15 II der in Note 18 genannten VO: „... im Geltungsbereich dieser Verordnung ...“

[20] S. 184 ff.; ferner Schlegelberger in RabelsZ 14 (1942) 7.

[21] S. oben S. 25.

legung[22] hat sich vom Sachrecht der lex fori immer mehr zu den parallelen ausländischen Kollisionsrechten hin entwickelt — eine Entwicklung, die den Zielen des Internationalen Privatrechts, dem Ausgleich zwischen den einzelnen Rechtsordnungen, sicher entgegenkommt, eine Entwicklung aber auch, die eine analoge Übernahme dieser Begriffsbildung im Interlokalen Rechte deutscher Prägung ausschließt. Denn hier ist jene erstrebte Harmonie der Anknüpfungsmomente bereits anderweit gegeben. Aber nicht im deutschen Internationalen Privatrecht, sondern in der Sachrechtsordnung. Alle örtlichen Anknüpfungsbegriffe des deutschen Interlokalen Rechts — Wohnsitz der natürlichen und Sitz der juristischen Person[23], Sachbelegenheit und Erfüllungsort, Begehungs- und Errichtungsort — sind in der deutschen Sachrechtsordnung geregelt. Freilich an verschiedenen Stellen; denn die Systematik des bürgerlichen Rechts ist ja nicht an der Verwendbarkeit seiner Begriffe im Interlokalen Recht orientiert. So der Wohnsitz in den §§ 7—11, der Erfüllungsort in § 269 BGB, der Sitz in verschiedenen Vorschriften des bürgerlichen und Handelsrechts, auf die an anderer Stelle noch näher einzugehen sein wird[24]. Der Errichtungsort ergibt sich aus den Bestimmungen über das Zustandekommen des Vertrages, der Begehungsort aus denen über unerlaubte Handlungen.

Als zweite grundsätzliche Besonderheit des deutschen Interlokalen Rechts ist somit festzustellen, daß es seine Anknüpfungsmomente nach materiellem deutschem Reichsrecht auslegt[25]. Weder kann also ein deutsches Land einer sachrechtlichen Regelung, z. B. über Vereine, eine kollisionsrechtliche Bestimmung über das Anknüpfungsmoment des Vereinssitzes beifügen, der vom reichsrechtlichen Sachbegriff (§ 24 BGB) abweicht — außer es könnte und wollte das Reichsrecht abändern —, noch kann es diesen Begriff etwa dem deutschen Internationalen Privatrecht entnehmen[26], das aus kollisionsrechtlichen Erwägungen sehr wohl von dem Sitzbegriff des materiel-

---

[22] Das Wort „Qualifikation“, das z. B. Verplaetse (RabelsZ 13 [1940/41] 453) verwendet, indem er die Auslegung der Anknüpfungspunkte als ersten Fall der Qualifikation bezeichnet, wird in diesem Zusammenhang besser vermieden.

[23] Anders liegt der Fall, wenn Sitz und Rechtsfähigkeit, z. B. bei Gewerkschaften, auf Landesrecht beruhen. Hier kann auch für die Auslegung des Anknüpfungsmoments nur das Landesrecht maßgebend sein. Die hier sich ergebenden Fragen sind vom RG anläßlich der Gothaischen Kaufgewerkschaften eingehend erörtert worden. Vgl. besonders RGZ 92, 73 ff.

[24] S. unten S. 146.

[25] Zu dem gleichen Ergebnis kommt Marquordt, MDR 1949, 5 ff., 135 ff., wenn er von „Auslegung auf der Basis des deutschen Privatrechtssystems“ spricht. Auch Vogel 22 meint das gleiche, wenn er sagt: „Das Reichsrecht ist weiter als Anknüpfungsstatut anzusehen.“ Ähnlich Benkard, DRZ 1947, 358. Beachtliche Folgerungen aus diesem Sachverhalt zieht LG Kassel, 6. 3. 1950.

[26] Dies scheint Ernst Wolff 191 anzunehmen.

len Reichsrechts abweichen kann. Auch die Anknüpfungsbegriffe der vereinzelten reichsrechtlichen Vorschriften des Interlokalen Rechts [27] sind gemäß ihrer Aufgabe grundsätzlich nach deutschem Sachrecht auszulegen [28].

Daß zwischen Internationalem Privatrecht und Interlokalem Recht keine völlige Konkordanz der Anknüpfungsmomente besteht, kann u. U. zu Komplikationen führen, wie sie bei dem Ineinandergreifen zweier Disziplinen oft vorkommen. Häufig werden sie nicht sein, denn schon ihre erste Voraussetzung, daß ein Fall sowohl nach Internationalem wie nach Interlokalem Kollisionsrecht zu beurteilen ist, wird nur bei einem kleinen Prozentsatz der interlokalrechtlich interessanten Fälle vorliegen. Immerhin sind sie möglich. Angenommen etwa, ein Staatenloser hat zwar seinen gewöhnlichen Aufenthalt im Inland, seinen Wohnsitz jedoch im Ausland. Dann wird davon auszugehen sein, daß die internationalprivatrechtliche Anknüpfung an das deutsche Recht durch Art. 29 EG gegeben ist und das interlokale Recht sich ihr nicht etwa durch einen renvoi entziehen kann. Dieses hat vielmehr von dem ausländischen Wohnsitz, der ja außerhalb seines Spielfeldes liegt, keine Notiz zu nehmen, sondern von der für den Fall der Wohnsitzlosen bereitgehaltenen subsidiären Anknüpfung an den Aufenthalt Gebrauch zu machen.

Natürlich kann es unter Umständen auch erforderlich sein, Bestimmungen des Internationalen Privatrechts durch ausdrückliche Verweisung für anwendbar zu erklären. So bestimmt § 1 VI der genannten Verordnung vom 12. 12. 1941: „Die in den Abs. 1 bis 5 bezeichnete Rechtsordnung entscheidet auch die Frage, inwieweit sich die Vererbung des vom Erblasser außerhalb des Deutschen Reichs hinterlassenen unbeweglichen Vermögens nach deutschem Recht richtet." Die Rechtsordnung, auf die hier verwiesen wird, ist die Gesamtrechtsordnung einschließlich des Kollisionsrechts; die konkreten Vorschriften, die die Bestimmung im Auge hatte, waren solche des Kollisionsrechts, nämlich die Art. 24 und 28 EG einerseits, § 300 österr. ABGB andererseits. Aber hier handelt es sich auch nicht um die Lösung einer Kollision zwischen zwei Sachrechtsordnungen, sondern um die Schlichtung der interlokalen Kollision zweier Internationaler Privatrechte. Daß diese mit internationalprivatrechtlichen Begriffen zu arbeiten hat, liegt auf der Hand [29].

---

[27] S. oben S. 30 N. 16.

[28] Nach ZITELMANN I 397, 404 sind derartige gesamtstaatliche Bestimmungen überhaupt keine echten Kollisionsnormen, da sie die Gesetzgebungsmacht des erlassenden Staates voraussetzen, nicht erst feststellen.

[29] Hinsichtlich des *beweglichen* Nachlasses stimmen deutsches und österrei-

Den tieferen Grund für diese Besonderheit des deutschen Interlokalen Rechtes, mit reichsrechtlich definierten Anknüpfungsmomenten zu arbeiten, kann man einmal in der besonderen Funktion des Interlokalen Rechtes sehen, Gesetzeskonflikte im Rahmen eines Staates auszugleichen und sich also der Rechtsordnung dieses Staates, wo immer es geht, zu bedienen; allgemeinrechtlich kann man den Grund darin erblicken, daß die gesamtstaatliche Regelung immer dort in Funktion zu treten hat, wo sie zur Ergänzung der landesrechtlichen Ordnungen Begriffe bietet, die durch ihre Rechtsordnung geregelt sind. Daß diese Rechtsordnung — außer bei der Kollision von Kollisionsrechten — die gesamtstaatliche *Sach*regelung sein muß, folgt daraus, daß das Internationale Privatrecht des Gesamtstaates eine ganz andere Blickrichtung hat und in einem Rahmen tätig ist, der für die Bedürfnisse des Interlokalen Rechtes zu weit gespannt ist.

b) Die Verordnung vom 12. 12. 1941

Daß die Anknüpfungsbegriffe des deutschen Interlokalen Rechts nach anderen Prinzipien ausgelegt und auch gewählt werden müssen als die des deutschen Internationalen Kollisionsrechts, läßt sich auch aus der neueren Gesetzgebung belegen.

Im Internationalen Privat- und Prozeßrecht der letzten dreißig Jahre besteht eine Tendenz, das Anknüpfungsmoment „Wohnsitz" (domicile) durch die Anknüpfung an den „ständigen Aufenthalt" (résidence habituelle) zu ersetzen. Der Grund hierfür ist, daß die Wohnsitzbegriffe der einzelnen Rechtsgruppen stark voneinander abweichen, daß namentlich der englische Begriff des domicile mit dem, was man auf dem Kontinent unter „Wohnsitz" versteht, wenig zu tun hat. Nur zwei Beweise für diese Tendenz, der eine aus dem Prozeß-, der andere aus dem Privatrecht: Als im Rahmen der Eherechtsreform der § 606 ZPO neu gefaßt wurde [30], ersetzte man in dieser für das internationale Zivilprozeßrecht besonders bedeutsamen Vorschrift den Ausdruck „Wohnsitz", der an vier Stellen gebraucht war, durch die Worte „gewöhnlicher Aufenthalt". Und als man, der Mehrheit der ausländischen Kollisionsrechte folgend, das Statut der Staatenlosen von der Anknüpfung an die letzte Staatsangehörigkeit ablöste [31], da knüpfte man ihr Personalstatut nicht etwa an den Wohnsitz, was besonders nahe gelegen hätte, da die alte

chisches Internationales Privatrecht überein; vgl. einerseits Art. 24 I, 25 S. 1 EG, andererseits Walker, Internationales Privatrecht [5] (1935) 974 ff.; Raape[2] 250 N. 1.

[30] Durch die 4. DVO zum Ehegesetz vom 25. 10. 1941 (RGBl I 654).

[31] Gesetz vom 12. 4. 1938 (RGBl I 380) Art. 7.

Norm hilfsweise mit dieser Anknüpfung arbeitete, sondern man stellte die Neufassung des Art. 29 EG auf den „gewöhnlichen Aufenthalt" ab und scheute auch vor der Unebenheit nicht zurück, daß in den älteren Bestimmungen des Gesetzes (z. B. in den Art. 8, 14 I, 16 I) noch vom Wohnsitz die Rede ist, in *einem* Gesetz demnach zwei verschiedene Anknüpfungsbegriffe in gleicher Funktion verwandt werden.

Ganz anders im Interlokalen Recht. Als die Rechtsverschiedenheit zwischen dem Erbrecht des deutschen Bürgerlichen Gesetzbuchs und dem des österreichischen Allgemeinen Bürgerlichen Gesetzbuchs im Dezember 1941 — also ganz kurz nach den eben besprochenen Regelungen — die Schaffung interlokalrechtlicher Normen gebot, da wählte man nicht etwa das Anknüpfungsmoment des „gewöhnlichen Aufenthalts", das nach dem, was vorausgegangen war, sich aufdrängte, sondern das des „Wohnsitzes" [32]. Hatte sich in der kurzen Zeit nach den Regelungen, die eben erwähnt wurden, jene Anknüpfung nicht bewährt und war man deshalb für das gesamte Kollisionsrecht zur Anknüpfung an den Wohnsitz zurückgekehrt? Dafür liegt kein Anhaltspunkt vor. Ein Zufall? Bei der Gründlichkeit, mit der die Ressorts schon seit der Vorbereitung der 6. Haager Privatrechtskonferenz im Jahre 1928 die Alternative Wohnsitz — gewöhnlicher Aufenthalt erörtert hatten, ist dieser in der Gesetzgebung sonst zweifellos wichtige Faktor hier ausgeschlossen. Die Anknüpfung an den Wohnsitz in der neuen interlokalrechtlichen Regelung war vielmehr in der bewußten Erkenntnis erfolgt, daß hier etwas grundsätzlich anderes vorliegt als dort.

Der „gewöhnliche Aufenthalt" war als Anknüpfungsmoment im Internationalen Privat- und Prozeßrecht deshalb gewählt worden, weil die nationalen Rechtsordnungen sich dieses Begriffes noch nicht bemächtigt und ihn nach ihren Maßen zugestutzt, nach ihrer Form geprägt hatten, man daher in seiner Auslegung noch frei war. Der „Wohnsitz" im Interlokalen Recht wurde darum als Anknüpfungsmoment ausersehen, weil die Sachrechtsordnungen feste Normen

[32] § 1 I der VO über den Anwendungsbereich erbrechtlicher Vorschriften vom 12. 12. 1941 (RGBl I 765). Vgl. zu der VO RAAPE[2] 270—276, die Kommentierung von VOGELS, ihrem Verfasser, bei PFUNDTNER-NEUBERT, Das neue Reichsrecht, II b 49 S. 39 ff. sowie den Aufsatz von VOGELS, DJ 1941, 1132 ff. Die VO ist auch heute noch in Deutschland gültig (a. A. wohl VOGELS-SEYBOLD, Gesetz über die Errichtung von Testamenten und Erbverträgen, 4. Aufl. 1949, S. 27), abgesehen nur von den Bestimmungen, die sich speziell auf Österreich und das ehemalige Protektorat beziehen; sie wird aber nur selten zur Anwendung kommen, da das Erbrecht in Deutschland derzeit nahezu durchweg Reichsrecht ist. Der von ERNST WOLFF 187 hypothetisch zur Erörterung gestellte Fall ware m. E. nach ihr zu lösen.

und Vorstellungen über diesen Begriff hatten [33]. Daß die Anknüpfungsbegriffe den Sachrechtsordnungen zu entnehmen waren, war nicht bestritten [34]. Daher konnte man hier sogar mit einem so verrechtlichten Begriff wie dem des doppelten Wohnsitzes operieren (§ 1 I 2).

Interessant ist jedoch — und deshalb sei es erlaubt, noch einen Augenblick bei diesen Bestimmungen zu verweilen —, wie hier die Anknüpfung an die Staatsangehörigkeit im Internationalen Privatrecht und die Anknüpfung an den Wohnsitz im Interlokalen Privatrecht sich verzahnen. § 1 I der Verordnung vom 12. 12. 1941 fußt auf der Staatsangehörigkeit, wenn er mit den Worten beginnt: „Ein deutscher Staatsangehöriger ...". Denn eine interlokalrechtliche Regelung ist ja erst von Interesse, wenn feststeht, daß internationalprivatrechtlich deutsches Recht zur Anwendung kommt. Die Bestimmung verteilt dann nach dem Wohnsitzprinzip die nach deutschem Recht zu beurteilenden Erbrechtsfälle auf die in Frage kommenden Rechtsordnungen. Bei Wohnsitzlosen tritt nach alter Formulierung des Internationalen Privatrechts (vgl. z. B. Art. 8 EG), gegen deren Übernahme in das Interlokale Recht keine Bedenken bestehen, der Aufenthalt — der unqualifizierte, nicht der qualifizierte gewöhnliche — in die Bresche. Auch mit diesem seinem Ausweg versagt das Wohnsitzprinzip dann, wenn der Erblasser im Rechtsgebiet weder Wohnsitz noch Aufenthalt hatte. Im Internationalen Privatrecht kann dies Versagen deshalb nicht vorkommen, weil sein Feld in diesem Sinne die Welt ist. Rechtsgebiet des Interlokalen Rechts, sein „Spielfeld", ist jedoch nur der Staat, in dessen Grenzen es zum Zuge kommt. Hier versagt die Anknüpfung deshalb dann, wenn „der Erblasser bei seinem Tode weder Wohnsitz noch Aufenthalt im Deutschen Reich" hatte (§ 1 II). Es ist bemerkenswert, daß das Interlokale Recht auch in diesem Falle dem Wohnsitzgrundsatz treu bleibt und nicht auf irgendeine Heimatzugehörigkeit des Erblassers, sondern auf den „letzten Wohnsitz oder Aufenthalt des Erblassers im Deutschen Reich" ausweicht. Nur für den Fall, daß der deutsche Erblasser niemals in Deutschland Wohnsitz oder Aufenthalt gehabt hat, also bei vielen Auslandsdeutschen, wird das in der Reichshauptstadt geltende Recht für maßgebend erklärt (§ 1 V). In dem neuen tschechoslowakischen Gesetz vom 11. 3. 1948 [35]

[33] VOGELS, DJ 1941, 1133: „Die Abstellung auf den Wohnsitz empfahl sich deshalb, weil dieser Begriff dem bürgerlichen Recht geläufiger ist und dort eine eingehendere Regelung gefunden hat (§§ 7—11 BGB, § 66 österr. Jurisdiktionsnorm). Es kommt hinzu, daß der Wohnsitz den Hauptanknüpfungspunkt für die Zuständigkeit der Gerichte bildet (§ 73 FGG, §§ 106, 66 JN)."

[34] Vgl. VOGELS bei PFUNDTNER-NEUBERT § 1 Anm. 3.

[35] S. oben S. 28 N. 8.

wird in diesem Falle auf eine Anknüpfung zurückgegriffen, die dem Anknüpfungsmoment der Staatsangehörigkeit näher steht als dem des Wohnsitzes; es heißt hier nämlich in § 54, Halbs. 2: „hatte die betreffende Person niemals Wohnsitz oder Aufenthalt in der Tschechoslowakischen Republik, so ist die Rechtsordnung anzuwenden, der jene Person im Hinblick auf ihre Volkszugehörigkeit oder auf ihre sonstigen Verhältnisse nähersteht".

c) Die Anknüpfung an den Wohnsitz im geltenden deutschen Interlokalen Recht

Die aus der Stellung des Interlokalen Rechts innerhalb der Rechtsordnung eines Staates gewonnenen, an einer gesetzlichen Spezialbestimmung der jüngsten Zeit erhärteten Ergebnisse über Gewinnung und Auslegung der Anknüpfungsmomente im Interlokalen Recht geben die Möglichkeit, diese im Einzelfalle klar zu bestimmen. Da außer in der Verordnung vom 12. 12. 1941 positiv-rechtliche Vorschriften darüber, was im Interlokalen Recht als Anknüpfungsmoment des Personalstatutes dient, kaum vorhanden sind, ist die Rechtslehre in der Erörterung dieser Frage durch positiv-rechtliche Erwägungen wenig gebunden. Sie hat sich in ihrer Mehrheit für den dauernden oder den gewöhnlichen Aufenthalt ausgesprochen [36]. ERNST WOLFF [37] hat hierbei auf die Entwicklung der Frage im Internationalen Privatrecht hingewiesen. Wir sahen, daß für diese Entwicklung andere Gesichtspunkte maßgebend waren und der Analogieschluß in diesem Punkte nicht geboten erscheint. DÖLLE [38] zieht bei interzonalen Kollisionen aus praktischen Erwägungen den dauernden Aufenthalt vor, da die Begründung eines gewillkürten Wohnsitzes im Sinne des § 7 BGB heute vielen Personen in Deutschland gar nicht möglich sei. Man wird diesen Erwägungen Rechnung tragen können, ohne die Anknüpfung an den Wohnsitz grundsätzlich aufzugeben. Denn das deutsche Recht hat seit langem auf den verschiedensten Rechtsgebieten bei Wohnsitzlosen an die Stelle des Wohnsitzes den Aufenthalt treten lassen, so in § 23 ZPO für den Gerichtsstand, in Art. 8 EG für die Entmündigung.

Man wird deshalb, ohne diese Erwägungen außer acht lassen zu müssen, an der Anknüpfung des Wohnsitzes für alle Fragen des Personalstatuts im deutschen Interlokalen Privatrecht festhalten können [39]. Dafür spricht nicht nur das Vorbild der Verordnung vom

---

[36] Doch läßt MARQUORDT (MDR 1949, 5 ff., MDR 1950, 9; MDR 1951, 391) die Frage offen.

[37] S. 186 ff. [38] S. 178.

[39] Ebenso WENGLER, Gutachten (s. oben S. 9 N. 23); OTTO, Rpfleger 1950, 449; AG Mainz 8. 2. 1951 mit guter Begründung.

12. 12. 1941 [40], und dafür spricht nicht nur die Tatsache, daß für die Feststellung des Wohnsitzes gut durchdachte und eingehend ausgelegte Rechtssätze des bürgerlichen Rechts zur Verfügung stehen, die sowohl den Wohnsitz des Haushaltungsvorstandes als auch den seiner Ehefrau und seiner Kinder, natürlicher wie adoptierter, festlegen (§§ 7—11 BGB). Dafür spricht auch, daß die wichtigste Anknüpfung des Interlokalen Schuldrechts, die an den Erfüllungsort, letztlich auf den Wohnsitz des Schuldners zurückgreift. Daß diese Anknüpfung nicht nur im Internationalen Schuldrecht zum Zuge kommt, sondern auch im Interlokalen Schuldrecht, ist unbestritten; ja, sie ist hier häufiger als dort, weil eine anderweitige Parteivereinbarung bei der Unvoraussehbarkeit der Zerreißung Deutschlands im allgemeinen nicht vorliegt [41]. Daß diese Anknüpfung der sachrechtlichen Vorschrift des § 269 BGB zu entnehmen ist und nicht einer abweichenden international-privatrechtlichen Definierung des Begriffs, wird gleichfalls nicht in Zweifel gezogen. Will man nun das Personalstatut auf einer lockereren Anknüpfung aufbauen als das Schuldstatut? Das würde den allgemeinen Grundgedanken des Kollisionsrechts kaum standhalten. Zwar ist der Unterschied zwischen „gewöhnlichem Aufenthalt" und Wohnsitz nicht allzu erheblich. Aber er ist immerhin vorhanden [42]. Erst wenn ein Wohnsitz nicht vorliegt, wie bei Flüchtlingen, wird man auf den Aufenthalt zurückgreifen dürfen, wobei das Moment der Dauer oder der häufigen Wiederkehr bei einer etwaigen Wahl zwischen zwei Orten wird berücksichtigt werden können.

Es wird deshalb bei Fragen des Personalstatuts dort, wo es nach den tatsächlichen Umständen möglich ist, der festeren Anknüpfung

---

[40] VOGELS, DJ 1941, 1136: „Die neue VO regelt nur einen Ausschnitt aus dem deutschen interlokalen Privatrecht ... Aus ihr läßt sich aber wohl der allgemeine Grundsatz entnehmen, daß innerhalb des Deutschen Reichs bei deutschen Staatsangehörigen nicht die ehemalige Landesangehörigkeit, sondern der Wohnsitz für die Beurteilung der dem Heimatrecht unterliegenden Rechtsverhältnisse maßgebend ist."

[41] Vgl. ERNST WOLFF 188. — In einer Tübinger Seminararbeit von ULRICH DROBNIG, deren Benutzung mir verstattet war, wird zutreffend darauf hingewiesen, daß diese Unvoraussehbarkeit zu einer rechtlichen Situation geführt hat, die dem Interzonenrecht zwar nicht ausschließlich eigen, aber für dieses sehr charakteristisch ist („Verwandlung einer binnenrechtlichen Beziehung in ein kollisionsrechtliches Verhältnis"). Die Frage taucht an verschiedenen Punkten auf, namentlich bei Dauerschuldverhältnissen und Währungsfragen.

[42] Vgl. OLG Braunschweig 2. 11. 1946: „Der gewöhnliche Aufenthalt fällt nicht mit dem Wohnsitz zusammen. Er braucht auch kein ‚ständiger' zu sein; es darf sich freilich auch nicht nur um ein gelegentliches oder nur vorübergehendes Verweilen handeln." Vgl. ferner sehr eingehend OLG Kassel 11. 3. 1949. MICHAELIS, NJW 1949, 573: „Der gewöhnliche Aufenthalt ist im Gegensatz zum Wohnsitz kein Rechtsbegriff, sondern etwas rein Tatsächliches, vom Willen des Menschen völlig Unabhängiges. Er bestimmt sich lediglich nach dem tatsächlichen Sein einer Person an einem Ort."

des Wohnsitzes der Vorzug zu geben sein. Ein oder das andere der in der Rechtslehre erörterten Beispiele mag zeigen, daß diese Anknüpfung zu verständigen Ergebnissen führt. Zwar soll hier nicht die von DÖLLE [43] aufgeworfene Frage erörtert werden, ob aus der Tatsache, daß die 5. Durchführungsverordnung zum Ehegesetz im Westen in ihren wesentlichen Bestandteilen als fortgeltend angesehen wird, während sie in der Ostzone von der Rechtsprechung als nicht mehr geltend betrachtet wird [44], echte kollisionsrechtliche Fragen entstehen. Denn die Bestimmungen sind in allen Zonen die gleichen, nur die Auslegung ist verschieden, und jedes Gericht muß seiner Entscheidung die Auslegung des Reichsrechts zugrundelegen, die es nach seiner Auffassung für richtig hält; dies aber für das gesamtdeutsche Gebiet. Das Gericht der amerikanischen oder französischen Zone wird also den § 79 des Ehegesetzes dahin auslegen, daß die 5. Durchführungsverordnung in ganz Deutschland noch gilt, das Gericht der Ostzone wird das Gegenteil annehmen. In der britischen Zone liegen die Dinge anders, weil hier eine positivrechtliche Regelung vorliegt [45]. Auf diese schwierige Frage, die tief in die Auslegungslehre führt, ist hier nicht einzugehen. Aber die von ERNST WOLFF [46] kollisionsrechtlich zur Diskussion gestellten nachträglichen Eheschließungen verschiedener Art liefern ein gutes Beispiel, da sie zunächst nur in einigen Ländern die Anerkennung des Gesetzgebers gefunden hatten. Den sog. nachträglichen Eheschließungen sowohl auf Grund des vielumstrittenen Erlasses vom 6. 11. 1941 [47] wie auf Grund der Landesgesetze der amerikanischen Zone über die Anerkennung freier Ehen rassisch und politisch Verfolgter [48] ist gemeinsam, daß es sich nicht um echte Eheschließungen handelt — denn ein Toter kann keine Ehe schließen —, sondern einmal um die nachträgliche Legitimierung einer freien Verbindung und in engem

[43] S. 178.

[44] OLG Gera, Plenarbeschluß vom 30. 11. 1946.

[45] VO des Zentraljustizamtes zur Ausführung des Ehegesetzes vom 20. 2. 1946 (KRG Nr. 16) vom 12. 7. 1948, § 29 (VBlBZ 210); die Vorschrift erhält die 5. DVO zum Ehegesetz mit einigen kleinen Änderungen ausdrücklich aufrecht.

[46] S. 191—194.

[47] Sie wurden nach ganz bestimmten Richtungen anerkannt in der brit. Zone (VO vom 13. 8. 1948, VBlBZ 237), in Rheinland-Pfalz (Gesetz vom 24. 2. 1949, GVBl 81) sowie in Berlin, westliche Sektoren (Gesetz vom 19. 9. 1949, VBl für Groß-Berlin 1949, 333). Die Frage ist jetzt durch das Bundesgesetz vom 29. 3. 1951 (BGBl I 215) geregelt. Vgl. DÖLLE, JZ 1951, 291; PETERS, Rpfleger 1951, 255. In Brandenburg werden die Eheschließungen auf Grund einer Rundverfügung des Justizministers vom 12. 6. 1946 als gültig angesehen (vgl. PETERS, Das neue Eherecht [1950] S. 112).

[48] Bayern vom 31. 12. 1947 (GVBl 1948, 2), Württemberg-Baden vom 12. 1. 1948 (RegBl 17), Hessen vom 3. 1. 1948 (GVBl 17), Bremen vom 3. 1. 1948 (GBl. 7). Auch diese Frage ist jetzt durch Bundesgesetz geregelt (Gesetz vom 23. 6. 1950, BGBl 226).

Zusammenhang damit um die Gewährung der Rechtsstellung einer ehelichen Witwe und ehelicher Kinder für die Hinterbliebenen durch eine Art Gnadenakt [49]. ERNST WOLFF schlägt als einheitliches Statut für alle sich ergebenden privatrechtlichen Rechtsfolgen den letzten gewöhnlichen Aufenthalt des verstorbenen Bräutigams vor. Man wird ihm in allen Punkten, die er für die Einheitlichkeit des Statuts anführt, zustimmen können und deshalb seine Erwägungen im einzelnen nicht mehr anzuführen brauchen. Man wird lediglich nach dem, was oben gesagt wurde, an die Stelle des gewöhnlichen Aufenthalts den Wohnsitz treten lassen. Bei beiden Gruppen, Soldaten wie Verfolgten, ist der letzte gewöhnliche Aufenthalt von so vielen Zufälligkeiten abhängig gewesen, daß der letzte Wohnsitz zu einer festeren und damit brauchbareren Anknüpfung führt. War die nachträgliche Eheschließung demnach nach dem Gesetz oder Gewohnheitsrecht des Landes, in dem der Bräutigam den letzten Wohnsitz hatte, gültig, so waren die Folgen, die die nachträgliche Eheschließung nach dem Rechte dieses Landes hat, auch in den übrigen Ländern Deutschlands anzuerkennen [50].

Auch bei der vieldiskutierten Frage, wieweit das Gesetz der Deutschen Demokratischen Republik über die Herabsetzung des Volljährigkeitsalters vom 17. Mai 1950 [51] in der Bundesrepublik Deutschland Anwendung zu finden habe, hat sich die Mehrheit der amtlichen Stellen und der Schriftsteller, soweit sie die Lösung überhaupt im Rahmen der normalen Anknüpfungen suchen [52], für die Anknüpfung an den gewöhnlichen Aufenthalt entschieden und dabei auf die Schwierigkeiten hingewiesen, die bei Anknüpfung an den Wohnsitz aus § 11 BGB erwachsen [53]. Die Rechtsprechung scheint aller-

---

[49] So OLG Hamm 23. 1. 1948.

[50] Ebenso FINGER (StAZ 1950, 16) für die Erbrechtsansprüche der Kinder. Für die Versorgungs- und Versicherungsansprüche will sie den Wohnsitz des jeweiligen Schuldners maßgebend sein lassen; in dieser Allgemeinheit kaum zu Recht.

[51] GBl 1950, 437; auch StAZ 1950, 153. Inhaltlich gleichlautend die VO gleichen Namens für den Ostsektor Berlins vom 8. 6. 1950 (VOBl 1950 I 149; auch StAZ 1950, 173).

[52] Zu dieser Frage siehe oben S. 9.

[53] Bundesminister der Justiz, Schreiben vom 17. 8. 1950 (abgedruckt Amtsbl. des Württ.-Bad. Justizministerums sowie StAZ 1950, 273) unter Beschränkung auf das Interzonale Recht; wohl auch der bayerische Erlaß vom 24. 8. 1950 (MABl 329, auch StAZ 1950, 267): „... nicht bloß vorübergehend aufgehalten hat." — DÖLLE, StAZ 1950, 178 unter Beschränkung auf das Interzonale Recht; BEITZKE, ZBlJR 1950, 183; NEUHAUS, DRZ 1950, 401; SCHUMACHER, NJW 1951, 170 f., der aber auf Schwierigkeiten hinweist, die sich nun wieder aus dem Anknüpfungsmoment des gewöhnlichen Aufenthalts ergeben und denen er durch eine Wohnsitzverlegung abhelfen will: dann kann man jedoch gleich die Anknüpfung an den Wohnsitz wählen; CARTELLIERI, BB 1951, 72; Nachrichten-

dings den Wohnsitz zu bevorzugen [54]. Nun soll hier keine Kasuistik der zahlreichen Einzelfragen gegeben werden, welche das Gesetz vom 17. Mai 1950 aufwirft. Für einen der typischen Hauptfälle jedenfalls, daß nämlich das „Kind" im Sinne des § 11 BGB nach Vollendung des 18. Lebensjahres aus dem Osten in den Westen kommt, bietet auch die Anknüpfung an den Wohnsitz keine besonderen Schwierigkeiten. Denn der Jugendliche behält in analoger Anwendung des Art. 7 II EG die im Osten erworbene Volljährigkeit auch im Westen [55] [56]; er kann daher seinen Wohnsitz im Osten gemäß

---

dienst 1951, 7 mit weiterer Lit. RAAPE, NJW 1951, 458 schlägt von seinem grundsätzlich anderen Ausgangspunkt (siehe oben S. 9 N. 23) vor, daß zur Anwendung des Gesetzes beide räumliche Tatumstände vorliegen sollten.

[54] LG Berlin (West) 19. 7. 1950; LG Krefeld 17. 10. 1950; AG Mainz 8. 2. 1951; OTTO, Rpfleger 1950, 449. — A. A. (gewöhnlicher Aufenthalt) LG Hannover 9. 1. 1951; AG Solingen 18. 12. 1950.

[55] KG (West) 29. 3. 1951, LG Hannover, AG Solingen (s. vorige Note); DÖLLE, BEITZKE, NEUHAUS, SCHUMACHER (s. vorige Seite N. 53), SCHLICHTING, MDR 1951, 139. A.A. OLG Hamm 16. 7. 1951; RAAPE, NJW 1951, 457; ROMBERG, IR 1951, 264; WENGLER (NJW 1951, 53 und Gutachten [s. oben S. 9 Note 23) sowie die oben S. 9 genannten amtlichen Stellen aus den dort aufgeführten Erwägungen. Art. 7 II ist insoweit nur der konkrete Niederschlag einer allgemeinen Regel und dürfte nicht, wie SCHUMACHER (NJW 1951, 172) annimmt, „einen Ausnahmecharakter" haben. So sehr pointiert KG aaO. Allerdings nimmt auch RAAPE 120 an, daß Art. 7 II „analoger Anwendung nicht fähig" sei; ähnlich MARTIN WOLFF 37 N. 7; hierzu ferner BEITZKE, IZ 1951, 510. Abstrakter formuliert findet sich die allgemeine Regel in § 2 des tschechosl. Gesetzes über das internationale und interlokale Privatrecht vom 11. 3. 1948: „Durch den Erwerb der tschechoslowakischen Staatsangehörigkeit geht die bereits erlangte Handlungsfähigkeit nicht verloren." Nach § 54 ist diese Vorschrift auch beim Wechsel der Wohnsitzanknüpfung im interlokalen Privatrecht anzuwenden.

Auch ohne Wohnsitzwechsel des Jugendlichen wird das Problem in zahlreichen Fällen akut; so ist das Vaterschaftsanerkenntnis des Neunzehnjährigen, das in der sowjetischen Zone ohne Einwilligung des gesetzlichen Vertreters abgegeben wurde, auch in der Bundesrepublik wirksam und muß von dem Standesbeamten im Geburtenbuch des Kindes beigeschrieben werden; zustimmend RAAPE, NJW 1951, 459 Note 3.

[56] Jedoch dürfte die Ehemündigkeit wieder verlorengehen. Dies ist jedenfalls die Auffassung, die jetzt die Mehrheit der westdeutschen Rspr (OLG Düsseldorf 12. 6. 1951; KG [West] 29. 3. 1951; LG Hildesheim 12. 5. 1951) vertritt; sie geht, wenn wir recht sehen, zurück auf das Schreiben des niedersächs. Justizministeriums an den Bundesminister der Justiz vom 5. 9. 1950 (abgedruckt Amtsbl. d. württ.-bad. Justizministeriums 1950, 95 sowie StAZ 1951, 54) und auf NEUHAUS, DRZ 1950, 467; ihnen folgend BEITZKE, ZBlJR 1950, 185 und IZ 1951, 510; SCHUMACHER, NJW 1951, 172. Die Rechtsfigur nichtehemündiger Volljähriger, die an sich nicht erfreulich ist, läßt sich positivrechtlich damit rechtfertigen, daß eine analoge Anwendung des Art. 7 II EG im Rahmen des Art. 13 EG nicht angängig ist, vor allem aber damit, daß die Ehemündigkeit nach deutschem Recht nicht wie die Volljährigkeit ein einmal erworbener Rechtsstand ist, sondern nach § 1 II EheG jeweils Befreiung von der (grundsätzlich in Geltung bleibenden) Vorschrift des § 1 I erteilt werden muß. Demgegenüber muß das Argument, daß das G vom 17. 5. 1950 die Ehemündigkeit als reine Funktion der Volljährigkeit behandelt, zurücktreten. Daß auch die Ehemündigkeit ebenso wie die Volljährigkeit nicht mehr verloren geht, nehmen an LG Berlin (West) 19. 7. 1950; DÖLLE, StAZ 1950, 178; OTTO, Rpfleger 1950, 448; Nachrichtendienst 1951, 7. Grundsätzlich abweichend RAAPE, NJW 1951, 460.

§ 11 I 2 BGB „rechtsgültig aufheben" und an anderer Stelle einen neuen Wohnsitz begründen[57] [58]. Für den umgekehrten Fall, daß der im Westen noch Minderjährige sich längere Zeit in der Ostzone aufhält, braucht andererseits die Rechtsprechung keine die frühzeitige Volljährigkeit fördernde Anknüpfung bereitzuhalten, kann es vielmehr bei der allgemeinen Regelung des BGB und des Ehegesetzes bewenden lassen, da ja im Bedarfsfalle Volljährigkeits- und Ehemündigkeitserklärung stets zur Verfügung stehen[59]. So lassen sich die typischen Fälle auch mit der Anknüpfung an den Wohnsitz so befriedigend lösen, wie dies bei einer derart unbefriedigenden Rechtslage, wie sie eine Spaltung des deutschen bürgerlichen Rechtes nun einmal mit sich bringt, irgend möglich ist[60]. Die Notwendigkeit fester, in der Gesamtrechtsordnung ruhender Anknüpfungspunkte aber scheint mir gerade auf familienrechtlichem Gebiet schwerer zu wiegen als gelegentliche Unzuträglichkeiten bei atypischen Fällen.

Nach Art. 118 II 2 der bayerischen Verfassung vom 2. 12. 1946 können Adelsbezeichnungen durch Adoption nicht mehr erworben werden. Andere Landesrechte sehen eine derartige Bestimmung nicht vor. Interlokalrechtliche Kollisionen sind somit möglich. Nach Art. 22 I EG ist Adoptionsstatut das Heimatrecht des Annehmenden. An seine Stelle tritt im Interlokalen Privatrecht das am Wohnsitz des Annehmenden geltende Recht. Auch hier führt die Anknüpfung an den Wohnsitz zu der günstigsten Lösung. Denn nach § 66 FGG ist für die Bestätigung des Adoptionsvertrages das Amtsgericht zuständig, in dessen Bezirk der Annehmende seinen Wohnsitz hat. Zustän-

[57] Damit entfällt die von BEITZKE (ZBlJR 1950, 183) hervorgehobene Bindung des Kindeswohnsitzes an den des Vaters in einem der Hauptfälle. Sie entfällt ferner, wenn der gesetzliche Vertreter der Begründung eines selbständigen Wohnsitzes des Minderjährigen in den Westzonen zustimmt: AG Mainz 8. 2. 1951.

[58] Wechselt das „Kind" vor der Vollendung des 18. Lebensjahres seinen gewöhnlichen Aufenthalt, indem es vom Osten nach dem Westen geht, so bleibt es auch nach der Vollendung des 18. Lebensjahres nach KG (West) 29. 3. 1951 und AG Solingen 18. 12. 1950 minderjährig. Ebenso AG Mainz 8. 2. 1951 vom Standpunkt der Anknüpfung an den Wohnsitz aus, indem es Begründung des Wohnsitzes des Minderjährigen im Westen mit Zustimmung des gesetzlichen Vertreters annimmt.

[59] Im Ergebnis übereinstimmend BEITZKE, ZBlJR 1950, 183 f.

[60] Durch das Gesetz der DDR über den Mutter- und Kinderschutz und die Rechte der Frau vom 27. 9. 1950 (GBl 1950, 1037; auch StAZ 1951, 8; inhaltlich gleichlautend die VO gleichen Namens für den Ostsektor Berlins vom 13. 10. 1950, VOBl 1950 I 315; auch StAZ 1951, 8) wird die Fragestellung auf weite Gebiete des Familienrechts ausgedehnt. Eine gute Übersicht über die Verschiedenheiten des materiellen Rechts gibt Nachrichtendienst 1950, 274, über die interzonalen Probleme Nachrichtendienst 1951, 6 ff. Einige Fragen werden bereits erörtert von SCHLICHTING, Zum interzonalen Familienrecht, MDR 1951, 138 ff. Vgl. auch AG Solingen 11. 5. 1951.

digkeitsnorm und Kollisionsnorm knüpfen daher an den gleichen Tatumstand an; hierdurch werden Kollisionsfragen auf ein Mindestmaß beschränkt, was immer erwünscht ist. Die Anknüpfung der Kollisionsnorm an den ständigen Aufenthalt könnte hier, wenn auch nur in Ausnahmefällen, zu komplizierten Überschneidungen führen. Gesetzt den Fall, jemand hätte seinen ständigen Aufenthalt in Bayern, seinen Wohnsitz aber, etwa mangels Zuzugsgenehmigung, in einem anderen deutschen Lande, das die Einschränkung des Adoptionsrechtes nicht kennt. Zuständig für die Bestätigung der Adoption wäre in diesem Falle das Gericht des Wohnsitzes, also außerhalb Bayerns. Soll dieses Gericht bei seiner Prüfung der gesamten Rechtslage, die ihm obliegt, nun den Art. 118 der bayerischen Verfassung berücksichtigen, weil der Annehmende sich ständig in Bayern aufhält? Das ist kaum anzunehmen. Das ungezwungenere Ergebnis ist demnach auch hier die kollisionsrechtliche Anknüpfung an den Wohnsitz des Annehmenden. Die Tatsache, daß § 66 I FGG eine subsidiäre Zuständigkeit des Aufenthaltsortes gibt, darf nicht täuschen. Denn diese kommt nur zur Anwendung, wenn ein „inländischer Wohnsitz" überhaupt nicht gegeben ist; dann bezieht sie sich aber auf jede Art des Aufenthalts, nicht nur auf den ständigen.

In der Rechtsprechung ist die Frage der Anknüpfung des Personalstatuts im Interlokalen Privatrecht namentlich bei der Bewertung von Unterhaltsforderungen auf Grund der Währungsspaltung erörtert worden[61]. Im deutschen Internationalen Privatrecht ist ja die kollisionsrechtliche Einordnung gesetzlicher Unterhaltsverpflichtungen nicht einheitlich geregelt. Die Unterhaltsverpflichtungen zwischen Ehegatten fallen unter Art. 14 EG, diejenigen zwischen Kind und Eltern unter Art. 19—21; für die übrigen gesetzlichen Unterhaltsansprüche bestehen Meinungsverschiedenheiten darüber, ob lediglich das Personalstatut des Verpflichteten oder auch das des Berechtigten zu berücksichtigen sei[62]. Die Fragen bedürfen hier keiner eingehenden Erörterung, da die Feststellung genügt, daß im Internationalen Privatrecht das Personalstatut, also das Heimat-

[61] Die sehr wichtige Frage der interzonalen Unterhaltsverpflichtungen wird von BEITZKE, MDR 1949, 758; MDR 1950, 354; NJW 1950, 928 ff. (mit der reichen Rspr) und ZBlJR 1950, 16 ff. sowie von MARQUORDT, Unterhaltsansprüche und Währungstrennung (MDR 1950, 8 ff.) und MDR 1951, 390 ff. eingehend erörtert. Ferner BUCHHOLZ, Rpfleger 1951, 337; BEITZKE nimmt namentlich auch zu dem Problem Stellung, wieweit die Frage, in welcher Währung die Unterhaltspflicht entsteht, von der Frage, in welcher Währung sie zu erfüllen ist, geschieden werden muß. Vgl. auch TRUCKENBRODT, NJW 1950, 602; MELLWITZ, JZ 1951, 581 (Umstellungsfragen); zu den Transferschwierigkeiten OLG Düsseldorf 22. 2. 1950; LG Essen 13. 4. 1951.

[62] Vgl. STAUDINGER-RAAPE 486.

recht, eine maßgebende Rolle spielt. Die im übrigen sehr auseinandergehende Rechtsprechung des Interlokalen Rechts hat, soweit ersichtlich nahezu einhellig, an die Stelle des Heimatrechtes das Recht des Wohnsitzes treten lassen. So hat das Landgericht Berlin[63] entschieden, daß der Unterhaltsanspruch der geschiedenen Ehefrau dann voll in Westmark zu erfüllen ist, wenn sie ihren Wohnsitz im Westwährungsbezirk hat. Das Oberlandesgericht Schleswig[64] hat in analoger Anwendung des Art. 14 EG an Stelle der Staatsangehörigkeit den Wohnsitz des Ehemannes als maßgebenden Anknüpfungspunkt für seine Unterhaltsverpflichtung gegenüber der getrennt lebenden Ehefrau erachtet, das Oberlandesgericht Braunschweig[65] den Wohnsitz des Vaters für die des ehelichen Kindes. Für die Unterhaltsforderungen des unehelichen Kindes hat das Landgericht Bochum das am Wohnsitz des Schuldners geltende Währungsrecht maßgebend sein lassen[66], das Landgericht Stuttgart das Recht am Wohnsitz der unehelichen Mutter[67]. Auch das Landgericht Göttingen hat in einem Falle, in dem der Unterhaltsschuldner im Westen, die Gläubigerinnen im Osten wohnten, sich dahin ausgesprochen, daß in der im Urteil genannten Währung um so mehr zu zahlen sei, als sich der Wohnsitz des Schuldners in der britischen Zone befinde[68]. Und das Oberlandesgericht Halle[69] hat sich im Ergebnis in analoger Anwendung des Art. 15 EG dahin ausgesprochen, daß sich die Verfügungsbefugnis der Ehefrau im ehelichen Güter-

---

[63] LG Berlin (West) 19. 4. 1949.

[64] OLG Schleswig 6. 2. 1950; ferner LG Braunschweig 16. 1. 1951; OLG Hamm 4. 12. 1950.

[65] OLG Braunschweig 9. 12. 1949.

[66] LG Bochum 7. 1. 1949. Die Lösung ist als solche nicht befriedigend; das Gericht ist daher in seiner Entscheidung vom 2. 2. 1951 zu einem differenzierteren Ergebnis unter Berücksichtigung beider Statute, dem des Vaters und dem des Kindes, gekommen. Beitzke (s. vorige Seite N. 61) hält auch eine entsprechende Anwendung des Art. 21 EG für nicht glücklich und schlägt den ständigen Aufenthalt des Kindes als Anknüpfungspunkt vor. LG Kassel 6. 3. 1950 knüpft an den „Wohn- und Aufenthaltsort des Unterhaltsberechtigten" (im vorliegenden Falle der getrennt lebenden Ehefrau) an, LG Lüneburg 25. 1. 1951 in entsprechender Anwendung des Art. 14 EG an den Wohnsitz des schuldenden Ehemannes; LG Hannover 30. 1. 1951 berücksichtigt wiederum beide Währungen.

[67] LG Stuttgart 16. 1. 1951; ebenso LG Dortmund 23. 12. 1949; LG Würzburg 25. 4. 1951; LG Lüneburg 21. 9. 1951.

[68] LG Göttingen 3. 2. 1949. Irrig die späteren Beschlüsse des LG Göttingen vom 2. 8. 1949 und 10. 11. 1949, die unmittelbar, ohne die kollisionsrechtliche Frage zu stellen, § 269 BGB anwenden und dann allerdings auf diesem Wege auf den Wohnsitz des Verpflichteten stoßen. Irrig auch AG Berlin-Charlottenburg 24. 2. 1950, das in allerdings verständlicher Verzweiflung an einer vernünftigen Lösung interzonaler Unterhaltskonflikte alle kollisionsrechtlichen Begriffe über Bord wirft und „neue Grundsätze für den standesgemäßen Unterhalt" aus der Savignyschen Kurswerttheorie entwickelt.

[69] OLG Halle 23. 8. 1950.

recht interzonal nach dem am Wohnsitz des Ehemannes geltenden Recht bestimme.

Auch sonst ist die Wohnsitzanknüpfung im Interlokalen Privatrecht an die Stelle der internationalprivatrechtlichen Anknüpfung an die Staatsangehörigkeit getreten. Bei den vielen Möglichkeiten, die das Interlokale Recht bietet, tauchen dabei manchmal Kombinationen auf, die dem deutschen Kollisionsrecht wesensmäßig fremd sind. Die Anknüpfung an das gemeinsame Personalstatut der Parteien zur Bestimmung des Vertragsstatuts entspricht eigentlich romanischer Konzeption [70], und das deutsche Reichsgericht ist dem erst spät auf dem Wege über den hypothetischen Parteiwillen gefolgt [71]. Das Oberlandesgericht Braunschweig [72] kommt in den abgewandelten Formen des Interlokalen Rechts auf diesen Gedanken zurück und bestimmt, daß die Bezahlung einer „ostzonalem Rechte unterstehenden" Forderung in Westmark nach den §§ 242, 244 BGB dann verlangt werden könne, wenn Gläubiger und Schuldner ihren Wohnsitz in den Westzonen hätten. Der Besonderheiten des Währungsrechtes entkleidet bedeutet dies, daß im Interlokalen Schuldrecht bei Wohnsitz beider Parteien im gleichen Rechtsgebiet das gemeinsame Personalstatut der Anknüpfung an den Erfüllungsort vorgeht.

So scheint die Rechtsprechung ganz allgemein für das Interlokale Privatrecht die Anknüpfung an die Staatsangehörigkeit durch die Anknüpfung an den Wohnsitz zu ersetzen. Gewiß spielen hierbei traditionelle Strömungen und die Erinnerung an die Zeit vor 1900 mit, da im deutschen Kollisionsrecht das Wohnsitzprinzip der Gegenspieler des Staatsangehörigkeitsprinzips war. Auch sind die Bestrebungen im Internationalen Privatrecht, weniger juristisch beschwerte Begriffe als Anknüpfungsmomente einzuführen, über einen relativ sehr kleinen Kreis nicht hinausgedrungen. Aber der Hauptgrund für die Wahl der Anknüpfung an den Wohnsitz ist doch wohl, daß dieser Anknüpfungsbegriff in der deutschen Sachrechtsordnung umfassend geregelt ist und die genügende Stabilität besitzt, deren ein Anknüpfungsbegriff bedarf.

---

[70] Belege in RvglHwb IV 375; an die Stelle des dort für Italien genannten Art. 9 II Disp. prel. ist inzwischen Art. 25 I Disp. prel. des neuen Codice civile getreten.

[71] RGZ 120, 73 (es handelt sich um die Aufwertung einer Lebensversicherung, die ein in Wien lebender Deutscher bei der Wiener Generalvertretung einer deutschen Lebensversicherungsbank in österreichischen Kronen eingegangen war).

[72] OLG Braunschweig 22. 3. 1949.

d) Andere Anknüpfungen, namentlich an den Erfüllungsort

Durch den Ausfall der personalen Anknüpfung im deutschen Interlokalen Privatrecht war es erforderlich gewesen, diese Anknüpfung durch eine lokale zu ersetzen und die für die Einordnung der Anknüpfungsmomente im Interlokalen Privatrecht gewonnenen Richtlinien nicht nur für die Auslegung des Anknüpfungsmomentes, sondern auch für seine Ermittlung zu verwerten. Wir stellten auf diesem Wege fest, daß die Anknüpfung an den Wohnsitz wohl den besten Ersatz für das „Heimatrecht" des Internationalen Privatrechts zu bieten vermag. Bei den anderen Anknüpfungsmomenten, die im Interlokalen Recht eine Rolle spielen, liegen die Dinge einfacher, und man kann sich daher kürzer fassen. Im Interlokalen Schuldrecht steht aus schon erörterten Gründen das Anknüpfungsmoment des Erfüllungsortes in ganz anderer Weise im Vordergrund als im Internationalen Schuldrecht, wo es jedenfalls in der höchstrichterlichen Praxis sehr hinter dem echten oder hypothetischen Parteiwillen zurücktritt [73]. Daß die Auslegung dieses Anknüpfungsmoments aus der Sachnorm des § 269 BGB zu erfolgen hat und weder der besonderen Auslegung nach deutschem Internationalen Privatrecht unterliegt noch nach der für das allgemeine Internationale Kollisionsrecht entwickelten autonom-rechtsvergleichenden Methode zu erfolgen hat, ist in Lehre [74] und Rechtsprechung nicht bestritten. Die Schwierigkeiten, die sich hier ergeben, sind in diesem Zusammenhang, da sie auf anderen Gebieten liegen, nicht zu erörtern. Sie ergeben sich prozeßrechtlich daraus, daß unter Umständen ein früher als Gerichtsstand vereinbarter Erfüllungsort infolge der Veränderung der gesamtpolitischen deutschen Situation als Gerichtsstand nicht mehr verwendbar ist und man dadurch gezwungen wird, aus allgemeinen Erwägungen einen anderen Erfüllungsort abzuleiten [75]. Sie ergeben sich auf dem Gebiete des Währungsrechts vor allem daraus, daß der alte Kampf aus der Aufwertungszeit zwischen Schuldstatut und

[73] RvglHwb IV 373.

[74] Vgl. Ernst Wolff 189.

[75] Es handelt sich um die besonders vom OGH geförderte Rspr. über den „neuen angemessenen Erfüllungsort"; vgl. OGH 10. 3. 1949; OGH 2. 6. 1949: „Ziel dieser Rechtsprechung ist es, die Erfüllung keineswegs am Mangel eines Erfüllungsortes scheitern zu lassen. Das führt dazu, daß u. U. auch verhältnismäßig schwache Anknüpfungspunkte nach Treu und Glauben dahin gewertet werden müssen, daß sie den angemessenen neuen Erfüllungsort ergeben ..." Das RG hatte bereits im Anschluß an den ersten Weltkrieg eine ähnliche Rspr. entwickelt; vgl. vor allem RGZ 107, 121, sodann die bei Würdinger, SJZ 1950, 85 N. 33 angeführte Judikatur. Ferner OLG Düsseldorf 18. 7. 1947. Andererseits hält die Rspr. am alten Erfüllungsort fest, wenn dies möglich ist, auch wenn beide Vertragsparteien ihren Wohnsitz in ein anderes Währungsgebiet verlegt haben: LG Stuttgart 7. 6. 1951.

Währungsstatut[76] unter veränderten Auspizien neu entfacht ist. Dieser Streit spitzt sich letzten Endes dahin zu, ob in einem Währungsstreit die öffentlich-rechtlichen Elemente überwiegen, er also dem Interlokalen Verwaltungsrecht mit seinen mehrfach anderen Anknüpfungsmomenten zuzuweisen ist[77], oder ob trotz des starken öffentlich-rechtlichen Einschlags es sich doch um eine Frage des Kollisionsprivatrechts handelt, also dessen Anknüpfungen zum Zuge kommen[78]. Allgemein ist auch diese Frage nicht zu beantworten. Die Antwort ist vielmehr einer eindringlichen Analyse des einzelnen Rechtsverhältnisse zu entnehmen[79]; auch bedürfen die ein-

---

[76] Vgl. HARMENING, Art. „Aufwertung" in RvglHwb II 311; NEUMEYER III 2 S. 118 ff.

[77] Klar in diesem Sinne OGH 4. 5. 1950: „Währungsrechtliche Eingriffe sind nur kraft Hoheitsrecht denkbar." Ihm folgt der Bundesgerichtshof in seinem Urteil vom 26. 1. 1951. Ähnlich, wenn auch in der Formulierung anfechtbar, LG Essen 13. 4. 1951; ferner LG Göttingen 21. 12. 1950. Vgl. auch BEITZKE, NJW 1950, 928; ZBlJR 1951, 17. Aus den gleichen Erwägungen hält das KG (West) 12. 3 1949 den Wohnsitz des Schuldners, und zwar am Tage der Währungsreform, für den maßgebenden Anknüpfungspunkt. Ebenso OLG Schleswig 21. 11. 1950 und LG Frankfurt 15. 12. 1950. LG Hannover 15. 8. 1950 stellt es grundsätzlich auf den Wohnsitz des Schuldners bei Fälligkeit der einzelnen Unterhaltsrate ab. Auch die Auffassung des KG (1. 9. 1948), daß bei überzonalen Zahlungsverpflichtungen Devisengrundsätze anzuwenden sind, ist kollisionsrechtlich wohl in diesem Sinne zu verstehen. Zu der Anknüpfung an den Wohnsitz des Schuldners führt auch die Auffassung von KRECH, Zur Kollision der Währungsnormen im Hypothekenrecht (NJW 1949, 296), ferner JR 1950, 151. Gute Übersichten geben BUCHHOLZ, Rpfleger 1951, 342; MARQUORDT, MDR 1951, 392; BEUCK, IZR 68 f.

[78] Die höchst komplizierten Fragen sind bei NEUMEYER III 2 auf 270 Seiten aufs eingehendste erörtert; einen kurzen Überblick über die Einwirkungen des Internationalen Verwaltungsrechts gibt er S. 126; vgl. ferner GUTZWILLER 102 ff.; auch MARQUORDT, MDR 1950, 8. — MANN (NJW 1950, 906) versucht in seiner Kritik des Urteils des OGH vom 4. 5. 1950 (siehe die vorige Note) den dort entschiedenen Fall rein schuldrechtlich zu lösen, schwerlich zu Recht. Vgl. auch OLG Hamburg 18. 2. 1949, wo die Frage wegen des Zusammenfalls der Anknüpfungsmomente offen bleiben konnte, während OLG Hamburg 19. 9. 1950, vor die Alternative gestellt, sich für den Wohnsitz des Schuldners entschied. Umgekehrt KG (West) 10. 6. 1949, das sich gegen das „Territorialitätsprinzip" in diesem Falle wandte und an den Erfüllungsort anknüpfte; ebenso OLG Köln 26. 1. 1951, das über den Erfüllungsort zur Anknüpfung an den Wohnsitz des Schuldners kommt, LG Berlin (West) 21. 4. 1950 und LG Dortmund 23. 12. 1949 mit der reichen reichsgerichtlichen Rspr. Die für die Praxis sehr bedeutsame Frage „Können die westdeutschen Gerichte zur Zahlung in fremder Währung verurteilen?" behandelt, die Rspr. zusammenfassend, TRUCKENBRODT, MDR 1951, 83. Vgl. auch JR 1951, 467 (Internationales Währungsrecht in West-Berlin). Über die Durchsetzung ostzonaler Geldforderungen in der Bundesrepublik handelt WÄLDE, NJW 1951, 213. Die zahlreichen Rechtsfragen, die das Gesetz der Ostzone zur Regelung des innerdeutschen Zahlungsverkehrs vom 15. 12. 1950 aufwirft, untersuchen WÜNSCHMANN, JR 1951, 109; ARNDT, DRiZ 1951, 127; BEUCK, IZR 77 f. Zur Rspr. s. LG Berlin (West) 30. 3. 1951.

[79] Dieses selbst liegt wiederum oft an der Grenze des öffentlichen Rechts, so z. B. die Erstattung von Armenanwaltsgebühren. Das KG (West) hat hier seine Auffassung häufig gewechselt und teils das am Wohnsitz der vertretenen Partei, teils das am Wohnsitz des Anwalts geltende Recht maßgebend sein lassen, es auch auf die Währung der Streitwertfestsetzung abgestellt (4. 3. 1949, 9. 6. 1949

schlägigen Rechtssätze einer zum Teil intensiven Auslegung[80]. Hier interessiert nur, daß die reiche Rechtsprechung auf diesem Gebiete bestätigt hat, daß bei der Anknüpfung an den Erfüllungsort — diese überwiegt wohl[81] — die Auslegung dieses Begriffes lediglich aus § 269 BGB, also aus der Sachnorm, zu erfolgen hat.

Die Anknüpfung an den Erfüllungsort hat im übrigen im Internationalen und im Interlokalen Privatrecht für das Vertragsverhältnis die gleichen Konsequenzen; sie kann daher namentlich bei gegenseitigen Verträgen zur Anwendung zweier verschiedener Rechtsordnungen auf den Vertrag führen[82], wennschon das Bestreben, das Rechtsverhältnis einem einheitlichen Rechte zu unterwerfen, im Anschluß an die Rechtsprechung des Reichsgerichts[83] deutlich erkennbar ist[84].

Auch bei den sog. Massenverträgen[85] ist die Anknüpfung im Interlokalen Recht die gleiche wie im Internationalen Kollisionsrecht. Hier wie dort ist — mit den Worten des Código Bustamante[86]

---

und 3. 10. 1949). Andererseits hat es (4. 4. 1949) die Erstattungspflicht gegenüber dem Prozeßbevollmächtigten nicht an den Wohnsitz einer der Parteien, sondern an den Sitz des Prozeßbevollmächtigten geknüpft. Die Rspr. der Ostzone läßt hier die lex fori maßgebend sein (OLG Erfurt 12. 10. 1950). Den Anspruch des Anwalts auf Zahlung seiner Gebühren unterwirft LG Berlin (West) 27. 4. 1949 unter Widerspruch der Lehre dem Statut der vertretenen Partei. Vgl. auch KRECH, Zum intersektoralen Gebührenrecht in Berlin, JR 1949, 308; SCHULZE, Prozeßkosten bei Wohnsitz der Parteien in verschiedenen Währungsgebieten, NJW 1949, 99. Ebenso ist für den Kostenerstattungsanspruch der Wohnsitz des Schuldners dieses Anspruchs maßgebend: LG Berlin 27. 11. 1948. Für Kostenanforderungen im allgemeinen erachtet LG Berlin 8. 12. 1948 gleichfalls das am Sitz der betroffenen Firma geltende Währungsrecht als maßgebend. Diese kurze Zusammenstellung mag die weitgehende Aufsplitterung der Probleme und ihre sich hieraus ergebende Kleinlichkeit zeigen.

[80] So können Zahlungsverbote der Besatzungsmacht der Anwendung des am Erfüllungsort geltenden Rechts entgegenstehen: KG 7. 2. 1949; LG Berlin 14. 8. 1948.

[81] Allerdings mit dem Gefühl, daß es sich jedenfalls nicht um Schulfälle des Schuldstatuts handelt. Man vergleiche die überaus vorsichtige Formulierung des KG vom 21. 12. 1948, wonach „unter Berücksichtigung des sog. Obligationsstatuts im Rahmen des § 269 BGB" festgestellt wird, „daß das Schuldverhältnis der Parteien in den Westsektoren von Groß-Berlin ruht". Die Literatur spricht sich zumeist für Anknüpfung an den Erfüllungsort aus: LÜDERS, MDR 1948, 304; BENKARD, BB 1948, 365; BUDER, DRZ 1948, 415; JACOBSOHN, NJW 1947/48, 679; MAMPEL, JR 1949, 30. BEITZKE (MDR 1949, 758) meint mit Recht, die Rspr. neige offenbar dazu, mit der Zauberformel des Rechts des Erfüllungsortes alle Schwierigkeiten auszuräumen. Sehr interessant in dieser Richtung LAG Hamburg 22. 3. 1947: Nach dem Recht des Erfüllungsorts wäre der am 27. 10. 1942 abgeschlossene Arbeitsvertrag auf Grund einer russischen Anordnung hinfällig gewesen. Das Berufungsgericht hob das Urteil des Vorderrichters auf, der diese Anknüpfung gewählt hatte, weil es eine Bindung an das den Vertrag aufrechterhaltende Recht der Westzonen feststellte. Vgl. hierzu unten S. 105 N. 16.

[82] Vgl. für das Interzonale Recht OLG Braunschweig 21. 10. 1947.

[83] RGZ 120, 72.

[84] Vgl. OLG Braunschweig 4. 11. 1947.

[85] Vgl. RvglHwb IV 378.

[86] Art. 185.

— das Recht des Unternehmens, das den Vertrag anbietet oder vorbereitet, für die einheitliche Beurteilung des Vertrages maßgebend [87]. Wie aber das zugehörige Anknüpfungsmoment — meist ist es der Sitz der Hauptniederlassung — ermittelt und ausgelegt werden muß, bestimmt im Interlokalen Recht, anders als im Internationalen Privatrecht, lediglich das deutsche bürgerliche und Handelsrecht, nicht das deutsche Kollisionsrecht.

Ganz Entsprechendes gilt für die Anwendung der lex rei sitae bei Miet- und Pachtverhältnissen über Grundstücke, soweit sie hier in Frage kommt [88].

---

[87] Vgl. OLG Braunschweig 22. 3. 1949: „Die in der Ostzone Berlins belegenen Geschäftsräume der kontoführenden Stelle der Bank sind für beide Teile Erfüllungsort; für alle Rechtsbeziehungen zwischen dem Kunden und der Bank ist das am Erfüllungsort geltende Recht maßgebend."

Für Versicherungsverträge ist die einheitliche Anknüpfung an den Hauptsitz des Versicherers bzw. den Sitz der inländischen Hauptniederlassung des ausländischen Versicherers feststehendes Recht: LG Hamburg 6. 1. 1949; LG Köln 19. 4. 1948; OLG Gera 22. 6. 1948; OLG Celle 11. 4. 1949; Prölss, DRZ 1948, 64 und RabelsZ 16 (1951) 204 mit weiterer Literatur. Aus der Spaltung der Bestände infolge der Währungsgesetzgebung (s. unten S. 113) ergibt sich jedoch für das Interzonale Versicherungsrecht eine Abweichung: hier muß das Recht der Aufsichtsbehörde maßgebend sein, deren Aufsicht die Versicherungsverträge unterliegen: ein Beweis dafür, wie das Interlokale Verwaltungsrecht mit seinen Anknüpfungen das Interlokale Privatrecht überflügelte. Vgl. Prölss, DRZ 1948, 64; AcP 150, 260; Kommentar zum VVG [7] 28. In dieser Richtung bereits LG Meiningen 9. 1. 1948.

Für Arbeitsverhältnisse ist gleichfalls grundsätzlich das am Sitz des Betriebes geltende Recht maßgebend (so Beitzke, Räumliche Kollisionen arbeitsrechtlicher Normen, RuWPr 11 D 3, der in sehr fördernder Weise das gesamte Arbeitskollisionsrecht behandelt). Erstreckt sich das Arbeitsverhältnis auf zwei verschiedene Rechtsgebiete, so kommt LAG Frankfurt a/M. 13. 4. 1948 auf dem Wege über den Parteiwillen zu dem am Wohnsitz des Arbeitnehmers geltenden Recht. LAG Stuttgart 16. 12. 1947 kommt auf dem Wege über den Erfüllungsort zu der Anknüpfung an das am Betriebssitze geltende Recht.

Hingegen wird man dem Versuche des AG Jena (12. 11. 1948), die am Wohnsitz des Verkäufers geltende Rechtsordnung als einheitliches Vertragsstatut zu etablieren, da kein Verkäufer heute das Risiko eingehe, seine Forderungen gegen denKäufer nach einer ihn im übrigen nicht betreffenden rechtlichen Regelung behandeln zu lassen, nicht folgen können. Das sind konjunkturelle Erwägungen, die sich jeden Tag ändern können und daher für die Ableitung eines Rechtssatzes oder auch nur eines hypothetischen Parteiwillens nicht geeignet sind. Es muß in dem behandelten Falle daher beim Rechte des Erfüllungsortes für jede der Obligationen bewenden; so auch Duden, BB 1949, 172.

[88] Vgl. RvglHwb IV 378 f.; LG Hamburg 29. 7. 1948: Ein Hauseigentümer in Hamburg klagte gegen eine Dresdner Firma, die in dem Hamburger Hause einen Laden gemietet hatte, auf Mietzahlung. Es erging Urteil auf Zahlung in Westwährung. Sowohl der hypothetische Parteiwille wie der vereinbarte Erfüllungsort, der aus der Gerichtsstandsvereinbarung entgegen § 270 IV BGB erschlossen wurde, wie die lex rei sitae führten das Gericht zu dem Währungsrecht der Westzonen. Auch der Vergleich mit ausländischem Recht (polnisches Gesetz vom 2. 8. 1926, Art. 2) führte das Gericht zu dem gleichen Ergebnis.

3. Das Interlokale Recht als besondere Disziplin

Zwei grundsätzliche Besonderheiten sind es somit, die das deutsche Interlokale Recht vom deutschen Internationalen Kollisionsrecht unterscheiden:

a) das Ausscheiden des personalen Anknüpfungsmomentes der Staatsangehörigkeit und als Folge das Herrschen der örtlichen Anknüpfungsmomente, namentlich der Anknüpfung an den Wohnsitz;

b) die Gewinnung und Auslegung der Anknüpfungsmomente nicht nach den hierfür entwickelten spezifischen Methoden des Kollisionsrechts, sondern aus den Sachnormen der deutschen Gesamtrechtsordnung [89].

Genügt dies, um dem deutschen Interlokalen Recht den Charakter einer besonderen Disziplin zu verleihen? In der Kontroverse, ob Internationales und Interlokales Privatrecht in ihrem Wesen verschieden sind, stehen sich in der deutschen Literatur Namen von höchstem Klang gegenüber. Die Frage ist von Savigny verneint [90], von Zitelmann bejaht worden [91]. Sie hat in der gegenwärtigen Situation Deutschlands eine besondere Bedeutung und berührt, so merkwürdig dies auch klingen mag, die höchsten Interessen der Nation. Der bereits früher [92] ausgesprochene Gedanke, daß das Internationale Privatrecht sein Gesicht dem Völkerrecht zuwendet, während das Interlokale Recht auch in weitgehend plurilegislativen Staaten in eine feste staatliche Rechtsordnung eingebettet ist, bedarf daher gerade heute, wo die Fragen des Interzonalen Rechts nicht nur die Wirtschaft bewegen, der Hervorhebung [93]. Die Bedeutung der Tatsache, daß es eine Anknüpfung an die Staatsangehörigkeit im deutschen Interlokalen Recht nicht gibt, muß ferner unterstrichen werden. Gewiß sind die Probleme in beiden Rechtsgruppen

---

[89] Was hier für die Auslegung der Anknüpfungsmomente dargelegt ist, gilt natürlich auch für die Auslegung anderer Begriffe. So scheiden bei der Verjährung die schwierigen Qualifikationsfragen des Internationalen Privatrechts (vgl. RvglHwb IV 386) im Interlokalen Recht aus. Es gelten durchweg die grundsätzlichen deutschen Auffassungen. Infolge des Kriegsverjährungsschlußgesetzes der Bundesrepublik vom 28. 12. 1950 (BGBl 821) spielen Verjährungsfragen im Interzonalen Recht jetzt eine große Rolle; vgl. Hausen, BB 1951, 10.

[90] S. 27 f., 108. S. 27: „Auf diesem Wege kommen wir dahin, die Collision der Territorialrechte unabhängiger Staaten ... wesentlich nach denselben Grundsätzen zu behandeln, welche für die Collision verschiedener Particularrechte desselben Staates gelten."

[91] I 397 f. Weiteres Schrifttum bei Staudinger-Raape 38.

[92] In RabelsZ 10 (1936) 450 anläßlich der Besprechung des Buches von Scrimali.

[93] Ähnlich LAG Hamburg 22. 3. 1947.

rechtstechnisch etwa die gleichen; das folgt aus der Eigentümlichkeit des Kollisionsrechts [94]. Aber die gesamte Begriffsbildung ist doch infolge des Herrschens der rein örtlichen Anknüpfung und der anders gearteten Gewinnung und Auslegung der Anknüpfungsmomente so anders getönt, daß man vor allzu weitgehenden Analogieschlüssen warnen muß [95], selbst wenn man nicht gewillt ist, so weit zu gehen wie SCRIMALI, der den Sätzen des Interregionalen Privatrechts eine von denen des Internationalen Privatrechts verschiedene „juristische Natur und Qualität" zuspricht [96]. Auch wenn man dem nicht voll zustimmen kann, so sind die Unterschiede doch so gewichtig, daß sich die Waage auf die Seite ZITELMANNS zu neigen scheint [97] [98].

Sollten die Bundesrepublik Deutschland und die Deutsche Demokratische Republik das deutsche Staatsangehörigkeitsrecht grundsätzlich ändern, so könnte sich auch die Feststellung zu a) (Ersetzung der personalen durch örtliche Anknüpfungsmomente) wohl ändern, da sie rein auf dem positiven Recht der Staatsangehörigkeit ruht. Eine solche Änderung wäre nach zwei Richtungen denkbar:

Würden die Bundesrepublik Deutschland und die Deutsche Demokratische Republik, was Gott verhüten möge, jede eine eigene Staatsangehörigkeit schaffen, so würde das Interzonale Recht sich dem Internationalen Kollisionsrecht zumindest sehr nähern [99]. In diesem Falle würde das Anknüpfungsmoment der Staatsangehörigkeit im Interlokalen Recht eine erneute und sehr unerwünschte Bedeutung gewinnen.

Aber auch wenn die Bundesrepublik Deutschland und die Deut-

[94] Es ist daher ein grundsätzlicher Fehler, wenn AG Berlin-Charlottenburg 24. 2. 1950 bei der Beurteilung eines interzonalen Unterhaltsfalles die kollisionsrechtliche Seite ganz außer acht läßt. S. oben S. 44 N. 68.

[95] Die neueste Rechtsprechung neigt zu der allgemeinen Feststellung, daß die Grundsätze des Interzonalen Privatrechts dem Internationalen Privatrecht zu entnehmen sind; man vergleiche etwa LG Hamburg 29. 7. 1948; OLG Braunschweig 4. 11. 1947; LAG Frankfurt a. M. 13. 4. 1948. Zurückhaltender LAG Stuttgart 16. 12. 1947. Etwa im Sinne des Textes LAG Hamburg 22. 3. 1947. Hinsichtlich des Interlokalen Strafrechts bemerkt LANGE (JR 1950, 623), daß gegenüber einer Analogie der Grundsätze des Internationalen Strafrechts äußerste Vorsicht geboten sei. Hier liegen die Dinge allerdings noch disparater als im Kollisionsprivatrecht.

[96] S. 77. Ähnlich — wenn auch aus anderen Beweggründen — WENGLER, NJW 1951, 50.

[97] Das war wohl auch die Auffassung des Großen Senats des RG in seinem Beschluß vom 17. 7. 1943.

[98] Am geringsten sind die Unterschiede dort, wo auch im Internationalen Privatrecht die rein örtliche Anknüpfung herrscht, wie bei der Anwendung der lex loci delicti commissi; so für das intersektorale Recht das KG (West) 27. 8. 1949: Verkehrsunfall im Ostsektor, Wohnsitz des Beklagten in den Westzonen: Anwendung des „ostsektoralen" Rechts.

[99] Ebenso WENGLER, NJW 1951, 52.

sche Demokratische Republik, ohne die einheitliche deutsche Staatsangehörigkeit anzutasten, das Staatsangehörigkeitsrecht wie vor 1934 auf die Landeszugehörigkeit gründen würden — was in der Bundesrepublik angesichts des Artikels 74 Nr. 8 des Bonner Grundgesetzes nicht ganz unwahrscheinlich ist —, so müßten die hier gewonnenen Ergebnisse in einigen Richtungen einer Revision unterzogen werden. Im Interterritorialen Recht würde an die Stelle der Anknüpfung an den Wohnsitz vielleicht — je nach der Gestaltung der Regelung im einzelnen — die Anknüpfung an die Landesangehörigkeit treten. Im Interzonalen Recht jedoch würde die Anknüpfung an den Wohnsitz erhalten bleiben.

Die Feststellung zu b) (Auslegung der Anknüpfungsmomente aus den deutschen Sachnormen) wird ihre Gültigkeit behalten, solange es eine einheitliche deutsche Rechtsordnung, die diesen Namen verdient [100], geben wird. Auch wenn die Rechtsordnungen der deutschen Staaten und Länder in einzelnen Punkten eigene interlokal-rechtliche Anknüpfungsmomente entwickeln sollten, wird bei der Bedeutung der als Anknüpfungspunkte verwandten Begriffe auch in der Sachrechtsordnung diese so lange das Übergewicht bewahren, wie sie als solche besteht.

Kapitel III

GEMEINSAMES IM DEUTSCHEN INTERNATIONALEN UND INTERLOKALEN KOLLISIONSRECHT

1. Die Bewertung des kollisionsrechtlichen Tatbestandes

Bei der Bedeutung der Verschiedenheiten zwischen deutschem Internationalem und Interlokalem Kollisionsrecht in einigen so grundsätzlichen Punkten fühlt man sich verlockt, noch weiter zu gehen und die Frage zu stellen, ob sich nicht auch in der *Bewertung des kollisionsrechtlichen Tatbestandes* Unterschiede zeigen. Wir sahen oben, daß der Tatbestand der Kollisionsnorm der gleiche ist wie der Tatbestand der Sachnorm: das vom Recht zu formende Lebensverhältnis, das zunächst — in allen Fällen — kollisionsrechtlich, sodann sachrechtlich subsumiert wird. Daß die interlokalrechtliche Eingliederung zeitlich und begrifflich nach der international-kollisionsrechtlichen zu erfolgen hat, ist sicher. Im Falle

---

[100] Auf die Wichtigkeit dieser Tatsache weist BEITZKE (SJZ 1950, 591) zu Recht hin.

In re O'Keefe [1] konnte der englische Richter an die Frage, welches Dominionrecht über den Erbfall zu entscheiden habe, erst herangehen, als für ihn feststand, daß britisches, nicht italienisches Recht Anwendung finden müsse.

Ob der Richter der international-kollisionsrechtlichen die interlokalrechtliche Zuordnung sofort folgen läßt oder ob er zwischen beiden sachrechtliche Eingruppierungen vornimmt, läßt sich nicht allgemein sagen, sondern hängt von der Frage ab, wieweit der Gesamtstaat, in dem die interlokalrechtliche Zuteilung erfolgt, ein „Mehrrechtsstaat" ist. Ist er es in weitem Umfange — man denke an Polen zwischen den Kriegen —, so wird sich die interlokalrechtliche an die international-kollisionsrechtliche Anknüpfung unmittelbar anschließen. Die Art der Anknüpfung ist in beiden Fällen die gleiche, das Anknüpfungsmoment oft ein verschiedenes; bei einer Ehescheidung ist es etwa die Staatsangehörigkeit des Ehemannes für diese Zuordnung, sein Wohnsitz für jene.

Ist der Gesamtstaat dagegen Mehrrechtsstaat nur in geringerem Umfange, wie immer noch Deutschland, so ist die Tätigkeit des Richters eine etwas andere: Er wird zunächst in dem als einer gesamtstaatlichen Rechtsordnung zugehörig erkannten Lebensverhältnis die rechtlichen Qualifikationen vornehmen, die das Sachrecht des Gesamtstaates vorschreibt; er wird die Erklärungen der Parteien als „Willenserklärungen", die Verbindung der Parteien als „Verlöbnis" oder „Ehe" ansprechen. Nur wenige Tatbestandselemente werden ungeprägt bleiben, nämlich die, über die später das lokale Sachrecht zu entscheiden haben wird. Nach dieser Zwischentätigkeit wird er die interlokalrechtliche Entscheidung treffen. Dieser folgt die Anwendung des lokalen Sachrechts.

Als Ergebnis ist somit festzuhalten, daß bei der Bewertung des kollisionsrechtlichen Tatbestandes nur quantitative, nicht qualitative Unterschiede zwischen Internationalem und Interlokalem Kollisionsrecht bestehen: das „Lebensverhältnis", dem sich der Richter bei interlokalrechtlichen Fragen gegenübersieht, ist zwar in vorwiegend einheitsrechtlichen Staaten durch rechtliche Einordnung vieler Tatumstände bereits weitgehend „verrechtlicht", jedoch ein „Rechtsverhältnis" wird es erst, wenn der zuständige Richter es der lokalen Sachnorm endgültig subsumiert. Bei der gegenwärtigen Situation des deutschen Rechts, und zwar auf allen Gebieten, werden im deutschen Interlokalen Recht sich Schwierigkeiten aus verschie-

---

[1] Die Entscheidung des High Court, Chancery Division, In re O'Keefe (Law Times 162 [1940] 62 ff.) ist mit reicher Literatur ausführlich erörtert von De Nova, Il caso in re O'Keefe, in: Festschrift für Raape (1948) 67 ff.

denartiger Qualifikation, um dieses vielumstrittene Wort zu gebrauchen, kaum ergeben, da die hierfür entscheidenden Einordnungsbegriffe noch einheitlich sind; hoffentlich bleibt es dabei. Immerhin war es jetzt schon möglich, daß z. B. eine nachträgliche Eheschließung in dem einen Lande als Schließung einer vollgültigen Ehe, in dem anderen als Schließung einer Ehe mit nur beschränkten Rechtsfolgen, in einem dritten als ungültiger Akt gewertet wurde. In allen Fällen jedoch erfolgt die „Qualifikation" des Tatbestandes endgültig erst bei der interlokalrechtlichen Anknüpfung.

2. Die Rolle des Parteiwillens

Daß der *Parteiwille* im Interlokalen Recht grundsätzlich die gleiche Stellung einnimmt wie im Internationalen Privatrecht, ergibt sich daraus, daß die Parteiautonomie im internen Schuldrecht die gleiche Ausdehnung hat wie im internationalen [2]. Wir gehen dabei von der Lehre aus, daß auch in diesem der Parteiwille beschränkt ist und über die zwingenden Rechtssätze der „an sich" zuständigen Rechtsordnung nicht hinausgreifen darf. Daß der Parteiwille als Grundlage des anzuwendenden Rechts bei der Zuordnung von Verträgen aus der Zeit vor 1945 praktisch im Interlokalen Recht deshalb völlig ausfällt, weil kein Mensch die Entwicklung voraussehen konnte und deshalb auch ein Operieren mit dem hypothetischen Parteiwillen nicht möglich ist, steht auf einem anderen Blatt [3]. Im Rahmen der Parteiautonomie, soweit es sich also um dispositives Recht handelt, sind die Parteien auch innerhalb Deutschlands genau wie im Internationalen Privatrecht frei, für ihre vertraglichen Beziehungen das ihnen genehme lokale Recht zu wählen [4].

Ja, in der Erbrechtsverordnung vom 12. 12. 1941, bei der wir schon öfter verweilten, gestattet der Gesetzgeber in bemerkenswerter Weise einem Beteiligten, kollisionsrechtlich die Grenzen zu überschreiten, die ihm von der an sich zuständigen Sachnorm gezogen

---

[2] Vgl. RvglHwb IV 374.

[3] Vgl. die zutreffenden Ausführungen von Ernst Wolff 189 und Marquordt, MDR 1949, 7, ferner oben S. 38 N. 41. Viele Gerichte neigen dazu, mit dem hypothetischen Parteiwillen auch in diesen Fällen zu operieren. OGH 4. 5. 1950 weist jedoch mit Recht auf die besondere Fragwürdigkeit des Begriffs im Interzonalen Recht hin. Ebenso der Bundesgerichtshof in dem Urteil vom 26. 1. 1951. Daß der hypothetische Parteiwille keine Willensfiktion sein darf, sondern der subjektiv gefaßte Ausdruck einer objektiven Schwerpunktslage, betont zu Recht OLG Saarbrücken 7. 6. 1950.

[4] So für das Arbeitsrecht LAG Stuttgart 16. 12. 1947: „Es ist in erster Linie der Parteiwille dafür maßgebend, welchem Rechte das Arbeitsverhältnis unterstellt werden soll."

sind [5]. Damit korrigiert der Gesetzgeber Einengungen, die sich aus der Anknüpfung an den Wohnsitz ergeben, in der Richtung des Heimatrechtes. Es fragt sich, ob aus dieser scheinbar isoliert stehenden Vorschrift nicht allgemeinere Erkenntnisse gewonnen werden können.

Die Anknüpfung an den Wohnsitz, die im deutschen Interlokalen Recht herrscht, hat gegenüber der Anknüpfung an die Staatsangehörigkeit Vorzüge und Nachteile. Zu den Nachteilen gehört, daß es für den Interessierten nicht allzu schwer ist, den Wohnsitz und damit die Anknüpfung zu wechseln und auf diese Weise der ursprünglich maßgebenden Rechtsordnung ein Schnippchen zu schlagen. Man hat an derartigen Statutenwechseln die Rechtsfigur der Gesetzesumgehung entwickelt; man sollte mit ihrer Verwendung jedoch möglichst zurückhaltend ein [6]. Wenn ein Finanzmann für den Sitz einer von ihm zu gründenden Aktiengesellschaft einen steuer- und gesellschaftsrechtlich möglichst günstigen Ort aussucht, wenn zwei Kaufleute im Rahmen der Parteiautonomie, der von der Rechtsprechung ja äußerst weit gespannt wird, für ihre Verträge das ihnen vorteilhafteste Recht aussuchen, so ist man geneigt, dies in Ordnung zu finden. Wenn jedoch eine uneheliche Mutter sich einen Wohnsitz sucht, dessen Recht ihr und ihrem Kinde eine bessere Position gewährt als dasjenige ihres bisherigen Wohnsitzes, so wird man eine arglistige Umgehung des Gesetzes zumindest erwägen [7]. Andererseits kann man sagen: Wenn das Recht Anknüpfungen für maßgebend erklärt, die relativ leicht gewechselt werden können, so darf es sich auch nicht darüber beklagen, wenn die Interessierten von diesen Möglichkeiten Gebrauch machen [8]. Der Gesetzgeber sollte vielmehr solchen Ausweichbemühungen, soweit sie eine innere Berechtigung haben, entgegenkommen [9]. Dies versucht die genannte Bestimmung der Verordnung vom 12. 12. 1941, gleichfalls im Rahmen der Anknüpfung an den Wohnsitz, indem sie dem Erb-

[5] Die Bestimmung — es ist § 2 — lautet: „(1) Der Erblasser kann durch Verfügung von Todes wegen (Testament, Kodizill, Erbvertrag) bestimmen, daß sich die Beerbung nach dem Recht des Orts im Deutschen Reich richten soll, an dem er früher (gleichviel ob unmittelbar vor seiner Übersiedlung nach seinem letzten Wohnsitz oder vorher) seinen Wohnsitz gehabt hat. (2) Ein solcher Wille des Erblassers ist im Zweifel anzunehmen, wenn der Erblasser in einer Verfügung von Todes wegen Anordnung getroffen hat, die ersichtlich von dem Recht des früheren Wohnsitzes ausgehen."

[6] SCHNITZER I 222: „Unrichtig ist es jedenfalls, derartige Maßnahmen in Bausch und Bogen zu verurteilen ... Man wird bei der Frage der Gesetzesumgehung mit großer Vorsicht vorzugehen haben. Auch hier kommt es entscheidend darauf an, ob das Ergebnis des Kunstgriffs wirklich unerträglich ist." Ähnlich RAAPE 89.

[7] Vgl. RAAPE² 232 f.

[8] SCHNITZER I 224.

[9] Vgl. hierzu SCHLEGELBERGER in RabelsZ 14 (1942) 10, 12.

lasser bei einer so wichtigen Angelegenheit wie seiner Beerbung die Wahl zwischen dem Recht des jetzigen Wohnsitzes und dem eines früheren Wohnsitzes offen läßt. Damit ist die Möglichkeit des Ausweichens auf eine Rechtsordnung gegeben, mit der sich der Erblasser mehr verbunden fühlt als mit der seines gegenwärtigen Wohnsitzes, zu dem ihn vielleicht nur der Zufall seiner Geschäfte geführt hat. Der Gesetzgeber wird, wenn er klug ist, auch in Zukunft bei der Redigierung von Normen des Interlokalen Rechts derartige Ausweichmöglichkeiten vorsehen, die berechtigten Bedürfnissen der Rechtunterworfenen Rechnung tragen. Im englischen Internationalen Privatrecht hat man einen ganz anderen Weg gefunden, indem man die Anknüpfung des Wohnsitzes mit einem ethischen Gehalt füllte, der ihr an sich fremd ist. Das domicile of origin [10], das sehr weitgehend zur Anwendung kommt, da an die Begründung eines neuen Wohnsitzes sehr hohe Anforderungen gestellt werden, hat mit der sozusagen geschäftsmäßigen Grundlage des Wohnsitzes kaum noch etwas zu tun, sondern trägt tieferen Bindungen Rechnung, die sonst nur der Staats- oder Heimatzugehörigkeit eigen sind [11].

Bestimmungen wie § 2 der Verordnung vom 12.12.1941 dienen jedoch lediglich dazu, Schwierigkeiten zu mildern, die sich aus der Anknüpfung an den Wohnsitz ergeben könnten, und die Verschiedenheit der Anknüpfungen im Internationalen und Interlokalen Privatrecht in ihrer praktischen Auswirkung auszugleichen; sie begründen nicht etwa eine grundsätzliche Besonderheit des Interlokalen Rechts in Fragen der Parteiautonomie.

3. Die Anwendung der Vorbehaltsklausel

Gibt es sonst Fragen, in denen sich das Interlokale Recht grundlegend vom Internationalen Kollisionsrecht unterscheidet? Man fin-

[10] Die Anknüpfung wird behandelt in der schon genannten Entscheidung In re O'Keefe, erörtert von De Nova in Festschrift für Raape 67 ff.

[11] Norman Bentwich, Le développement récent du principe du domicile en droit anglais (Recueil des Cours 49 [1934 III] 377 ff.) sagt über das domicile of origin auf S. 381: „On comprend donc que le domicile est, à plus d'un égard, une base légale plus stable et plus décisive que la nationalité ... Le domicile d'origine se transmet de père en fils ... Il n'est pas affecté par l'exercice d'une fonction d'Etat à l'étranger." Zur Qualifikation des Wohnsitzes im englischen Kollisionsrecht s. Graveson, Capacity to Acquire a Domicile, International Law Quarterly 3 (1950) 149 ff., auch sep.; hierzu Vallindas, Revue Hellénique de droit international 3 (1950) 339. Weitere Literatur und Rspr. bei Luther in RabelsZ 13 (1940/41) 401 N. 3.

Die amerikanische Auffassung hält für die amerikanischen Verhältnisse das domicile of origin für nicht geeignet und geht beim Fehlen eines Wohnsitzes zurück auf „the place to which the party can earliest be traced": Goodrich, Handbook of the Conflict of Laws (2. Aufl. 1938) 35.

det mehrfach die Auffassung vertreten, daß die Vorbehaltsklausel im Interlokalen Recht keine Stätte habe[12]. Der berühmteste Vertreter dieser Auffassung ist wiederum ZITELMANN[13]. Nun kommt eine unmittelbare Anwendung des Art. 30 im deutschen Interlokalen Recht sicher nicht in Frage, weil dieser vom „ausländischen" Gesetz spricht. Man könnte jedoch an eine Umdeutung dahingehend denken, daß man an die Stelle des Begriffes „ausländisch" die Worte „einer anderen Rechtsordnung angehörig" treten läßt und entsprechend das Wort „deutsch" etwa durch „der Rechtsordnung des erkennenden Gerichts angehörig" ersetzt. Man könnte, wofür mehr spricht, davon ausgehen, daß jeder kollisionsrechtlichen Regelung eine Schutzklausel angehören muß und daß es deshalb einer ausdrücklichen Bestimmung nicht bedürfe. Auch dann wird man zugeben, daß Art. 30 die beiden Gruppen von Fällen, bei deren Vorliegen der ordre public an sich zum Zuge kommen kann, einigermaßen zutreffend formuliert[14]. Die Autorität des Großen Senats des Reichsgerichts hat nun in dem schon erwähnten Beschluß vom 17. 7. 1943 ausgesprochen, daß ein deutsches Gericht die Anwendung der Rechtsnormen eines anderen Rechtsgebietes nicht deshalb ablehnen dürfe, weil sie gegen die sittlichen Grundanschauungen seines Rechtsgebietes verstoße[15]. Dem stimmt RAAPE zu, nahm aber schon 1944 an, daß der zweite Fall, den Art. 30 nennt — die anzuwendende Norm verstößt gegen den Zweck eines Rechtssatzes der lex fori — durchaus zutreffen könne: „auf das Sicherheitsventil des ordre public kann man auch im Interlokalen Privatrecht nicht grundsätzlich verzichten"[16]. Das waren ahnungsvolle Worte. Wenige Jahre später war die Frage, wieweit die Vorbehaltsklausel und ihr nahestehende rechtliche Erwägungen wie die der territorialen Begrenzung von Ausnahmegesetzen im Interlokalen Recht zur Anwendung zu kommen haben, eines der brennendsten Probleme des deutschen Rechts geworden[17].

Vergegenwärtigen wir uns einen Moment die Art, wie die viel erörterte Bestimmung im Internationalen Privatrecht bei der richterlichen Wertung des Sachverhalts zum Zuge kommt. Erst in einem

---

[12] So zuletzt MEYER, ZHR 112 (1948) 98. Zum folgenden vor allem DÖLLE, Ordre public 411.

[13] I 400 f.

[14] Der Ausdruck „ordre public" wird hier gleichbedeutend mit Vorbehaltsklausel gebraucht. Auf den Gegensatz zwischen deutscher und romanischer Auffassung des ordre public ist hier nicht einzugehen; hierzu RAAPE 62 f., GUTZWILLER 118 ff. Lediglich, wenn unten von Gesetzen mit ordre-public-Charakter gesprochen wird, ist der Ausdruck im romanischen Sinne verwandt.

[15] Noch weitergehend der Beschluß des 4. Senats vom 23. 4. 1941, der die Anwendung der Vorbehaltsklausel im Interlokalen Recht schlechthin verneint.

[16] RAAPE[2] 105.

[17] DÖLLE 176.

sehr späten Stadium. Der Richter muß bereits durch Anknüpfung einer ausländischen Rechtsordnung an das Anknüpfungsmoment des zu seiner Kognition stehenden Lebensverhältnisses die kollisionsrechtliche Entscheidung getroffen, er muß bereits das kollisionsrechtlich eingeordnete Lebensverhältnis der ausländischen Sachrechtsordnung subsumiert haben. Erst dann kann er die vom Gesetz vorgeschriebene Vergleichung nach den zwei vorgesehenen Seiten vornehmen: er muß eine rechtsvergleichende Prüfung in teleologischer Richtung durchführen und er muß das Ergebnis seiner rechtlichen Einordnung mit der Sittenordnung seines Landes vergleichen. Man wird zugeben, daß begrifflich gegen eine entsprechende richterliche Tätigkeit gegenüber der Rechtsordnung eines anderen Bereiches desselben Staates nichts einzuwenden ist [18].

Der Blick auf die Gegebenheiten des rechtlichen Lebens zeigt dasselbe. Man denke etwa an die Verhältnisse großräumiger Staaten, die in ihren Grenzen verschiedene Religionen und sehr verschiedene wirtschaftliche Systeme beherbergen, wie etwa die Französische Union oder Indien [19]. Aber auch in dem uns näher stehenden Interlokalen Recht des Deutschen Reiches vor 1900 ist von der Vorbehaltsklausel unbefangen Gebrauch gemacht worden [20]. Hier waren es vor allem die Unterschiede des rheinischen Rechts und des Allgemeinen Landrechts in den Fragen des Unterhaltsanspruchs des unehelichen Kindes, der Geschäftsfähigkeit der Ehefrau, der Erbverträge, der fortgesetzten Gütergemeinschaft, des gemeinschaftlichen Testamentes, die zu einer Anwendung der Vorbehaltsklausel führten. Man hat sie nach Möglichkeit mit der rechtsvergleichenden Komponente der Vorbehaltsklausel begründet und den Vorwurf der Sittenwidrigkeit gegen die Norm des anderen deutschen Gebietes vermieden [21], jedoch durchaus nicht immer. So ist schon in den ruhigen und rechtlich weithin ausgeglichenen Zeiten der letzten Jahrzehnte des vorigen Jahrhunderts die Anwendung der Vorbehaltsklausel im deutschen Interlokalen Privatrecht bejaht worden. Auch im Interlokalen Verwaltungsrecht der Weimarer Republik ist sie ausgesprochen worden [22].

---

[18] Daß es auch bei der Anwendung des ordre public auf die Intensität der Beziehung der lex fori zu dem Tatbestand ankommt, hat KAHN in seiner epochemachenden Abhandlung I 182 nachgewiesen; lehrreiche Beispiele bei GUTZWILLER 133 ff. Ob es sich bei dem „Rangvorbehalt der lex fori" um eine Anknüpfung im technischen Sinne handelt, bleibe hier dahingestellt. Vgl. oben S. 21.

[19] Vgl. DÖLLE, Ordre public 411 N. 47.

[20] Nachweise bei STAUDINGER-RAAPE 41.

[21] In dieser Richtung auch die Mahnung von DÖLLE, Ordre public 413.

[22] Vgl. NEUMEYER IV 234 (Beanstandung landesrechtlicher Titel durch ein anderes Land).

Weder nach dem begrifflichen Aufbau des Interlokalen Rechts noch nach der deutschen Staatspraxis ist somit ihre Anwendung ausgeschlossen. Ein grundsätzlicher Unterschied zwischen deutchem Interlokalen und Internationalem Kollisionsrecht besteht daher auch in dieser gewichtigen Frage nicht [23].

Gewiß ist, wie im Internationalen Kollisionsrecht, so besonders im Interlokalen Recht der ordre public das letzte Hilfsmittel [24]; man wird ihn nur höchst ungern bemühen und sich bei seiner Anwendung größte Zurückhaltung auferlegen [25]. Der Richter, der sich vor seinem juristischen Gewissen zu einer Ablehnung der Anwendung

---

[23] Petersen 132 f. hält die Anwendung der Vorbehaltsklausel im deutschen Interlokalen Recht grundsätzlich für möglich, will sie aber für das Enteignungsrecht ausschließen, da die Enteignung nicht nur in den Ländern der sowjetischen Zone ausgesprochen, sondern auch in den Verfassungen der Länder der amerik. Zone vorgesehen und in der brit. Zone geplant sei. Man vergleiche besonders Art. 39 IV und 42 V der Verfassung des Landes Hessen vom 11. 12. 1946 (GVBl 229), deren Fortgeltung nach Inkrafttreten des Grundgesetzes allerdings fraglich ist (vgl. dazu Weber, NJW 1950, 402). LG Mannheim 12. 10. 1950 sieht daher hier „im Grunde nur einen Gradunterschied". Solche Erwägungen können ins Gewicht fallen, zu einer grundsätzlichen Exemtion des Enteignungsrechts vom ordre public vermögen sie jedoch nicht zu führen. Die Tatsache, daß eine Verfassung eine bestimmte Institution kennt, schließt nicht aus, daß die Verwendung dieser Institution in einem anderen Lande auf eine Art, die den gesetzgeberischen Zielen des ersten Landes nicht entspricht, von diesem abgelehnt wird. So hat OLG Nürnberg 19. 9. 1949 gegen entschädigungslose Enteignungen der Ostzone im Anschluß an RGZ 60, 296 den ordre public angewandt: „Entschädigungslose Enteignungen derart wie die der Antragstellerin greifen in die Grundlagen des staatlichen und wirtschaftlichen Lebens in den Westzonen ein." Das deutsche Gesetz, gegen dessen Zweck verstoßen wird, sieht das Urteil in Art. 153 RV und Art. 14 III GG. Die Begründung, der Bieringer (BB 1950, 926 f.) folgt, ist angesichts der Tatsache, daß auch in den Westzonen Sozialisierungsmaßnahmen erörtert wurden, bei denen die Frage der Entschädigung zumindest als sekundär behandelt wurde, in ihrer Durchschlagskraft zweifelhaft. Für Anwendung des ordre public auch v. Laun, DV 1949, 548, und Blomeyer, MDR 1951, 561 in seiner kritischen Besprechung des die Anwendung des ordre public ablehnenden Urteils des OLG Hamburg vom 8. 5. 1951; ferner Beuck, IZR 12 ff. Raiser in seiner Besprechung des Nürnberger Urteils (SJZ 1950, 277) sowie JZ 1951, 177 lehnt seine Anwendung ab. Auch das KG hatte die Anwendung der Vorbehaltsklausel gegenüber entschädigungslosen Enteignungen auf Art. 153 RV gestützt (25. 10. 1927) und hat diese Rspr. in seinem Beschluß vom 20. 10. 1950 sowie in dem Urteil vom 15. 12. 1950 wieder aufgenommen, indem es eine entschädigungslose Enteignung, besonders wenn nur die Aktiven und nicht auch die Passiven übernommen wurden, als sittenwidrig bezeichnet. Zu diesem letzteren Tatbestandsmerkmal auch unten S. 151. Ähnlich Bieringer, BB 1950, 926 f.

[24] Man vergleiche die sehr zurückhaltende Formulierung des Schweizer Bundesgerichts (BGE 64 II 97 f.): „Der ordre public soll in Fällen, wo grundsätzlich ausländisches Recht anwendbar ist, ... die Anwendung eines ausländischen (Rechtssatzes) verhindern, wenn sonst das einheimische Rechtsgefühl in unerträglicher Weise verletzt würde."

[25] Für möglichste Zurückhaltung bei Anwendung des interlokalen ordre public vor allem Dölle, Ordre public 413; Würdinger, Jahresbericht 1949 des Ausschusses zonenmäßig getrennter Betriebe 14; Beitzke, SJZ 1950, 592; Möhring, NJW 1950, 228; OLG Hamburg 8. 5. 1951. Vgl. ferner unten S. 63 LG Essen 25. 5. 1949 weist darauf hin, daß bei der besonderen Situation Deutschlands

der „fremden" Rechtsordnung verpflichtet fühlt, wird daher sorgfältig prüfen müssen, ob nicht auch ein anderer Weg zu dem von ihm für notwendig erachteten Ergebnis führt. Ein Beispiel aus der jüngsten gerichtlichen Praxis mag dies erläutern.

Beim Amtsgericht Lüdenscheid war der Antrag gestellt worden, ein in der Ostzone ergangenes, auf Reichsmark lautendes, in voller Höhe auf DM-Ost umgestelltes Urteil mit einem Vermerk zu versehen, daß der aufgeführte Betrag in voller Höhe in DM-West zu zahlen sei. Das Amtsgericht hat den Antrag — sicher zu Recht — zurückgewiesen[26]. Es hat unter Bezugnahme auf die Rechtsprechung der Aufwertungszeit das Rechtsverhältnis dem Schuldstatut unterworfen; damit kam es auf die Anwendung des Rechts der Ostzone. Dieses anzuwenden, hat es unter Berufung auf Art. 30 EG mit der Begründung verweigert, der Umstellungsmaßstab der Ostzone verstoße gegen den Zweck der Währungsgesetzgebung der Westzonen, den das Gericht vor allem in der Durchführung des zu erwartenden Lastenausgleichs sieht.

Nun liegen die Verhältnisse gegenüber den Problemen der Aufwertungsgesetzgebung zumindest insofern grundsätzlich anders, als es sich nicht nur um die Abwertung einer Währung, sondern auch um das Verhältnis zweier selbständiger Währungen handelt, die durch die Umwandlung einer Währung entstanden sind[27]. Es muß daher zunächst eindeutig festgestellt werden, ob der Schuldner Ostmark oder Westmark schuldet. Das entscheidet das Interlokale Recht, das nach dem hier wohl anwendbaren Schuldstatut das Recht des Erfüllungsortes mit gewissen Modifikationen für anwendbar erklärt[28]. Ist Ostmark geschuldet, so braucht der Gläubiger in dem skizzierten Fall eine Abwertung nicht hinzunehmen, muß sich aber die niedere Parität der Ostmark gefallen lassen. Ist Westmark geschuldet, so ist die Forderung der Abwertung unterworfen, der Gläubiger hat aber den Vorteil der höheren Parität[29]. Sich beide Vorteile

---

die bisher gebotene Zurückhaltung bei der Anwendung des ordre public im Interlokalen Recht nicht mehr durchgeführt werden könne.

Anläßlich des Gesetzes der DDR über die Herabsetzung des Volljährigkeitsalters ist die Frage der Anwendung des interlokalen ordre public von den oben S. 41 genannten Schriftstellern eingehend erörtert und durchweg abgelehnt worden. Dagegen wendet ihn in diesem Zusammenhang AG Münster 22. 7. 1950 an.

[26] AG Lüdenscheid 5. 4. 1949.

[27] Ähnlich JACOBSOHN, NJW 1947/48, 681: „Die Eigenart der heutigen Probleme liegt gerade darin, daß die eine Reichsmark durch zwei verschiedene neue Währungssysteme ersetzt ist."

[28] Hierzu JACOBSOHN aaO.

[29] A. A. wohl JACOBSOHN aaO 682. Mir scheint die Frage, ob ein Gläubiger nach Ostrecht Zahlung im Umstellungsverhältnis 1 : 1 fordern kann, obwohl

sichern zu wollen, ist Bauernfang. Um ihn abzuwehren, bedarf es nicht der Vorbehaltsklausel[30].

Auf der anderen Seite sollen die Gerichte auch nicht davor zurückscheuen, die Vorbehaltsklausel anzuwenden, wenn sonst, wie das Schweizer Bundesgericht es ausdrückt, „das einheimische Rechtsgefühl in unerträglicher Weise verletzt würde“[31]. Dabei muß jedoch klargestellt sein, ob die Klausel auf Grund Internationalen oder Interlokalen Kollisionsrechts zum Zuge kommen soll. Im Gegensatz zu dem eben erwähnten Fall handelt es sich in den beiden folgenden Fällen um solche des Internationalen Kollisionsrechts. In dem ersten hat das Gericht den ordre public zu Unrecht nicht angewandt, in dem zweiten hat es ihn zu Recht angewandt. Da in beiden Fällen die Grenzziehung zwischen Interlokalem und Internationalem Kollisionsrecht eine Rolle spielt, seien sie hier kurz wiedergegeben.

Das Landgericht Hildesheim hatte in seinem Urteil vom 18. 11. 1947 über die Frage zu entscheiden, ob die Klägerin das Eigentum an einer von ihr in den deutschen, von Polen verwalteten Gebieten zurückgelassenen, von dem Beklagten bei seiner Ausweisung aus diesen Gebieten mitgebrachten Bettumrandung durch die vom polnischen Staate angeordnete Konfiszierung des deutschen Eigentums verloren habe. Das Gericht bejahte diese Frage. Die Entscheidung ist zu Recht abgelehnt worden[32]; und zwar hat man gerügt, daß es nicht die Vorbehaltsklausel angewandt habe. Das scharfe Verdikt, das Art. II des Kontrollratsgesetzes Nr. 1 gegen jede deutsche Gesetzesverfügung ausspricht, nach der jemand auf Grund seiner Rasse oder Nationalität[33] Nachteile erleidet — dieses Verdikt entspricht einem allgemeinen Rechtsgrundsatz, an den auch das polnische Recht gebunden ist. Hinzu kommt, daß die Haager Landkriegsordnung in Art. 43 die entschädigungslose Enteignung von Einwohnern des besetzten Gebietes durch die Besatzungsmacht verbietet. Da beide Rechtsgrundsätze bei der Konfiskation nicht beachtet worden waren, mußte somit die Vorbehaltsklausel zur Anwen-

nach Westrecht das Schuldverhältnis 10 : 1 umgestellt worden wäre, mit der Feststellung, welche Währung geschuldet wird, entschieden. In diesem Sinne LG Berlin 8. 12. 1948.

[30] Im Ergebnis zustimmend Krech, NJW 1949, 873.

[31] S. S. 59 N. 24.

[32] Beitzke in RabelsZ 15 (1949/50) 145 ff.; Arndt in SJZ 1948, 143, gegen diesen Steiniger, NJ 1950, 508.

[33] Das Wort „nationality“ — darauf weist Makarov mich freundlicherweise hin — hat in den Besatzungsgesetzen bald die Bedeutung von Staatsangehörigkeit, bald von Volkstum. Hier muß das zweite gemeint sein, da es sonst überhaupt kein Fremdenrecht mehr gäbe.

dung kommen [34]. Da es sich jedoch um die Anwendung polnischen Rechts — wenn auch auf deutschem Gebiete — handelte, war es wohl die des Internationalen, nicht des Interlokalen Kollisionsrechts, die zum Zuge zu kommen hatte [35].

Der Fall, den das Landgericht Kassel [36] zu entscheiden hatte, lag ganz ähnlich. Der Kläger, ein Deutscher, hatte in Eger eine Nähmaschine zurückgelassen, die er einer Nichte der Beklagten in Verwahrung gab. Diese schaffte die Nähmaschine im Februar 1946 zu den Beklagten nach Deutschland. Gegen den Herausgabeanspruch des Klägers wandten diese ein, der Kläger habe sein Eigentum dadurch verloren, daß die tschechische Regierung durch öffentliche Bekanntmachung im Juni 1945 das Eigentum aller in der Tschechoslowakei wohnender Deutscher zugunsten des tschechoslowakischen Staates beschlagnahmt habe. Das Gericht sprach den Anspruch zu. Einmal seien derartige tschechische Gesetze nicht hinreichend bekannt [37]; es betrachtete somit die Ermittlung des ausländischen Rechts nach § 293 ZPO als nicht gelungen. Zum anderen würde die Gültigkeit eines solchen Gesetzes nicht anerkannt werden können, da es gegen das Völkerrecht und die Gebote der Menschlichkeit verstoße und daher nach Art. 30 EG unbeachtlich sei [38]. Auch hier handelt es sich um eine ausländische Norm und daher um einen Fall des Internationalen und nicht des Interlokalen Kollisionsrechts, auch wenn man die Wiedereinverleibung Egers in die Tschechoslowakei völkerrechtlich vor Ratifizierung eines Friedensvertrages nicht als völlig geklärt erachtet [39].

---

[34] Sie konnte es auch, obwohl es sich um Besatzungsrecht handelt; hierzu Beitzke in RabelsZ 15 (1949/50) 148.

[35] Zur Rechtsnatur des Besatzungsrechtes vgl. Dölle 158 f.

[36] LG Kassel 20. 7. 1948.

[37] Es wird sich um das tschechische Enteignungsdekret vom 19. 5. 1945 handeln. Dieses richtet sich zwar formell gegen alle „staatlich unzuverlässigen Personen". Als solche werden aber vor allem „Personen deutscher und ungarischer Nationalität" genannt. Vgl. Beitzke 97 N. 14, ferner OLG Nürnberg 1. 6. 1949.

[38] Ganz ähnlich lag der vom AG Waiblingen (26. 6. 1948) in gleicher Richtung entschiedene Fall, der ebenfalls um eine Nähmaschine ging; zustimmend OLG Hamburg 8. 5. 1951. Ähnlich OLG München 14. 6. 1951; dieses Urteil stellt fest, daß die tschechoslowakischen Dekrete vom 19. 5. und 25. 10. 1945 „nicht nur gegen anerkannte Grundsätze des Völkerrechts, sondern auch des Naturrechts" verstoßen, wendet daher Art. 30 EG an und spricht dem alten Eigentümer das Eigentum zu. Das LG Cottbus (5. 4. 1950) hat in einem gleichfalls eine Nähmaschine betreffenden, auch im übrigen gleichgelagerten Fall die Anwendung des Art. 30 EG verneint und den Anspruch der alten Eigentümerin abgewiesen.

[39] Vgl. Urteil des Militärgerichts VI der Vereinigten Staaten gegen Krauch u. a. (das sog. IG-Urteil) in der deutschen Ausgabe des Bollwerk-Verlages Karl Drott (Offenbach 1948) 60; Urteil des Militärgerichts IV der Vereinigten Staaten gegen Ernst v. Weizsäcker u. a. S. 581 a der amtlichen deutschen Abschrift. Beide Urteile gehen von der Rechtsgültigkeit des Münchener Abkommens aus.

Zweiter Teil

Der Grundsatz von der Territorialität der Zwangsmaßnahmen im deutschen Interlokalen Recht

Überleitung

Die beiden letzten Fälle — der Verbringung enteigneter Sachen in ein anderes Gebiet — sind besonders geeignet, den Gegensatz zwischen der ordre-public-Wirkung und der Wirkung des Grundsatzes von der Territorialität von Zwangsmaßnahmen zu beleuchten und damit zu dem zweiten Teile der Darlegungen überzuleiten. Die ordre-public-Wirkung ist die weitaus stärkere. Der Staat, in dessen Namen der Richter Recht spricht, empfindet ein Gesetz, das er nach den Normen seines eigenen Kollisionsrechts eigentlich anwenden müßte, als derart im Widerspruch zu seinem eigenen rechtlichen und sittlichen Anschauungen stehend, daß er auch Rechtsvorgänge, die sich im territorialen Geltungsgebiet des Gesetzes selbst vollzogen haben, als „unerträglich" ablehnt [1]. So wird im letzterwähnten Fall der Enteignungsakt und damit der Eigentumswech-

---

[1] Mißverständlich in diesem Punkte NEUMEYER IV 230. Zutreffend ULMER, SJZ 1948, 674 f.: „Man tut gut daran, die Vorbehaltsklausel nicht zu bemühen, wenn es sich nur um die territoriale Begrenzung der Enteignung handelt ... Ohne Not sollte die Frage, die den Gegensatz von Ost und West nur verschärfen kann, nicht aufgeworfen werden." Dies ist geschehen und die Vorbehaltsklausel angewandt — soweit wir sehen erstmalig — in dem Urteil des OLG Nürnberg vom 19. 9. 1949. Der Tatbestand war der oben behandelte, daß Vermögensstücke der enteigneten Firma nach der Enteignung in den Westen gelangten. Das Gericht sagte zutreffend: „Die Ungültigkeit der Entziehung ihres im Enteignungslande belegenen Vermögens kann die Antragstellerin nur unter Berufung auf den ordre public, auf die Vorbehaltsklausel des Art. 30 geltend machen." Ob diese zu Recht angewandt wurde, ist eine andere Frage; hierzu oben S. 59. Auch WÜRDINGER (SJZ 1950, 90) empfiehlt bei Anwendung der Vorbehaltsklausel in diesen Fällen „weise Zurückhaltung". Die Entschließungen des III. Internationalen Kongresses für Rechtsvergleichung in London 1950 (Auszug in RabelsZ 16 [1951] 486 ff.) überlassen die Entscheidung der Frage, „ob die öffentliche Ordnung ihres Staates den Eigentumserwerb durch Dritte an einem im Gebiet des konfiszierenden Staates gelegenen Vermögensgegenstand anerkennt oder nicht" ausdrücklich dem Ermessen der Gerichte jedes Staates (VI 3).

sel nicht anerkannt, auch wenn er sich auf dem Boden des benachbarten, nicht des eigenen Staates abgespielt hat. Für den deutschen Richter verblieb daher der Streitgegenstand dem alten Eigentümer.

Anders der Grundsatz der Territorialität von Zwangsmaßnahmen. Wie schon seine Bezeichnung sagt, haben sich die Zwangsmaßnahmen grundsätzlich auf das Gebiet des Staates, der sie vornimmt, zu beschränken. Rechtsvorgänge, die sich dort abgespielt haben, läßt man jedoch gelten, wie später im einzelnen zu entwikkeln sein wird, weil das Kollisionsrecht dies vorschreibt.

Im bisherigen Verlaufe der Darstellung wurden unter dieser einheitlichen Bezeichnung Kollisionsprivatrecht und Kollisionsverwaltungsrecht nach Möglichkeit zusammengefaßt, soweit es sich um Dinge handelte, die alle hier erörterten Disziplinen betrafen oder betreffen konnten. Da beide Rechtsgruppen aber auf einigen Gebieten mit verschiedenen Anknüpfungsmomenten arbeiten und dies gerade im Bereiche des Grundsatzes von der Territorialität der Zwangsmaßnahmen am deutlichsten hervortritt, bedarf ihre Scheidung im folgenden eingehender Erörterung; ist sie doch in letzter Zeit die oft unerkannte Grundlage zahlreicher gerichtlicher Entscheidungen gewesen. Während im ersten Teil der Darstellung der Akzent auf einer Abgrenzung von Internationalem und Interlokalem Kollisionsrecht lag, liegt er in diesem Teil also auf einer möglichst eindeutigen Abgrenzung von Kollisionsprivatrecht und Kollisionsverwaltungsrecht. Der Zweifel sind viele; denn wie im Sachrecht durchdringen sich auch im Kollisionsrecht als seinem getreuen Spiegelbild öffentliches und privates Recht auf das engste. Der öffentlich-rechtliche Rechtsvorgang kann die Voraussetzung eines privatrechtlichen Zustandes sein[2]. Andererseits können Tatbestände des Verwaltungsrechts in Privatrechtsverhältnisse aus den verschiedensten Gründen eingreifen[3]. All dies kann kollisionsrechtliche Resonanzen haben, die je nach der Zuordnung ganz verschieden sein können.

Die Untersuchung soll auch hier auf das Interlokale Recht, wo die Fragen besonders akut geworden sind, beschränkt werden. Es ist dabei nicht erforderlich, die Rechtsverhältnisse des Interlokalen Verwaltungsrechts in ihrer verwirrenden Vielfalt zu erörten, da die meisten Rechtsprechung und Lehre nur wenig beschäftigen. Es wird genügen, an einem derzeit im Mittelpunkt stehenden Problem, der Bedeutung des Grundsatzes von der Territorialität der Zwangsmaß-

---

[2] Koeppel 71: „Das Recht, das im fremden Staat auf private Rechtsverhältnisse angewandt wird, besteht zu einem großen Teil aus Reflexen öffentlichen Rechts."

[3] Vgl. Neumeyer IV 487.

nahmen, das Ineinander- und Übereinandergreifen der verschiedenen Gruppen des Kollisionsrechts zu zeigen. Hierzu ist es aber zunächst erforderlich, den Ort dieses Grundsatzes im Internationalen und Interlokalen Verwaltungsrecht aufzuweisen.

Kapitel IV

DIE STELLUNG DES RECHTSSATZES VON DER TERRITORIALITÄT DER ZWANGSMASSNAHMEN IM RECHTSSYSTEM

1. Internationales Verwaltungsrecht und Internationales Privatrecht

Das Internationale Verwaltungsrecht ist eine der jüngsten Disziplinen des Rechts und als solche erst durch NEUMEYERS erschöpfendes Werk begründet. Zwar sah man vielerorts in der Praxis Auswirkungen der Verwaltungsgesetze jenseits der Grenzen, wurde sich aber über die systematische Eingliederung dieser Auswirkungen selten klar. So mußte noch 1929 FEDOZZI [1] konstatieren: „La doctrine est tellement convaincue que les lois de droit public sont par définition des lois territoriales que généralement elle s'abstient de donner une justification quelconque d'un principe, qui d'après elle s'impose avec les caractères de l'évidence et partant apparaît comme impossible à démontrer." Wie eine Illustration zu dieser Feststellung mutet es an, wenn noch im Jahre 1947 ein Gericht ausspricht: „Die Enteignung im Zuge der brandenburgischen Bodenreform hat als Verwaltungsmaßnahme über die Grenzen der Provinz Brandenburg hinaus keine Wirkung", und damit die Rechtsnatur der Verwaltungsmaßnahme als hinreichende Begründung für die Territorialität der Enteignung erachtet [2].

So einfach liegen die Dinge nun nicht. FEDOZZI hat auf 100 Seiten lehrreiche Beispiele über die extraterritoriale Wirkung öffentlichrechtlicher Gesetze zusammengetragen und NEUMEYER — um nur diese beiden zu nennen — hat sich in vier inhaltsschweren Bänden

---

[1] S. 149.

[2] OLG Celle 4. 11. 1947; ebenso OLG Braunschweig 3. 6. 1947, die sächsische Bodenreform betreffend. Auch das KG sagt am Ende seines Beschlusses vom 19. 8. 1948: „Im übrigen braucht es sich auch nicht um eine Enteignung zu handeln, denn jeder öffentlich-rechtliche Verwaltungsakt (und um einen solchen handelt es sich zweifellos) erstreckt im Sinne der gemachten Ausführungen seine Wirksamkeit nicht über die Landesgrenzen hinaus." Zutreffend dagegen ERNST WOLFF 195 N. 30.

gerade um diese Fragen auf das intensivste bemüht. Aber von der Grunderkenntnis, daß es auch im öffentlichen Recht kollisionsrechtliche Probleme gibt, bis zur Erkenntnis der Selbständigkeit der Disziplin ist ein weiter Weg; bis die Erkenntnis zum Gemeingut der Juristen wird, ein noch weiterer. Schon bei seiner Habilitation im Jahre 1901 hatte NEUMEYER die These aufgestellt: „Das Internationale Verwaltungsrecht ist ein neu zu begründender Teil des Internationalen Privatrechts" [3]. Die klare Erkenntnis, daß es sich bei dem Internationalen Verwaltungsrecht um eine eigenständige Disziplin mit eigenen, in grundlegenden Punkten von denen des Internationalen Privatrechts verschiedenen Gesetzen handelt, ist auch ihm erst im Laufe seiner Lebensarbeit gekommen. In der abschließenden Systematik des 4. Bandes im Jahre 1936 räumt er ihr die ihr zukommende Stellung ein [4]. Aber noch 1924 hatte er das Internationale Verwaltungsrecht als „Teildisziplin des Internationalen Privatrechts" betrachtet [5], was ihn allerdings gezwungen hatte, zwischen einem Internationalen Privatrecht im weiteren und einem im engeren Sinne zu unterscheiden [6]. Es ist daher nicht zu verwundern, daß in der Rechtsprechung — auch dann, wenn sie die kollisionsrechtlichen Probleme erkannte — diese Sprechweise beibehalten wurde und daß sogar das Reichsgericht in einer grundlegenden Entscheidung, in der es einen der maßgebenden Unterschiede zwischen beiden Disziplinen klar herausstellt, in doppelter Weise irreführend von „deutschem und allgemeinem Internationalem Privatrecht" spricht [7], während es sich in Wirklichkeit um eine Frage des deutschen Internationalen Verwaltungsrechts handelte. Nun soll man terminologische Ungenauigkeiten gewiß nicht überschätzen; in Fällen wie diesem bringt aber eine die Verschiedenheiten verwischende Sprechweise immer die Gefahr mit sich, daß verschiedene Schuhe über einen Leisten geschlagen werden [8].

---

[3] IV, S. III.

[4] S. 481—506.

[5] In STRUPPS Wörterbuch I 577.

[6] Ebd. 568. Eine allgemeine Grenzziehung zwischen Internationalem Privatrecht und Internationalem Verwaltungsrecht nimmt auch NEUMEYER in seiner Systematik des 4. Bandes nicht vor; vgl. IV 79, 487. Sie ist wohl auch bei dem derzeitigen Stande noch nicht möglich. Einiges bemerkt NEUMEYER in Niemeyers Z 32 (1924) 2 f. Die Schwierigkeiten ergeben sich vor allem aus den bei NEUMEYER IV 115 ff. erörterten sehr prinzipiellen Fragen.

[7] RGZ 107, 44: „Auch hier gilt nach deutschem und allgemeinem Internationalem Privatrecht an sich der Grundsatz, daß eine Forderung sich dort befindet, wo der Schuldner seinen Wohnsitz hat."

[8] Ein Beispiel bietet OLG Hamburg 6. 1. 1948, wo der vereinbarte Erfüllungsort als Anknüpfungsmoment für die Frage benutzt wurde, ob der Leistung ein Zahlungsverbot der Besatzungsmacht entgegenstehe, wo also kollisions-privatrechtliche und kollisionsverwaltungsrechtliche Anknüpfung vertauscht werden. Auch die Arbeit von KOEPPEL ist hiervon nicht frei; vgl. z. B. S. 26. Auch der

Beide Disziplinen müssen sich schon von Hause sehr ähnlich sein, da sie beide dem Kollisionsrecht angehören, also die Frage beantworten, welche Rechtsordnung auf ein Rechtsverhältnis Anwendung findet. Sie ähneln sich vor allem aber dann, wenn beide — was möglich ist und gerade hier im Mittelpunkt steht — Lebensverhältnisse zum Gegenstand haben, die im allgemeinen dem Privatrecht zugeordnet sind. Nimmt man hinzu, daß die Anknüpfungsmomente des deutschen Interlokalen Privatrechts durchweg örtlicher Natur sind — eine Anknüpfungsart, die auch das Kollisionsverwaltungsrecht bevorzugt —, so ist es begreiflich, daß sich Interlokales Privatrecht und die kaum erörterte Disziplin des Interlokalen Verwaltungsrechts noch mehr ineinanderschoben. Bedenkt man ferner, daß der Satz, auf das Interlokale Privatrecht fänden die Grundsätze des Internationalen Privatrechts entsprechend Anwendung, in allen Erörterungen wiederkehrt, so kann es nicht wunder nehmen, daß auch auf Rechtsfragen des Interlokalen Verwaltungsrechts das Internationale Privatrecht schlechthin angewandt wird. Trotz aller Ähnlichkeiten müssen aber nicht nur aus Gründen begrifflicher Klarheit die verschiedenen Gruppen — Internationales Privatrecht, Interlokales Privatrecht einerseits, Internationales Verwaltungsrecht, Interlokales Verwaltungsrecht andererseits — auch in der Ausdrucksweise voneinander geschieden werden, und zwar gerade auf den Grenzgebieten. Denn auch hier gelten für die einzelnen Gruppen verschiedene Regeln.

Die Trennung von Kollisionsprivat- und Kollisionsverwaltungsrecht rührt an die Unterscheidung zwischen privatem und öffentlichem Recht. Auch wenn man heute geneigt ist, diesen Gegensatz zu relativieren und die historische Komponente zu unterstreichen, die auch dogmatischen Unterscheidungen zugrunde liegt, so wird man doch ohne diese Distinktion, zumindest als Arbeitshypothese, schlecht auskommen [9]. Zwar muß man sich darüber klar sein, daß es gerade im modernen Recht „graue Zonen" zwischen Privat- und öffentlichem Recht gibt, „zones dans lesquelles les deux éléments, privé et public, s'entrelacent d'une façon presque inextricable" [10]. Ge-

---

Erlaß des Westberliner Senators für Justiz vom 26. 2. 1951 (JR 1951, 188) spricht unter VI vom „interlokalen Privatrecht" und ordnet ihm die Anknüpfung der Forderung an den Schuldnerwohnsitz unter, während es sich gerade bei dieser Anknüpfung um eine typische Rechtsfigur des Kollisionsverwaltungsrechts handelt.

[9] Vgl. Riezler, RvglHwb II 609 und in der Festgabe für Edouard Lambert „Introduction à l'étude du droit comparé" (1938) II § 143. Kollisionsrechtlich sehr beachtlich die Ausführungen von Koeppel 74 ff.

[10] Fedozzi 154, besonders aber Barassi, Le zone di confine nelle singole branche di diritto, in den Studi dedicati alla memoria di Pier Paolo Zanzucchi, Mailand o. J. (1928) 147—158. Dieser Arbeit ist der Ausdruck von der „grauen

rade auf dem zur Erörterung stehenden Gebiete, auf dem allein diese Grenzziehung hier durchgeführt wird, ist diese Vermengung besonders stark, wie sich allein daraus ergibt, daß die Titel zum Erwerb eines privaten Rechts sowohl öffentlich-rechtlicher wie privatrechtlicher Natur sein können. Dies darf jedoch nicht davon abhalten, auf eine möglichst eindeutige Grenzziehung zu achten. Das öffentliche staatliche und mit ihm das Verwaltungsrecht steht der Herrschaftsfunktion des Staates näher und geht daher meist, wenn auch durchaus nicht immer, von einem Unterordnungsverhältnis aus [11]. Es wäre jedoch unrichtig, aus dieser Tatsache auf eine ausnahmslose Territorialität des Verwaltungsrechts zu schließen. Schon Triepel [12] hat davor gewarnt, und Fedozzi [13] hat darauf hingewiesen, daß der Staat seinen Angehörigen auch im Auslande Befehle erteilen kann. Gerade das Staatsangehörigkeitsrecht liefert ja die besten Beispiele für die extraterritoriale Wirkung öffentlich-rechtlicher Gesetze. Aber trotzdem ist nicht zu verkennen, daß die Anknüpfungsmomente des Kollisionsverwaltungsrechts weitergehend als die des Kollisionsprivatrechts territorialer Natur sind. Nicht nur, daß die personalen Anknüpfungen zurücktreten [14]; das war im Interlokalen Privatrecht weit mehr der Fall. Aber der Raum, in dem es die Anknüpfung sucht, ist mehr als im Kollisionsprivatrecht der eigene. Aus diesem Grunde wurde auch so spät bemerkt, daß hier echte kollisionsrechtliche Fragen zu lösen sind.

Die verschiedene Struktur des privaten und des öffentlichen Rechts bringt daher auch für die ihnen zugeordneten Kollisionsrechte grundsätzliche Unterschiede sowohl in der Art der Anknüpfungsmomente wie in der Problemstellung mit sich. In der Art der Anknüpfungsmomente: Die Kollisionsprivatrechte stehen neben dem Privatrecht und geben dem Willen der Parteien dort freieren Spielraum, wo

---

Zone" entnommen (S. 153): „... una zona grigia in cui ritroviamo figure spurie dai contorni non bene definiti, a struttura incerta, e che non si sa li per li a quale territorio classificare".

[11] An diesem Unterscheidungsmerkmal hat bei aller Bestrittenheit die Autorität des RG festgehalten: „Tritt der Staat den seiner Herrschaft unterworfenen Personen kraft obrigkeitlicher Gewalt im Wege des Gebots oder des Verbots gegenüber, so handelt er öffentlich-rechtlich; stellt er sich gleichberechtigt neben sie, so handelt er privatrechtlich" (RGZ 102, 251). Über die Unvollständigkeit der reinen „Subjektionstheorie" sehr einleuchtend neuestens Boehmer, Grundlagen der Bürgerlichen Rechtsordnung I (1950) 164 ff.

[12] Völkerrecht und Landesrecht (1899) 274—276.

[13] S. 163.

[14] Vgl. Neumeyer IV 137: „Überwiegend begegnen im Verwaltungsrecht räumliche Anknüpfungen. Sie sind aber durchaus nicht ausschließlich." Ferner Neumeyer, Die Staatsangehörigkeit als Anknüpfung im internationalen Verwaltungsrecht, NiemeyersZ 42 (1924) 1 ff. und Internationales Verwaltungsrecht IV 138.

ihnen dieser im Privatrecht eingeräumt ist. Im Kollisionsverwaltungsrecht kann von solchem freien Spiel der Parteien keine Rede sein. Ebenso wie das Verwaltungsrecht in der Regel, zumindest für den Staatsbürger, ius cogens ist, so sind auch die Anknüpfungen des Kollisionsverwaltungsrechts allen Einflüssen des Parteiwillens abhold. Anknüpfungen, die ganz oder teilweise unmittelbar vom Parteiwillen beeinflußt werden können, sind deshalb hier nicht verwendbar. Es ist vielmehr eine Festigung und noch größere Objektivierung der Anknüpfungsmomente erforderlich[15]. Am deutlichsten zeigt sich — wie so oft — der Unterschied auf Grenzgebieten, also z. B. dort, wo Privatrechtsverhältnisse nach Kollisionsverwaltungsrecht zugeordnet werden. Hier ist es klar ersichtlich, daß die privatrechtlichen Wirkungen eines öffentlich-rechtlichen Eingriffs unabhängig von der lex causae eintreten, die sonst für das Rechtsverhältnis gilt[16].

Denn auch die Problemstellung ist eine andere. Das Kollisionsprivatrecht und das Kollisionsverwaltungsrecht unterscheiden sich nicht etwa dadurch, daß jenem Rechtsverhältnisse des Privatrechts, diesem solche des öffentlichen Rechts unterliegen. Das wird oft, ja in der Mehrzahl der Fälle so sein, ist aber nicht das entscheidende Begriffsmerkmal. Dieses liegt vielmehr in der Art der Rechtsgestaltung. Gehört diese dem Privatrecht an, so handelt es sich um eine Frage des Kollisionsprivatrechts, ist diese ein öffentlich-rechtlicher Eingriff, um eine solche des Kollisionsverwaltungsrechts. Denn die Verschiedenheit der Rechtsordnungen beruht in den letztgenannten Fällen darauf, daß das öffentliche, nicht das private Recht der beteiligten Staaten voneinander abweicht. Gerade der öffentlich-rechtliche Eingriff in Privatverhältnisse zeigt vielleicht den öffentlichrechtlichen Charakter eines Instituts am schroffsten. Die ihm zugeordnete kollisionsrechtliche Norm gehört daher gleichfalls dem öffentlichen Recht in einem sehr spezifischen Sinne an. Dieser Eingriff in bestehende Rechtsverhältnisse meist privatrechtlicher Natur ist es, der diesen Grenzbezirken des Verwaltungsrechts eine besondere Note gibt. Im Kollisionsprivatrecht begleitet das Statut ein Rechtsverhältnis oft vom Anfang bis zum Ende. Ein Statutenwechsel tritt nur ein, wenn die Anknüpfungsmomente sich ändern — und auch dann nicht immer. Im Internationalen Schuldrecht ist er eine seltene Ausnahme[17]. Hier im Kollisionsverwaltungsrecht ist,

---

[15] Beispiele unten S. 107. Es ist merkwürdig, wie das so gut unterrichtete Buch von KOEPPEL an dieser Frage vorbeigeht, obwohl sie sein Thema auf das nächste berührt; vgl. z. B. S. 86.

[16] NEUMEYER IV 248.

[17] Vgl. RvglHwb IV 375, § 2 b.

dem Wesen des öffentlichen Rechts entsprechend, der Eingriff von außen, der vom Willen des Betroffenen stets unabhängig und oft ihm feindlich ist, ein Begriffsmerkmal, dem bei der Einordnung der Disziplin und ihrer Absetzung vom Internationalen Privatrecht Rechnung getragen werden muß [18].

Diese Frage, ob ein Rechtsverhältnis von einer Verwaltungsmaßnahme des Staates X ergriffen wird oder nicht, ist eine grundsätzlich andere als die, ob auf ein Privatrechtsverhältnis das Recht des Landes Y oder des Landes Z anzuwenden ist, und muß schon wegen der Andersartigkeit der Fragestellung einer anderen Disziplin zugeordnet werden. Vielleicht wird die Größe des Unterschiedes klarer, wenn man ihn nicht in der blassen Sprache abstrakt juristischer Formulierungen wiedergibt, sondern ihn in der farbigen Sprache des Lebens, das hier allerdings nicht golden ist, anschaulich zu machen versucht: Ob der Kaufmann sein Geld für eine Warenlieferung nach dem Rechte von Y oder von Z bekommt, ist eine andere Frage als die, ob er von seinem enteigneten Unternehmen einen Posten Außenstände retten kann oder ob diese dem enteignenden Staate verfallen.

An dem wichtigsten Teilproblem, der Belegenheit einer Forderung, hat die Rechtsprechung die Gegensätze in der Fragestellung und ihnen entsprechend zumindest die Verschiedenheit der Anknüpfungsmomente deutlich entwickelt [19]. Im Schrifttum der jüngsten Zeit hat Ernst Wolff dem gleichen Gedanken Ausdruck gege-

---

[18] Neumeyer IV 251 spricht hier von „artfremden Eingriffen". Aus dem Schatze einer reichen Erfahrung heraus werden diese Fragen von Weisbart, Internationales Privatrecht und öffentliches Recht (JZ 1951, 769) erörtert.

Bei den Fällen, bei denen gegen den Willen der Beteiligten eine kollisionsrechtliche Einordnung erfolgt, mit der sie bei Eingehung des Rechtsverhältnisses nicht zu rechnen brauchten, sind folgende Gruppen zu unterscheiden: 1.) Das bisher einheitliche Rechtsgebiet zerfällt in verschiedene Rechtsgebiete, sei es durch völkerrechtliche Zession oder Okkupation, sei es interlokalrechtlich, z. B. in Zonen. Dann kann, wie wir sahen, der Erfüllungsort als Anknüpfungspunkt des Schuldstatuts plötzlich eine Rolle spielen, an die bei der Eingehung des Schuldverhältnisses niemand denken konnte. Die Gruppe bleibt aber im wesentlichen im Rahmen des Kollisionsprivatrechts. Auf die Besonderheiten dieser Gruppe stellt es die oben S. 38 N. 41 skizzierte Fragestellung von Drobnig ab. — 2.) Das eindeutig privatrechtlich eingeordnete Rechtsverhältnis wird von der Verwaltungsmaßnahme eines anderen Staates als dem der lex causae erfaßt, weil die kollisions-verwaltungsrechtliche Anknüpfung eine andere ist als die des Kollisionsprivatrechts. Die Verwaltungsmaßnahme kann sich hierbei in die verschiedensten Formen kleiden. Vgl. zu der ganzen Frage auch Dölle 176 f., zu der zweiten Gruppe LAG Hamburg 22. 3. 1947, das ausdrücklich eine Beurteilung des zur Entscheidung stehenden Arbeitsverhältnisses „nach Grundsätzen des sog. internationalen Privatrechts" ablehnt und mit einer, wie Beitzke (MDR 1947, 99) in der Bemerkung zu dem Urteil allerdings mit Recht bemängelt, nicht in allen Punkten hieb- und stichfesten Begründung das Recht der britischen Zone anwendet.

[19] Hierüber unten S. 105 ff.

ben: „Es ist üblich, die örtliche Begrenzung von Enteignungen als Teil des internationalen Privatrechts zu behandeln, obwohl sie dogmatisch wohl dem internationalen Verwaltungsrecht . . . angehört“ [20].

Das nach vielen Seiten praktisch werdende Problem ist, wie weit die Selbständigkeit des Internationalen und Interlokalen Verwaltungsrechts im Verhältnis zu den allgemeinen kollisionsrechtlichen Regeln, die vornehmlich am Internationalen Privatrecht entwickelt sind, im einzelnen geht; handelt es sich doch nicht etwa darum, aus deduktiv gewonnenen Grundsätzen irgendwelche Lösungen für den konkreten Einzelfall abzuleiten. Dafür ist dessen positivrechtliche Situation viel zu mannigfaltig und gar zu oft von den Erfordernissen der flüchtigen Stunde diktiert. Jedoch muß, soweit dies möglich ist, eine „feste Ausgangsbasis“ [21] geschaffen werden, von der aus eine Einordnung der einzelnen Fälle, die erst zu einer richtigen und zweckentsprechenden Anwendung der Normen des positiven Rechtes führen kann, möglich ist.

2. Stellung und Rechtsnatur des Territorialitätssatzes im Internationalen Verwaltungs- und Völkerrecht

Befehlsgewalt und rechtliche Einwirkungsmöglichkeit eines Staates sind nicht auf sein Territorium beschränkt. Aus den hieraus sich ergebenden Überschneidungen entwickelt sich, soweit es sich um Befehle und Einwirkungen auf verwaltungsrechtlichem Gebiet handelt, der Fragenkreis des Internationalen Verwaltungsrechts. Was aber strikt auf das Territorium des Staates beschränkt ist, ist seine Zwangsgewalt. Der letzte Kern des Staates ist vielleicht, wenn man seinem Wesen von den Staatsmitteln und nicht von den Staatszielen aus näherzukommen versucht, daß er auf seinem Gebiete das Monopol des physischen Zwanges hat [22]. Gewiß kann auch einem Staatsangehörigen im Ausland ein Befehl erteilt werden; aber die Durchführung dieses Befehls kann nur im Inlande erzwungen werden [23]. Im Auslande allerdings, wenn der Aufenthaltsstaat seine

---

[20] S. 195 N. 30; ähnlich Beitzke 94: „Auseinanderfallen der Wirkungsbereiche von Enteignungsrecht und anwendbarem Privatrecht“. Massouridis, The Effects of Confiscation, Expropriation, and Requisition by a Foreign Authority, in: Revue hellénique de droit international 3 (1950) 63.

[21] Dölle 175.

[22] Der Ausdruck wurde von Max Weber in seiner Vorlesung über Staatssoziologie zur Definition des Staates verwandt.

[23] Der 7. Senat des Reichsgerichts in seiner für das Interlokale Recht wichtigen Entscheidung vom 7. 6. 1921 (s. im Text unten S. 79) verwendet leider den mehrdeutigen Begriff „Staatshoheit“ etwa im Sinne von Gebietshoheit und ver-

Rechtshilfe zur Verfügung stellt; aber dann ist dieser es in Wirklichkeit, der zwingt. Man kann den Satz, daß dem Staate auf seinem Gebiet das Monopol des physischen Zwanges zusteht, auch dahin formulieren, daß er diese Zwangsgewalt nicht außerhalb seiner Grenzen — zumindest nicht in einem anderen Staat — ausüben darf. Denn dann hätte ja der Staat, auf dessen Gebiet er diesen Zwang ausübte, nicht mehr das Monopol des physischen Zwanges, der eingreifende Staat hätte ihn vielmehr in dem Punkt getroffen, in dem er am intensivsten Staat ist. Aus den Verwaltungsmaßnahmen, die im allgemeinen je nach ihrem Inhalt auch im Ausland zum Zuge kommen können, schält sich also ein Kern heraus, bei denen dies nicht möglich ist, die in ihrem Zugriff streng auf das Gebiet des eigenen Staates beschränkt sind: die Zwangsmaßnahmen [24].

Der Grundsatz, daß ein Staat seine Zwangsgewalt nicht auf fremdem Gebiet ausüben darf, das so oft zitierte Axiom von der Territorialität der Zwangsmaßnahmen, ist demnach nur die negative Fassung einer Grunderkenntnis vom Wesen des Staates. In dieser Fassung ist er, ebenso wie die Disziplin des Internationalen Verwaltungrechts von dem Nebeneinander der Staaten ausgehend, der international-verwaltungsrechtliche Ausdruck dieser Grunderkenntnis. So formuliert, ist der Grundsatz jedoch nicht nur ein Leitsatz des Internationalen Verwaltungsrechts; er ist auch ein Rechtssatz des allgemeinen *Völkergewohnheitsrechts* [25]. Die Grundbegriffe des

wischt dadurch den Unterschied von Befehlsgewalt und Zwangsgewalt. Die Entscheidung des 5. Senats vom 19. 1. 1918 verwendet den noch vieldeutigeren Ausdruck „Gesetzgebungsgewalt“: „Die Gesetzgebungsgewalt von Gotha reichte nicht über die Grenzen des eigenen staatlichen Gebiets hinaus, sie konnte nicht nach Preußen hinübergreifen.“ Auch FRIEDRICH in dem seinerzeit sehr klärenden Aufsatz SJZ 1948, 24 ff. verwendet den Ausdruck „Hoheitsakt“.

[24] FEDOZZI 163: „C'est seulement le pouvoir de coërcition de l'Etat qui ne peut pas s'exercer sur le territoire d'un autre Etat.“

[25] Nur wenige Zitate: SCHINDLER, Besitzen konfiskatorische Gesetze außerterritoriale Wirkungen?, Schweiz. Jb. für internat. Recht 3 (1946) 65 ff., auf S. 68: „Der Satz, daß konfiskatorische Gesetze außerhalb des Landes, für das sie erlassen sind, keine Anwendung finden können, ist ein feststehender, auf langer Tradition und sorgfältiger Überlegung beruhender Rechtssatz.“ NEUMEYER, Rhein.Z. 11 (1921/22) 212: „Wenige Sätze des internationalen Privatrechts sind so sicher begründet wie der von der Territorialität der Zwangsenteignung.“ „Nach einem feststehenden Gewohnheitsrecht können Rechtssätze politischen Inhalts in einem anderen Gebiet nicht angewendet werden“ (ebd. 231). Band IV 436 rechnet er das Verbot der Zwangsenteignung im Ausland belegener Gegenstände zu den Völkerrechtssätzen. Beschluß der Abt. II B 4 des 3. Internationalen Kongresses für Rechtsvergleichung 1950, RabelsZ 16 (1951) 491. Jüngste deutsche Literatur und Rechtsprechung vgl. in den folgenden Anmerkungen. — Über die Entwicklung des Rechtssatzes in der reichen internationalen Rspr. seit 1836 (Fall des Herzogs von Braunschweig, Entscheidung der Cour de Paris vom 16. 1. 1836) vgl. BEITZKE 102—104, 106 ff.; ARMINJON, Les lois politiques et le droit international privé, RDIP 25 (1930) 393 ff. Hinzuzufügen ist die Entscheidung des Schweizer. Bundesgerichts vom 28. 10. 1948 (MDR 1950, 86), die territoriale Be-

Völkerrechts, Gleichberechtigung und Gegenseitigkeit, sind auch seine Voraussetzungen. Er ruht positiv auf der Achtung der Staats-

---

grenzung der tschechoslowakischen sog. Nationalverwaltung betreffend, und der Beschluß des österr. Obersten Gerichtshofs vom 10. 5. 1950 (GRUR 1950, 531), der Auswirkungen der tschechosl. Enteignungsmaßnahmen auf das in Österreich belegene deutsche Eigentum verneint, allerdings mit der Begründung, daß es sich hier um „Kriegsmaßnahmen" handle; ferner Mitt. d. BdL 6005/52.

Man hat den Satz einzuengen versucht, schwerlich zu Recht, indem man ihn auf Konfiskationen beschränkte. So wandte die französische Rspr. in Rotspanienfällen den Rechtssatz bei Requisitionen gegen Entschädigung nicht an, zumal ältere Konsularbestimmungen in diese Richtung wiesen (s. unten S. 103 N. 10) und glaubte in einem vom Appellhof Rouen am 7. 12. 1937 entschiedenen Falle (RabelsZ 11 [1937] 942) auch von der Anwendung des ordre public (wegen art. 545 C. c.) absehen zu können, da es sich lediglich um vorübergehende Schutzmaßnahmen gehandelt habe. Ganz ähnliche Erwägungen veranlaßten während des letzten Krieges englische und amerikanische Gerichte, die extraterritoriale Wirksamkeit von Enteignungsgesetzen der niederländischen und norwegischen Exilregierung zu bejahen. Diese hatten das gesamte Auslandsvermögen ihrer Staatsangehörigen enteignet. Die angelsächsische Rspr. erachtete dies als gültig, da die Gesetze nicht konfiskatorisch seien, dem Schutz der eigenen Staatsangehörigen vor dem deutschen Zugriff dienten und die Rückgabe der enteigneten Vermögen nach Kriegsende vorsähen. Ob hieraus „a new rule of private international law" herzuleiten ist, wie Martin Wolff, Private International Law 537 f. schreibt, ist mir zweifelhaft. Wolff nimmt an, daß im Gegensatz zu Konfiskationen die Enteignungen gegen Entschädigung auch im Ausland belegene Vermögenswerte erfaßten (so Beitzke 110, nach dem ich zitiere). Vgl. ferner die schwed. Entscheidungen von 1942 in RabelsZ 15 (1949/50) 505 ff. Der Grundsatz von der Territorialität der Zwangsmaßnahme ist jedoch so tief auf das Wesen des Staates gegründet, daß die Gewährung einer Gegenleistung am Grundsätzlichen nichts zu ändern vermag, auch dann nicht, wenn sie angemessen ist. Daß dies die Auslegung im Einzelfall beeinflussen kann, ist eine andere Frage. Ähnlich Beitzke aaO. Die von Martin Wolff in der 2. Aufl. seines deutschen Internationalen Privatrechts vertretene Auffassung ist zurückhaltender. Danach ist die Gültigkeit des Grundsatzes nach den genannten, mir nicht zugänglichen Entscheidungen zweifelhaft, wenn die Enteignung außerhalb des enteignenden Staates gelegener Gegenstände im Interesse der Kriegführung liege, „jedenfalls in den Fällen, in denen der Staat, in dessen Gebiet sie liegen, mit der Enteignung einverstanden ist". Auch dann wird man für die Einverständniserklärung die Rechtsform verlangen müssen, die in diesem Staate Eingriffe in das Eigentum erfordern. Eine von Weisbart JZ 1951, 771 N. angeführte Entscheidung von 1951 hat denn auch die erwähnte Rspr. wieder verlassen.

Die Beschlüsse des III. Internationalen Kongresses für Rechtsvergleichung in London 1950 (im Auszug in RabelsZ 16 [1951] 491) versuchen einen Mittelweg zu gehen. Sie sagen unter VI 1: „Konfiskationsmaßnahmen sind ohne Rücksicht auf die Art ihrer Durchführung in ihren Wirkungen auf das Gebiet des konfiszierenden Staates zu beschränken", und fügen unter 2 hinzu: „Enteignungen (Expropriationen) und Sequestrationen sind, wenn keine angemessene Entschädigung gewährt wird, wie Konfiskationen zu behandeln."

Eine offene Durchbrechung des Völkerrechtssatzes von der Territorialität der Zwangsmaßnahmen enthält das Kontrollratsgesetz Nr. 5 in seinen behaupteten Auswirkungen auf das Ausland. Sie werden zurückgewiesen von Schindler aaO, dem das Schweizerische Bundesgericht in seiner Entscheidung vom 28. 10. 1948 (MDR 1950, 86) in anderem Zusammenhange zustimmt. (Eine Zusammenfassung von Schindlers Arbeit gibt Aubin, 5. Beiheft zur DRZ [1948] 34 f.). Zu gleichen Ergebnissen kommt Stödter, Beschlagnahme des deutschen Auslandsvermögens (MDR 1949, 516 ff.) mit weiterer Lit., ferner Beitzke 109.

natur des anderen[26], negativ auf dem Interventionsverbot[27]. Auf ähnlichen Erwägungen beruht wohl auch, wenngleich hier jeweils die besondere Färbung des Territorialitätsbegriffs zu berücksichtigen ist, die Eingliederung der territorialen Zwangsmaßnahmen in die Gruppe der „penal laws" im angelsächsischen Recht[28] sowie ihre Bezeichnung als „Polizeigesetze" oder als „lois politiques" in Frankreich[29] [30]. Man konzediert dem Nachbarstaate die Vornahme derartiger Zwangsmaßnahmen, da man seine Legitimation dazu in seiner Staatsnatur oder zumindest in seiner tatsächlichen Herrschaft sieht, dämmt aber die Auswirkung solcher Zwangsmaßnah-

---

[26] So sehr deutlich v. Bar, Theorie und Praxis des deutschen Internationalen Privatrechts II 30 ff.

[27] Ähnlich Riezler 11. Hieraus scheint sich aber zu ergeben, daß der Zusammenhang zwischen Territorialität der Rechtsnormen und Staatsgebiet doch enger ist, als Riezler 10 annimmt, der jedenfalls primär diese Territorialität aus dem Rechtsordnungsbereich verstanden wissen will.

[28] „... undoubtedly and admittedly penal laws of the Spanish Republic" nennt z. B. die Entscheidung von King's Bench Division (in RabelsZ 10 [1936] 306) in Sachen des ehemaligen spanischen Königs die Enteignungsbeschlüsse der spanischen Cortes vom 26. 11. 1931, ausländische Strafgesetze aber „affect nothing more than they can reach and (than) can be seized by virtue of their authority." — Die jüngste englische Entscheidung, welche die Klage der italienischen Regierung auf Herausgabe des in England befindlichen Vermögens des verstorbenen Königs Viktor Emanuel in Höhe von 4,2 Millionen Dollar abwies (Chancery Division 9. 2. 1950, SJZ 1950, 831), beruht auf anderen Erwägungen.

[29] Der Ausdruck „lois de police" ist dem Art. 3 I C. c. entnommen. Über das „konkave" Territorialitätsprinzip dieser Bestimmung Koeppel 101, 107 im Anschluß an Kahn; ebd. die franz. Lehre und Praxis. (Les lois de police) „ne sont pas applicables hors des limites de chaque Etat" (Trib. comm. de la Seine 26. 7. 1934, Revue crit. de dr. internat. 30 [1935] 144). Der franz. Revisionskläger im Chartreusefall (RGZ 69, 1) bezeichnet das franz. Vereinsgesetz vom 1. 7. 1901, auf Grund dessen der Orden der Kartäusermönche in Frankreich aufgelöst wurde, als „ein nicht über die Grenzen Frankreichs hinaus geltendes Polizeigesetz" (S. 9). Der Versuch Raapes, NJW 1951, 457, die Anwendbarkeit des Volljährigkeitsgesetzes der DDR vom 17. 5. 1950 einzudämmen, läuft nach seiner eigenen Meinung auf eine Erweiterung des Begriffes der „loi politique" hinaus; hierzu s. oben S. 9 N. 23.

[30] Vgl. Arminjon, Les lois politiques et le droit international privé, RDIP 1930, 385 ff. Einige Sätze seien der Brillanz der Formulierung wegen hier wiedergegeben, auch wenn man ihnen nicht in allen Punkten folgen kann. A. führt S. 389 aus: „Par loi politique, il faut entendre une loi qui fait exception aux principes et aux règles du droit dans l'intérêt d'un Etat, d'un parti, d'une classe, voire de certaines croyances ou idées. Conçues pour des raisons propres à un pays déterminé, les lois de ce genre ne confèrent de droits qu'entre ses frontières; étant donné l'intérêt spécial et extrajuridique qui est leur raison d'être, elles s'y imposent aux étrangers comme aux nationaux si leur portée n'a pas été limitée à ces derniers, mais elles ne sont pas sanctionnées dans les pays où cet intérêt spécial n'existe pas et où il n'y a pas de motif de déroger au droit commun. Elles se trouvent donc en dehors du domaine du droit international privé, c'est à dire qu'il ne peut se produire à leur égard de conflit de lois." Arminjon setzt im Gegensatz zu anderen die lois politiques und lois de police nicht gleich (S. 390). Die hier behandelten Gesetze, auch das franz. Vereinsgesetz vom 1. 7. 1901, zählt er zu den ersteren. Ähnlich Précis de droit international privé commercial (1948) 87, 250. Zur Kritik Arminjons siehe Koeppel 90.

men auf das eigene Gebiet soweit irgend möglich ein; könnte doch „ihre Anwendung dazu führen, daß wir uns zum Werkzeug des fremden Staates machen“ [31].

Gerade im Rahmen des Internationalen Verwaltungsrechts, das wie das Internationale Privatrecht eine gewisse Harmonie der staatlichen Rechtsordnungen zur Voraussetzung hat und eine größere erstrebt, scheint es richtig, diese völkerrechtliche Natur des Grundsatzes zu unterstreichen. Besonders MARTIN WOLFF [32] und RAAPE, aber auch das deutsche Reichgericht haben sie noch in jüngster Zeit deutlich ausgesprochen [33]. Es wirkt deshalb verwirrend, wenn der Oberste Gerichtshof für die britische Zone [34] einen juristisch so suspekten Begriff wie den der Macht in den Vordergrund stellt; er weist darauf hin, „daß Enteignungsakte in ihrer Verwirklichung durch Beitreibung Machtfragen sind“, und hebt diesen „machtpolitischen Gesichtspunkt“ nochmals hervor, um aus ihm den Umfang der Enteignungsbefugnis abzuleiten. Diese starke Betonung des Machtbegriffs nimmt um so mehr wunder, als der Gerichtshof für die Einordnung des allgemeinen Grundsatzes der Territorialität der Zwangsmaßnahmen die Formulierung von MARTIN WOLFF übernimmt und sie dahin auslegt, es handele sich demnach hier nicht um eine deutsche, sondern um eine völkerrechtliche Norm. Gewiß steht am Fundament jeden Staates die Macht, seine Befehle in seinem Raume durchzusetzen. Aber man sollte sich gerade im Kollisionsrecht nicht auf diese Macht — und schon gar nicht auf „Machtpolitik“ — berufen, sondern den für eine Rechtsentscheidung erforderlichen Rechtssatz aus dem Zusammenspiel der Staaten herzuleiten suchen. Dieser Rechtssatz ist in der völkerrechtlichen Fundierung des international-verwaltungsrechtlichen Grundsatzes von der Territorialität der Zwangsmaßnahmen gegeben.

---

[31] RAAPE² 313 mit weiteren Angaben aus der engl. und franz. Lit. und Rspr. Vgl. auch RGZ 92, 76: „Rechtshandlungen des Auslandsstaates als für sich verbindlich hinzunehmen, die in sein Rechtsgebiet übergreifen, kann dem Heimatstaate nicht zugemutet werden.“ Ferner High Court of Justice 21. 2. 1951 (NJW 1952, 119).

[32] S. 151; auch ERNST WOLFF 195 N. 30.

[33] RAAPE² 311: „Welcher Staat ist zuständig, die Enteignung usw. anzuordnen? Das ist die Kernfrage. Sie ist wohl völkerrechtlicher Art. Hier handelt es sich wirklich um die Abgrenzung der Machtbereiche der verschiedenen Staaten, anders als im Internationalen Privatrecht.“ Die Begründung berührt sich also mit der oben gegebenen. — Vgl. RGZ 130, 23 ff.: „Eine Beschlagnahme des Guthabens hätte ... seine Einklagung in Deutschland nicht gehindert, da die Beschlagnahme von deutschen Gerichten nicht hätte als wirksam anerkannt werden können. Sie war völkerrechtswidrig ...“ Ferner RGZ 145, 21. Auch OLG Düsseldorf 6. 12. 1949: „Nach einem nahezu allgemein anerkannten Grundsatz des Völkerrechts sind konfiskatorische Hoheitsakte streng territorial.“

[34] OHG 31. 3. 1949 — I 169/48 —. Es sind drei Entscheidungen des OGH vom gleichen Tage zu unterscheiden: I 169/48, die wichtigste, I 125/48 und I 142/48.

3. Existenz und Rechtsnatur des Territorialitätsgrundsatzes im Interlokalen Verwaltungsrecht

a) Die Rechtsnatur der Sätze des Interlokalen Verwaltungsrechts

Aber wie steht es mit der Existenz und der Rechtsnatur des Satzes im Interlokalen Verwaltungsrecht? Gerade bei Sätzen des Internationalen Rechts, die derart auf der Staatsnatur der beteiligten Staaten und auf den Grundbegriffen des Völkerrechts fußen, muß man bei einer Übernahme in andere Rechtssphären ja sehr vorsichtig sein. Für die — übrigens sehr sorgfältige und mit deutschem und ausländischem Schrifttum reich belegte — Entscheidung des Obersten Gerichtshofs, die selbst im Rahmen des Interlokalen Verwaltungsrechts erging, war die Frage kein Problem. Sie leitet die Erörterung aus dem Internationalen in das Interlokale Kollisionsrecht mit dem Hinweis über, daß „nach allgemeiner Auffassung die Normen des Internationalen Privatrechts ... auch auf den durch den Zusammenbruch von 1945 entstandenen Zustand innerhalb Deutschlands, also auch auf die interlokalen Rechtsbeziehungen anzuwenden sind". So müßten auch die hier in Frage kommenden Grundsätze des Völkerrechts im Verhältnis der verschiedenen Gebietsteile Deutschlands sinngemäß angewandt werden. „Diese Grundsätze des Völkergewohnheitsrechts gelten überall da, wo sich Rechtskreise überschneiden, und beschränken sich daher nicht auf Fälle, wo sich selbständige Staaten gegenüberstehen ... Wie immer auch das staatsrechtliche Verhältnis der deutschen Länder zueinander beurteilt werden mag, fest steht, daß innerhalb Deutschlands eine Reihe von Rechtskreisen entstanden sind, in denen Kollisionen auftreten müssen, und auf diese Kollisionen sind die Grundsätze des Völkerrechts oder die Vorschriften des Internationalen Privatrechts sinngemäß anzuwenden." Es wäre jedoch ein Irrtum, wenn man aus diesen Sätzen den Schluß ziehen würde, daß die Sätze des Interlokalen Verwaltungsrechtes dem Völkerrecht zuzurechnen sind. Sie gehören vielmehr dem Staatsrecht, und nur ihm an. Gewiß ist es zutreffend, daß die Beziehungen zwischen den Ländern eines Gesamtstaates, soweit es sich um die ihnen im Verhältnis zum Gesamtstaat überlassenen Kompetenzen handelt, nach Völkerrecht geregelt sind, namentlich was die formale Seite angeht. Das hat schon LEIBNIZ ausgesprochen [35]. Es ist im Kaiserreich die überwiegende Meinung ge-

[35] Codex iuris gentium diplomaticus 1693 p. 8, Praefatio ad lectorem: „Inter eos, qui summae potestatis participes sunt (quales interdum plures sunt etiam in eadem Republica), locus est iuri gentium voluntario."

wesen[36], und auch in der Weimarer Republik hat man wohl in der Mehrheit, allerdings gegen die offiziell geäußerte Auffassung der Reichregierung[37], insoweit an dem völkerrechtlichen Charakter der Beziehungen zwischen den Ländern festgehalten. Man wird diese Meinung auch für das Verhältnis der deutschen Länder zueinander nach 1945 teilen müssen. Man darf jedoch hieraus nicht folgern, daß auch nach außen gerichtete Rechtssätze der Länder völkerrechtlicher Natur seien. Vor allem wäre es nicht zutreffend, aus der Natur der in Frage kommenden Rechtssätze als Kollisionsnormen auf ihre Zugehörigkeit zum Völkerrecht zu schließen. Schon die Parallele zu den Vorschriften des Internationalen Privatrechts, die das Gericht zieht, gibt zu denken. Davon, daß diese völkerrechtlicher Natur seien, ist man jetzt fast allgemein abgekommen. Was den Vorschriften des Internationalen Privatrechts in der Entscheidung des Obersten Gerichtshofs gleichgestellt werden soll, sind aber Bestimmungen des Internationalen Verwaltungsrechts. Es ist nun schlechterdings nicht einzusehen, warum die Normen des Internationalen Privatrechts dem Privatrecht, die des Internationalen Verwaltungsrechts aber dem Völkerrecht und nicht dem Verwaltungsrecht angehören sollten. Gewiß gibt es hier wie dort völkerrechtliche Grundsätze[38]. Und es ist nicht zu verkennen, daß der Rechtssatz von der Territorialität der Zwangsmaßnahmen zu diesen Grundsätzen gehört. Aber aus der Rechtsnatur dieses Satzes als Bestandteil des Völkergewohnheitsrechtes zu folgern, daß alle Normen des Internationalen Verwaltungsrechts Völkerrechtsnormen seien, ist ein gedanklicher Sprung. Zwar ist es durchaus möglich, daß ein Rechtssatz zugleich dem allgemeinen Völkergewohnheitsrecht und dem Staatsrecht angehört, wenn dem der Charakter der Norm nicht widerspricht. Die erforderliche Transformation versah hier Art. 4 der Weimarer Verfassung, versieht heute Art. 25 I des Bonner Grundgesetzes. Das gibt aber nicht das Recht, umgekehrt alle möglichen Sätze des staatlichen Rechts zu Völkerrechtssätzen zu ernennen, ohne ihre Existenz als solche genauestens bewiesen zu haben. Dieser Beweis läßt sich

---

[36] Nachweise bei FICKER, Vertragliche Beziehungen zwischen Gesamtstaat und Einzelstaat im Deutschen Reich (1926) 11 N. 4.

[37] „Zwischen den deutschen Ländern bestehen nur staatsrechtliche, aber nicht völkerrechtliche Beziehungen." Schreiben des Reichskanzlers vom 12. 12. 1919 bei POETZSCH, Vom Staatsleben unter der Weimarer Verfassung, Jb. öff. R. XIII (1925) 1 ff. auf S. 66.

[38] Vgl. MAKAROV in Mélanges Streit (1939) 553; MAURY, Règles générales des conflits de lois, Recueil 57 (1936 III) 329 ff. auf S. 356: „Le droit des conflits a son fondement dans une obligation coutumière de droit international public"; NIEDERER, Internationales Privatrecht und Völkerrecht, in Schweiz. Jb. für internat. Recht V (1948) 63 ff. Über das Verhältnis von Internationalem Verwaltungsrecht und Völkerrecht NEUMEYER IV 436.

für den Territorialitätsgrundsatz, aber wohl nur für wenige weitere Sätze des Internationalen Verwaltungsrechts führen. Mit dem Versuche einer übermäßigen Expansion des Völkerrechts sind gerade in jüngster Zeit so schlechte Erfahrungen gemacht worden, daß man es nur begrüßen kann, daß die Satzung für den Haager Gerichtshof von 1945 auf den konservativen Grundsätzen aufgebaut ist, nach denen Normenadressaten des Völkerrechts grundsätzlich nur Staaten sind [39]; damit ist einer unbesehenen Übernahme von angeblichen Völkerrechtssätzen aus irgendwelchen staatlichen Rechtsordnungen ein Riegel vorgeschoben. Man sollte auch hier der ganz anderen Rechtsnatur der Kollisionsnorm Rechnung tragen und nicht vergessen, daß es sich im Internationalen Verwaltungsrecht in der Masse der Fälle um Fragen handelt wie die, ob ein deutscher Arbeiter, der in Frankreich für eine deutsche Firma eine Montage ausführt, nach deutschem oder nach französischem Recht der Sozialversicherung unterliegt. Es ist nicht leicht, anzunehmen, daß sich die kollisionsrechtliche Regelung solcher Fragen aus Völkergewohnheitsrecht ergibt, daß also die Regelung in dem einen Sinne völkerrechtsgemäß, die Regelung in dem anderen Sinne völkerrechtswidrig wäre [40]. Was schon für die Sätze des Internationalen Verwaltungsrechts gilt, trifft noch mehr für die des Interlokalen Verwaltungsrechts zu. Die Normen des Internationalen Verwaltungsrechts sind in erster Linie und in ihrer großen Mehrheit ausschließlich staatliches Recht [41], die des Interlokalen Verwaltungsrechts sind es durchweg.

b) Die Existenz des Grundsatzes im Interlokalen Verwaltungsrecht

Es kann sich nur darum handeln, ob der Grundsatz der Territorialität der Zwangsmaßnahmen — so wie er im Internationalen Verwaltungsrecht eine besondere Position dadurch hat, daß er dem staatlichen und zugleich dem Völkerrecht angehört — auch im Interlokalen Verwaltungsrecht durch eine besondere rechtliche Prägnanz ausgezeichnet ist, falls er überhaupt in dieser Disziplin eine

[39] Vgl. GREWE, Nürnberg als Rechtsfrage (1947) 29 f.

[40] Natürlich ist die Regelung solcher Fragen durch völkerrechtlichen Vertrag möglich und häufig. So haben die Staaten der sogen. Westunion (des Brüsseler Fünfmächte-Vertrages vom 17. 3. 1948) im November 1949 vereinbart, daß sie gegenseitig ihren Angehörigen in allen Fragen der Sozialversicherung Inländerbehandlung zusichern (Europa-Archiv 1949, 2697). Dadurch verpflichten sich die Staaten sicher fremdenrechtlich, auf diskriminierende fremdenrechtliche Normen zu verzichten, vermutlich auch kollisionsrechtlich, Vorschriften zu erlassen, daß bei Angehörigen der Vertragsstaaten nur das lokale Anknüpfungsmoment des Aufenthalts zur Anwendung kommt.

[41] NEUMEYER IV 436.

Stätte hat. Vor 1918 konnte man an letzterem zweifeln. Zwar war das Enteignungsrecht und damit ein Hauptgebiet, auf dem der Rechtssatz zum Zuge kommen konnte, Landesrecht. Aber das wirtschaftspolitische Gefälle zwischen den Rechtsordnungen der einzelnen deutschen Bundesstaaten war nicht groß genug, um den Grundsatz hervortreten zu lassen. Mit der unruhigen Entwicklung, die dem ersten Weltkrieg folgte, wurde das anders. Nicht nur wurde im Internationalen Verwaltungsrecht der Satz nunmehr in größter Eindringlichkeit entwickelt, und zwar sowohl im Anschluß an die Zwangsmaßnahmen auf Grund des Versailler Vertrages wie in Auslegung der sowjetischen Nationalisierungsdekrete. Auch im deutschen Interlokalen Verwaltungsrecht wurde der Satz in einer grundlegenden Entscheidung des Reichsgerichts nachgewiesen [42]. Den Anlaß bot bemerkenswerterweise die Fürstenenteignung, also eine Frage, in der die einzelnen deutschen Länder ganz grundsätzlich verschiedene Auffassungen hatten. Das damalige Gebiet Gotha hatte am 31. 7. 1919, also noch vor dem Inkrafttreten der Weimarer Verfassung, ein Gesetz erlassen, dessen § 1 auszugsweise lautet: „Das Gothaische Hausfideikommiß, die Schmalkaldener Forsten ... werden — vorbehaltlich der Rechte anderer Staaten — beschlagnahmt und in das Eigentum des Staates überführt." Auf Grund dieses Gesetzes hatte das Gebiet Gotha dem früheren Herzog von Sachsen-Coburg und Gotha den Besitz und die Verwaltung auch der in dem preußischen Kreise Schmalkalden gelegenen sog. Schmalkaldener Forsten entzogen. Das Reichsgericht mißbilligte dies, weil nach einem anerkannten Grundsatz des zwischenstaatlichen Rechts die Staatshoheit eines jeden Staates an den Grenzen seines Gebietes ende; da das streitige Grundstück in Preußen liege, sei es der Staatshoheit des Gebietes Gotha nicht unterworfen. Dieser könne daher nicht durch Staatshoheitsakt über dieses Grundstück verfügen.

Damit war der Grundsatz auch für das Interlokale Recht etabliert und vor allem festgestellt, daß aus der staatsrechtlichen Stellung der deutschen Länder innerhalb Deutschlands nicht etwa folgt, daß eine landesrechtliche Enteignung im gesamtdeutschen Gebiet wirke. Maßnahmen, die derartige Wirkungen über die Grenzen des eigenen Gebietes erstreben, sind vielmehr unwirksam und dürfen, wie auch

[42] RGZ 102, 251 in Sachen Gebiet Gotha (Beklagter) gegen den früheren Herzog von Sachsen-Coburg und Gotha (Kläger). Zu dem Urteil auch Neumeyer IV 233, Petersen 133 f. Dem Urteil waren vorausgegangen eine Reihe von Entscheidungen, die die Rechtsverhältnisse der sog. Gothaischen Kaufgewerkschaften zum Gegenstand hatten und Einzelfragen des Interlokalen Verwaltungsrechtes in der gleichen Richtung behandelten wie das oben erörterte Urteil. Die Entscheidungen finden sich RGZ 88, 53; 92, 73; 99, 217; 100, 210.

spätere Entscheidungen bestätigen[43], von den deutschen Gerichten nicht anerkannt werden. Dagegen war in der Entscheidung ausgesprochen, daß jedes deutsche Land das Recht eines anderen Landes respektieren müsse, und damit auch die positive Seite des Rechtssatzes zumindest angedeutet. Da in den zwanziger Jahren die wirtschafts- und sozialpolitischen Anschauungen der Länder sich wieder weitgehend ausglichen, bot sich in der Folgezeit kein Anlaß, den Grundsatz im Interlokalen Recht zur Anwendung zu bringen. Erst die völlig verschiedene wirtschaftspolitische Gesetzgebung der Länder der Ostzone einerseits, der Länder der Westzonen andererseits seit etwa 1946 hat ihn wieder heraufbeschworen und ihn sogar in die erste Reihe der Rechtsprobleme der Nachkriegszeit gerückt. Namentlich in der Frage, wie die Enteignungsgesetze der Ostzone interlokalrechtlich zu behandeln sind, spielt er die führende Rolle[44].

---

[43] Vgl. RGZ 130, 27.

[44] Es handelt sich vor allem um folgende Gesetze und Verordnungen, die auf den Befehlen 66 (hierzu REICH, NJW 1950, 192), 110, 124 und 126 der SMA beruhen:

a) Brandenburg: VO über die Bodenreform vom 6. 9. 1945; VO zur entschädigungslosen Übergabe von Betrieben und Unternehmungen in die Hand des Volkes vom 5. 8. 1946 (VOBl 235);

b) Mecklenburg: VO über die Bodenreform vom 5. 9. 1945 (Amtsbl. 1946, 14); Gesetz zur Sicherung des Friedens durch Überführung von Betrieben der faschistischen Kriegsverbrecher in die Hand des Volkes vom 16. 8. 1946 (Amtsbl. 98); hierzu VO vom 21. 2. 1947 (RegBl 26); Gesetz über die Verwendung des Vermögens der geschlossenen Banken und Sparkassen vom 30. 10. 1947 (Amtsbl. 262); VO Nr. 136 vom 16. 9. 1946 (Amtsbl. 126);

c) Sachsen-Anhalt: Gesetz über die Bodenreform vom 3. 9. 1945; VO betr. die Überführung sequestrierter Unternehmen und Betriebe in das Eigentum der Provinz Sachsen vom 30. 7. 1946 (VOBl 351); Gesetz vom 30. 5. 1947 (GBl I 96); Art. 78 der Verfassung vom 10. 1. 1947 (GBl I 9); Gesetz über die Neuregelung des Versicherungswesens vom 7. 2. 1948 (GBl I 47);

d) Sachsen: VO über die landwirtschaftliche Bodenreform vom 10. 9. 1945 (Gesetze S. 27); VO über die Gründung der Sächsischen Landesbank und die Abwicklung der bisher bestehenden Banken und sonstiger Geldinstitute vom 15. 8. 1945 mit Ausf.-Verordnungen (noch geltende Bestimmungen in GVOBl 1949, 322); Gesetz über die Übergabe von Betrieben von Kriegs- und Naziverbrechern in das Eigentum des Volkes vom 30. 6. 1946 (Gesetze S. 305); hierzu DVO vom 18. 7. 1946 (Gesetze S. 425) und vom 27. 10. 1947 (Gesetze S. 512); Gesetz über das Versicherungswesen vom 30. 1. 1948 (GVBl 70);

e) Thüringen: Gesetz über die Bodenreform vom 10. 9. 1945; Gesetz vom 22. 9. 1945 (GesSlg 33); Gesetz über den Übergang von Forderungen von Kreditinstituten vom 13. 7. 1946 (RegBl I 115); Gesetz betr. die Übergabe von sequestrierten und konfiszierten Vermögen durch die Sowjetische Militäradministration an das Land Thüringen vom 24. 7. 1946 (GesSlg 111); hierzu Durchführungsgesetz vom 25. 3. 1947 (GesSlg 43), gegenstandslos durch Zeitablauf und aufgehoben durch Befehl Nr. 64 der SMAD vom 17. 4. 1948 (RegBl 1950 II 217); Gesetz über die Organisation der landeseigenen Betriebe und die Errichtung der Hauptverwaltung der landeseigenen Betriebe vom 10. 9. 1946 (GesSlg 131); hierzu DVO vom 18. 10. 1946 (RegBl 1947 I 13); VO vom 31. 3. 1947 (betr. Versicherungsgesellschaften); Gesetz zur Überführung der Bodenschätze und der Bergbaubetriebe in die Hände

Die Rechtsprechung in den Westzonen hat den Grundsatz durchweg anerkannt [45], die Gerichte der Ostzone hatten ihn anerkannt, soweit sie die Nachprüfungsmöglichkeit der Verwaltungsentscheidung bejahten [46]. Bedenken, die man gegen die Geltung des Satzes im Inter-

---

des Volkes vom 30. 5. 1947 (GesSlg 53); Anordnung über die Übertragung der volkseigenen Betriebe an die Rechtsträger des Volkseigentums vom 20. 10. 1948 (ZVBl 502);

f) Berlin-Ost: Gesetz zur Einziehung von Vermögenswerten der Kriegsverbrecher und Naziaktivisten vom 8. 2. 1949 (VBl 34) sowie Bek. hierzu vom 9. 2. 1949 (ebd. 43); VO über die Schuldenhaftung der Erwerber eingezogener Vermögenswerte vom 13. 6. 1949 (VBl 156).

Vgl. Vogel 226; Benkard, DRZ 1947, 357; DRZ 1948, 128; Meyer, ZHR 112 (1948) 87 ff.; Walter Schultze, Wirkungen ostzonaler Enteignungen im Bundesgebiet, Neue Wirtschaftsbriefe 1950, 22.

Daneben erfolgten Enteignungen unmittelbar auf Grund von Befehlen der SMA. Ein Beispiel: Befehl Nr. 501 der SMAD des Landes Thüringen vom 19. 11. 1946 (Olympia-Büromaschinenwerke A.G. Erfurt; vgl. OLG Düsseldorf 6. 12. 1949). In derartigen Fällen kommt wohl Internationales, nicht Interlokales Verwaltungsrecht zum Zuge; vgl. oben S. 62.

[45] OHG 31. 3. 1949 — I 142/48 — unter ausdrücklicher Berufung auf RGZ 102, 251; KG 19. 8. 1948; OLG Braunschweig 4. 11. 1947, 23. 3. 1948 und 10. 8. 1948; LG Göttingen 6. 2. 1947; LG Mannheim 11. 2. 1948.

[46] OLG Gera 4. 6. 1948 (das Urteil verfiel der Kassation; vgl. OG der DDR 14. 2. 1951); LG Leipzig 3. 6. 1947 und 22. 7. 1947. Mit der Entscheidung des OLG Dresden vom 1. 7. 1948 wird die Schwenkung eingeleitet. Sie wird am deutlichsten, wenn man den Beschluß des OLG Dresden mit dem von ihm aufgehobenen Beschluß des LG Leipzig vom 3. 6. 1947 vergleicht. Das Landgericht hatte folgende Eintragung im Handelsregister veranlaßt: „Die Eintragung ist beschränkt auf das im Lande Sachsen befindliche Vermögen der Gesellschaft.“ Das Oberlandesgericht äußerte selbst keine abweichende Meinung, fühlte sich aber an die Entscheidung der Verwaltungsbehörde gebunden, die die Enteignung auch auf die zum Betriebsvermögen der enteigneten Aktiengesellschaft gehörige Beteiligung an Werken außerhalb Sachsens erstreckte. LG Dresden 28. 6. 1949 vertritt noch einmal den alten Standpunkt. Vgl. zu diesen Entscheidungen auch unten S. 154.

Die amtliche Meinung der DDR verneint jetzt die Geltung des Territorialitätsprinzips in vollem Umfang. Vgl. Feiler, NJ 1950, 155; Benjamin, NJ 1950, 145; Nathan, NJ 1950, 459 und die Zusammenstellung bei Beuck, IZR 10 f. Man sagt zur Begründung, die Enteignungsmaßnahmen in der sowjetischen Zone seien in Ausführung des Potsdamer Abkommens teils durch die Besatzungsmacht selbst ergangen, teils als Landesmaßnahmen rückwirkend bestätigt worden. In keinem dieser Fälle werden sie jedoch, wie Feiler irrig annimmt, „gemeindeutsches Recht“, können daher eine Geltung außerhalb der sowjetischen Zone nicht beanspruchen, im letzteren Falle nicht einmal außerhalb des enteignenden Landes, da eine rückwirkende Bestätigung, die zudem nicht näher dargetan ist, den Geltungsbereich einer Rechtsnorm nicht zu ändern vermag. OLG Halle 27. 5. 1949 bezeichnet denn auch die Enteignungsgesetze des Landes Sachsen-Anhalt ausdrücklich als Landesrecht. Dies gilt vor allem für die Verordnung der damaligen Provinz Sachsen vom 30. 7. 1946. Wenn der Ministerpräsident von Sachsen-Anhalt in seiner bei Benjamin, NJ 1950, 147 wiedergegebenen Erklärung ausführt, daß § 1 II dieser Verordnung sich „auf alle Beteiligungen an Unternehmungen, die ihren Sitz im Westen haben, erstreckt“, so geht das über den möglichen Geltungsbereich eines Landes-, aber auch eines Zonengesetzes mit Zwangscharakter hinaus.

Daß mit der Anerkennung des Grundsatzes von der Territorialität der Zwangs-

lokalen Recht etwa wegen seiner innigen Verbundenheit mit dem Staats-, vielleicht sogar dem Souveränitätsbegriff hätte herleiten können, sind schon mit der Entscheidung des Reichsgerichts von 1921 praktisch hinfällig geworden. Aus der Judikatur der letzten Jahre ist er nicht mehr hinwegzudenken. Jedoch wird man seine Geltung auf das interlokalrechtliche Verhältnis von Staaten und Ländern beschränken müssen. Hier gilt der Grundsatz, soweit die Enteignungsgesetze Landesrecht sind, in genauer territorialer Beschränkung, also nicht nur gegenüber Ländern abweichender, sondern auch gegenüber solchen mit gleicher Enteignungsgesetzgebung. Das in Thüringen belegene Warenlager eines sächsischen Unternehmens würde demnach grundsätzlich nicht von der sächsischen Enteignung erfaßt [47].

Im Interprovinzialen Kollisionsrecht ist hingegen die Geltung des Satzes zweifelhaft. Eine Enteignung auf Grund hessischen Rechtes aus der Zeit vor 1945 würde vielleicht auch eine in Wiesbaden belegene Forderung ergreifen können. Jedoch aus ganz anderen Erwägungen: Möglicherweise ist das hessische Recht aus dieser Zeit durch Staatensukzession gesamthessisches Recht geworden. Eine echte kollisionsrechtliche Frage läge somit überhaupt nicht vor. Jedoch könnte einer Anwendung dieses Rechtes in Gebietsteilen außerhalb des alten Landes Hessen entgegengehalten werden, daß dies eine rückwirkende Anwendung eines konfiskatorischen Gesetzes wäre. Die Frage braucht hier nicht weiter verfolgt zu werden, da sie

---

maßnahmen im Landesrecht der Boden der Einheit Deutschlands verlassen sei, wie Benjamin 147 annimmt, ist nicht zutreffend. Dagegen spricht die oben behandelte Rspr. des RG, die durchaus im Rahmen eines einheitlichen Deutschlands erging. Der Territorialitätsgrundsatz ist nicht, wie Gähler, NJ 1950, 370 gegen Raape annimmt, ein specificum des Internationalen Privatrechts. Vielmehr hat die Tatsache, daß diese Fragen im Rahmen des Interlokalen, nicht des Internationalen Kollisionsrechtes auftreten, das Vorhandensein des Gesamtstaates zur begrifflichen Voraussetzung.

[47] KG (West) 6. 9. 1949. Die gegenteilige Auffassung vertritt LG Halle 14. 11. 1949. Soweit das Recht der volkseigenen Wirtschaft durch die SMAD-Befehle 64 und 76 (veröffentlicht nebst der Durchführungsgesetzgebung ZVOBl Nr. 15 vom 21. 5. 1948; hierzu Meyer, ZHR 112, 93 und NJW 1950, 431) auf Zonenbasis gestellt wurde, spielt die Frage keine Rolle mehr. Schon für die Zeit vorher müßte man sie anders beantworten, wenn man der oben S. 72 N. 25 skizzierten Auffassung von Martin Wolff auch im Interlokalen Rechte folgt. Das Einverständnis des Landes, in dem der fragliche Gegenstand belegen ist, mit der fremden Enteignungsmaßnahme sowie die Tatsache, daß die Enteignungsgesetze der Ostzonenländer auf einheitliche Besatzungsdirektiven zurückgehen, würden dann zu einer allgemeinen Zonengeltung der Landesenteignungsgesetze führen. Hierzu neigt Meyer, ZHR 112, 97. Das Dilemma gibt LG Dresden 28. 6. 1949 sehr genau wieder: „Die Enteignung des Betriebes der Firma . . . beschränkt ihre Wirksamkeit auf Vermögenswerte, die sich bei der Durchführung der Enteignung im Lande Sachsen, *allenfalls* in der sowj. Besatzungszone Deutschlands befanden." Friedrich, SJZ 1948, 25 läßt die Frage ausdrücklich offen.

außerhalb des Rahmens dieser Untersuchung liegt, zudem derzeit ohne praktische Bedeutung zu sein scheint.

c) Die Rechtsnatur des Grundsatzes im Interlokalen Verwaltungsrecht

Nun liegt es nahe, den vor allem im Internationalen Verwaltungsrecht entwickelten Grundsatz auch bei seiner Verwendung im Interlokalen Verwaltungsrecht als Völkerrechtssatz zu qualifizieren. Dafür spräche, daß sich die Beziehungen der Länder zueinander auch innerhalb einer gesamtstaatlichen Rechtsordnung nach Völkerrecht regeln. Man würde hierbei aber vergessen, daß dies nur der Fall ist, soweit nicht Normierungen des Gesamtstaates vorliegen [48]. Diese liegen aber vor. Das Reichsgericht hat in einer Anzahl von Fällen den Grundsatz von der Territorialität der Zwangsmaßnahmen als einen für das Deutsche Reich verbindlichen Rechtssatz im Rahmen des Internationalen Verwaltungsrechts bejaht. Es hat ihn sodann in einer ersichtlich als test case aufgebauten Entscheidung für das Interlokale Verwaltungsrecht übernommen. Daß der Satz nicht ausdrücklich als Reichsrecht ausgesprochen worden ist, besagt nichts; auch sonst finden sich derartige mehr theoretische Sätze nicht in den konkreteren Zielen dienenden Gesetzen. Zudem ist es im deutschen Kollisionsrecht beinahe die Regel, daß Grundprinzipien nicht gesetzlich geregelt sind. Es besteht daher wohl kein Hindernis, den Satz im Interlokalen deutschen Verwaltungsrecht als Reichsgewohnheitsrecht anzusprechen. Der Charakter des Satzes als Gesamtstaatsrecht im Interlokalen Verwaltungsrecht spielt dabei etwa die gleiche Rolle wie der Charakter als Völkerrechtsnorm im Internationalen Verwaltungsrecht. Wie oben dargetan wurde, scheidet im Interlokalen Recht, und zwar sowohl im Interlokalen Privat- wie im Interlokalen Verwaltungsrecht, das Völkerrecht als normierende Rechtsgruppe für die Grundprinzipien aus [49]; das Gesamtstaatsrecht regelt sie. Decken sich die völkerrechtlichen Grundregelungen im Internationalen Kollisionsrecht mit der gesamtstaatlichen Regelung im Interlokalen Recht, was meist der Fall ist, um so besser. Das ist jedoch noch kein Anlaß, die Rechtsquellen zu vertauschen. Vielmehr ist Rechtsquelle für die Grundprinzipien des deutschen Interlokalen Verwaltungsrechts das Recht des Gesamtstaates, für seine normalen Rechtssätze das Recht der Länder oder der beiden deutschen Staatsgebilde.

---

[48] Vgl. FICKER, Vertragliche Beziehungen (s. oben S. 77 N. 36) 11.

[49] WENGLER, NJW 1951, 51: „... unbestreitbar ist, daß bei der Beurteilung interzonaler Gesetzeskonflikte völkerrechtliche Gesichtspunkte keine Rolle spielen können."

Nun hat Art. 153 der Weimarer Verfassung reichsrechtliche Enteignungsgrundsätze aufgestellt, und dieser Artikel muß noch zumindest bis zum Inkrafttreten der beiden deutschen Verfassungen als geltendes Recht betrachtet werden [50]. Aber diese Bestimmung steht der Geltung des Territorialitätsgrundsatzes als Reichsgewohnheitsrecht ebensowenig im Wege wie der ihr nachgebildete Art. 14 des Bonner Grundgesetzes oder die Vorschriften der Verfassung der Deutschen Demokratischen Republik [51]. Denn der Territorialitätsgrundsatz widerspricht diesen Bestimmungen nicht, ergänzt sie vielmehr nach der kollisionsrechtlichen Seite, da auch Enteignungsgesetze mit einer Entschädigungsklausel, wie die Verfassungen sie vorsehen, Zwangsmaßnahmen sind, die dem Prinzip der Territorialität unterliegen [52]. Die Einordnung dieses Grundsatzes in das Reichsrecht bringt prozessual den großen Vorteil mit sich, daß zumindest *seine* Auslegung dadurch revisibel wird. Damit wird eine einheitliche Rechtsprechung der Bundesrepublik in den prinzipiel-

---

[50] DOG 13. 4. 1950; OLG Hamburg 17. 11. 1949 und OLG Nürnberg 19. 9. 1949 (alle für die Zeit vor Inkrafttreten der beiden Verfassungen von 1949). Ebenso BIERINGER, BB 1950, 927. Offen lassen die Frage der Anwendung des Art. 153 RV OGH 1. 7. 1948 und OLG Hamburg 19. 7. 1948 (Knäckebrot-Urteil). Art. 153 ist niemals aufgehoben, sondern war durch die VO vom 28. 2. 1933 „bis auf weiteres außer Kraft gesetzt" worden. Als Ausnahmemaßnahme des nationalsozialistischen Regimes ist diese VO mit dem Zusammenbruch außer Kraft getreten; damit ist die Suspension der von ihr genannten Verfassungsvorschriften hinfällig geworden, zumal diese Vorschriften den rechtsstaatlichen Intentionen des neuen Regimes entgegenkamen. Daß diejenigen Bestimmungen der Weimarer Verfassung, die allgemeine Rechtssätze enthalten, zumindest bis zum Inkrafttreten des Bonner Grundgesetzes weitergalten, ist allgemein anerkannt; vgl. Gutachten des Obersten Finanzgerichts München vom 27. 2. 1946; SCHÄTZEL, DRZ 1947, 245; PETERSEN 131 unter Hinweis auf ein Gutachten der Brit. Militärregierung in Deutschland; STÖDTER, DV 1948, 21 f.

PETERSEN 132 nimmt allerdings an, daß nach 1945 entgegen Art. 153 (vgl. STULZ, Art. „Enteignung" in RvglHwb III 57) auch Landesgesetze entschädigungslos enteignen durften. Ebenso OLG Halle 27. 5. 1949. Das ist zumindest sehr zweifelhaft; vgl. unten S. 140. Nach Inkrafttreten des Bonner GG ist eine entschädigungslose Enteignung kraft Landesrechts durch Art. 14 III 2, der eine Entschädigung voraussetzt, in der Bundesrepublik ausgeschlossen. Zu der Bemessung der Entschädigung nach Art. 14 GG ist außer den Kommentaren (v. MANGOLDT und ABRAHAM) der Aufsatz von SCHULTZ (BB 1951, 14) zu vergleichen. Die Verfassung der DDR sieht eine Entschädigung als Regel vor; dagegen ermöglichen die Verfassungen der Länder der sowjetischen Zone die entschädigungslose Enteignung durch einfaches Gesetz: Thüringen Art. 57 I, mit Garantie für die Bodenreformen Abs. 2; Sachsen-Anhalt Art. 12 III mit ähnlicher Garantie in Art. 75; Mecklenburg Art. 75 I, Art. 79 S. 2 einerseits, Art. 76 III andererseits; Brandenburg Art. 50; Sachsen Art. 19, 76, 77 mit weitgehender Eingriffsmöglichkeit nach Art. 25.

[51] Über die Anwendung der Vorbehaltsklausel auf Grund des Art. 153 s. oben S. 59 N. 23.

[52] Über die zweifelnde Meinung MARTIN WOLFFS in diesem Punkte s. oben S. 72 N. 25.

len Fragen dieses wirtschaftlich so wichtigen Fragenkomplexes sichergestellt [53].

Der reichsrechtliche Grundsatz von der Territorialität der Zwangsmaßnahmen spielt also im Interlokalen Verwaltungsrecht eine ähnliche Rolle wie der mehrfach erwähnte Rechtssatz von der Anknüpfung an den Wohnsitz nach der Verordnung vom 12. 12. 1941 im Interlokalen Erbrecht. Auch hier sieht man also, wie die Sätze des Interlokalen Kollisionsrechts mit der Gesamtstaatsordnung aufs engste verbunden sind, sei es, daß sie ihr selbst angehören, sei es, daß sie — was die Regel ist — als Sätze des Landesrechts auf Anknüpfungsmomenten fußen, die im Gesamtstaatsrecht fixiert sind.

Daß der Satz von der Territorialität der Zwangsmaßnahmen bei aller kollisionsrechtlich bedingten Ähnlichkeit im Interlokalen Verwaltungsrecht eine andere Nuancierung hat als im Internationalen Verwaltungsrecht, ergibt sich aus der abweichenden staatsrechtlichen Einordnung der Rechtsträger. Sie zeigt sich in zahlreichen Einzelheiten, im Kolorit mehr als in der Struktur. So ergeben sich aus der Tatsache, daß im Internationalen Verwaltungsrecht das Ausweichen in einen anderen Staat tatsächlich und das in eine andere Staatsangehörigkeit rechtlich schwieriger ist als die entsprechenden Maßnahmen im Interlokalen Verwaltungsrecht, auch Abweichungen im Rechtsbild. Ferner können sich daraus Verschiedenheiten ergeben, daß im Interlokalen Verwaltungsrecht nicht nur Organe des unmittelbar tätigen Staates, sondern im allgemeinen auch Organe des Gesamtstaates auf dem Boden dieses Staates Zwangsmaßnahmen vornehmen können, eine Möglichkeit, die allerdings derzeit im deutschen Interzonalen Verwaltungsrecht nicht gegeben ist. Auch andere Schattierungen werden sich bei der Erörterung von Spezialfragen ergeben. Die Funktion des Satzes im Rechtssystem als Gradmesser für starke wirtschaftspolitische Unterschiede ist jedoch im Interlokalen wie im Internationalen Verwaltungsrecht etwa die gleiche.

---

[53] Der OGH (31. 3. 1949 — I 125/48) hat angenommen, daß der Fragenkreis nach § 549 I ZPO als Landesenteignungsrecht der Nachprüfung durch das Revisionsgericht entzogen sei. Schon angesichts der Entscheidung des RG vom 15. 11. 1920 ist die Richtigkeit dieser Annahme zweifelhaft. Es handelte sich damals um die Frage, ob das Gothaische Berggesetz, ein irrevisibles Landesgesetz, umgangen worden sei. Das RG führte dazu aus: „Das Berufungsgericht stützt seine Entscheidung nicht auf Bestimmungen des Gothaischen Rechts, sondern darauf, daß eine Umgehung jener Bestimmungen vorliege. Der Rechtsbegriff der Gesetzesumgehung ist nicht aus einer partikularrechtlichen Norm, sondern aus dem BGB oder der auf die Grundsätze des BGB aufgebauten Lehre und Rechtsprechung zu entnehmen." Ähnliches könnte man von dem Begriff der Enteignung und den Bestimmungen der deutschen Gesamtstaats-Verfassungen sagen, die sich mit diesem Begriff beschäftigen.

Kapitel V

DIE BEDEUTUNG DES TERRITORIALITÄTSGRUNDSATZES

1. Zur Auslegung des Satzes

Mit der rechtlichen Einordnung des Axioms von der Territorialität der Zwangsmaßnahmen ist jedoch nur der Ausgangspunkt gewonnen. Es muß zu seiner näheren Erläuterung sowohl zu dem Begriff der „Zwangsmaßnahmen" wie dem der „Territorialität" ein Wort gesagt werden.

a) Zwangsmaßnahmen

Zwang richtet sich gegen eine Person. Er kann die verschiedensten Zwecke haben; denn er ist nur eine Methode und sagt weder über seine Motive noch über sein Ziel etwas aus. Allgemein läßt sich daher nur sagen, daß Zweck des Zwanges ist, eine Person zu etwas zu veranlassen, was sie sonst nicht tun würde. Dabei ist es in diesem Rahmen gleichgültig — die Frage spielt bei § 123 BGB eine Rolle —, ob der Zwang in der Form der vis absoluta gebraucht wird, bei welcher der Wille des Gezwungenen keine Rolle spielt, oder ob der Gezwungene zu einer rechtlich erheblichen Willensbetätigung veranlaßt wird, die er ungezwungen nicht vornehmen würde. Der Zwang kann sich auf jedes menschliche Verhalten erstrecken, auf eine Mitteilung, die der Gezwungene sonst nicht machen würde, wie auf die Hergabe oder Duldung der Wegnahme eines Vermögensstückes, das er freiwillig nicht abgeben würde. Auf den letzteren Fall, und nur auf ihn, bezieht sich die Zwangsmaßnahme in dem hier zur Erörterung stehenden Sinne.

Die *Maßnahme* kann dabei verschiedenster Art sein: ein Gesetz, eine Verordnung, aber auch eine Einzelmaßnahme, eine verwaltungsrechtliche Verfügung. Voraussetzung ist lediglich, daß die Maßnahme nach dem Recht des Staates, in dessen Namen sie vorgenommen wird, rechtmäßig ist, wobei diese Feststellung nach deutschem Landesrecht, namentlich mit Rücksicht auf Art. 153 der Weimarer Verfassung [1], oft zur Erörterung schwieriger staats- und verwaltungsrechtlicher Fragen führen wird [2].

---

[1] S. oben S. 84 N. 50.

[2] Wie weit das ausländische Gericht die Rechtmäßigkeit einer Entziehung nachzuprüfen hat, ist im Internationalen Verwaltungsrecht strittig; die französische Rspr. ist im allgemeinen sehr zurückhaltend; Cour d'appel de Poitiers vom 20. 12. 1937 (Z. auslöRuVR 9 [1942] 377): „Attendu ... qu'il faut et qu'il suffit, qu'il y ait eu réquisition et qu'ancun doute n'existe sur son caractère d'acte gouvernemental". Auch im Interlokalen Verwaltungsrecht hält sich die Rspr. stark zurück; vgl. LG Lübeck 7. 7. 1947: „Die Bestimmung, daß die bis

Die Rechtsform, die die Maßnahme für die Entziehung des Vermögensstückes vorsieht, kann sehr mannigfaltig sein. Es kommt nur auf ihren Zwangscharakter an [3]. Im Mittelpunkt hat hier stets die Enteignung als die legale Zwangsform der Wegnahme von Vermögensstücken gestanden [4]. Dem war so, als im Internationalen Verwaltungsrecht der zwanziger Jahre von den Auswirkungen der russischen Nationalisierungsdekrete, in dem der dreißiger Jahre von der Enteignung des Vermögens des spanischen Königs oder von Venizelos die Rede war [5]. Auch heute steht sie im Vordergrund; im Interlokalen Verwaltungsrecht, wo es sich um die Auswirkungen der Enteignungsmaßnahmen in den Ländern der Ostzone handelt, im Internationalen Verwaltungsrecht, wenn es sich darum handeln wird, die Zwangsmaßnahmen infolge des letzten Krieges rechtlich zu fixieren. Aber der Zwang hat sich auch in andere Formen gekleidet, um sein Ziel zu erreichen [6]. So ist die sog. Sperrung der Altkonten in der Ostzone im praktischen Ergebnis eine Enteignung und muß daher nach dem Territorialitätsgrundsatz behandelt werden [7].

---

zum 9. 9. 1945 entstandenen Verbindlichkeiten erlöschen, kann kaum mit den rechtsstaatlichen Grundsätzen der britischen Zone in Einklang gebracht werden. Diese Frage ist aber nicht von dem Gericht zu beurteilen, da sie zugleich eine politische Frage des Verhältnisses der Besatzungsregierungen zueinander ist." Ferner LG Köln 19. 4. 1948. Auch das OLG Nürnberg (19. 9. 1949), das als erstes Gericht in interlokalrechtlichen Enteignungsfragen den ordre public anwandte (s. oben S. 59 N. 23) sagt: „Zu entscheiden ist dabei nicht, ob diese Verfügung (der Landesregierung Sachsen) überhaupt rechtswirksam ist, sondern nur, welche Rechtswirkungen dieser Maßnahme des Landes Sachsen in den Westzonen zukommen."

[3] Ebenso im Ergebnis Beitzke 93 ff. Auch die ausländischen Entscheidungen betreffen alle Arten von Enteignungen; Belege bei Beitzke 105.

[4] Zu allen diesen Fragen ist die verdienstvolle Abhandlung von Beitzke zu vergleichen. Unter „Konfiskation" wird hier wie bei Beitzke 94 N. 3 entschädigungslose Enteignung verstanden.

[5] Belege bei Beitzke 103; die dort angeführte Entscheidung des Tribunale civile di Roma vom 30. 8. 1933 auch in RabelsZ 9 (1935) 206 ff.

[6] Eine Reihe anderer Zwangsmaßnahmen, die hierher gehören, zählt Neumeyer IV 248 auf. Das OLG Braunschweig in seinen Urteilen vom 4. 11. 1947 und vom 22. 3. 1949 spricht zusammenfassend von „Sperrmaßnahmen" und wendet auf diese den Territorialitätsgrundsatz an. Aus diesem Grunde kommt es hier weniger darauf an, wie man den Begriff der Enteignung im einzelnen umschreibt; vgl. hierzu einerseits Weber, NJW 1950, 401 ff., andererseits Schumacher, NJW 1951, 53.

[7] OLG Braunschweig 21. 10. 1947 und 22. 3. 1949. Die Frage der Kontensperre hat die Rspr. auch anderweit beschäftigt; vgl. nur OLG Düsseldorf 13. 6. 1947. Auf gleicher Stufe steht das von der Alliierten Kommandantur in Berlin im September 1945 erlassene Zahlungsverbot für Versicherungen aus der Vorbesatzungszeit (es ist nunmehr ersetzt durch das G. über die Abwicklung alter Verpflichtungen der Schadenversicherung vom 23. 11. 1951, GVBl Berlin-West 1132; dazu Anordnung zur Abwicklung alter Verpflichtungen der Schadenversicherung in Berlin vom 13. 12. 1951, ebd. 1140). Die maßgebende Anknüpfung war dem Internationalen Verwaltungsrecht zu entnehmen, nicht dem Internationalen Privatrecht, wie OLG Köln 11. 9. 1947 es tat. Hierzu auch Dölle 177.

Wie überhaupt Zahlungs- und Leistungsverbote der verschiedensten Art[8], Vermögenssperren, Beschlagnahmen in allen Variationen hier eine Rolle spielen[9]; bei allen Verschiedenheiten im einzelnen ist diesen Rechtsformen der Zwangscharakter und daher die streng territoriale Begrenzung gemeinsam. Man kann dieser auch nicht dadurch bei der Enteignung des Vermögens einer juristischen Person ausweichen, daß man die juristische Person nach dem Landesrecht des Sitzes als aufgelöst und ihr Vermögen daher als verfallen erklärt, wie man im Fall der Überführung von Bankvermögen auf eine Landesbank zu konstruieren versuchte[10]; vielmehr entscheidet über die Auflösung einer juristischen Person das hierfür maßgebende Reichsrecht[11], über die Reichweite der Enteignung der Grundsatz von der territorialen Beschränkung derartiger Maßnahmen[12].

Auch das *Objekt* der Maßnahmen kann ganz verschiedener Art sein. Der übereinstimmende Nenner ist wohl lediglich, daß es sich

---

[8] Hierzu insbesondere DÖLLE 176 f.

[9] Die Frage, ob ein in der Ostzone eröffnetes Konkursverfahren das in den Westzonen belegene Vermögen des Gemeinschuldners erfaßt, ist durch eine lex specialis der Alliierten Hohen Kommission in einer die theoretische Kernfrage offen lassenden Weise entschieden worden: Nach der DVO Nr. 3 zu MRG Nr. 53/VO Nr. 235 (ABl AHK 663) sind Maßnahmen eines außerhalb des Geltungsgebietes dieser DVO gelegenen Konkursgerichtes oder eines von diesem eingesetzten Konkursverwalters als „Geschäfte" im Sinne des Art. Nr. 1 des MRG Nr. 53 und der VO Nr. 235 anzusehen und daher hinsichtlich des Westvermögens des Gemeinschuldners nur dann verbindlich, wenn die Bank Deutscher Länder ihre Zustimmung erteilt. Für Westberlin war eine Sonderregelung ergangen: G. v. 31. 5. 1950 (VBl I 179). Die Rspr. war geteilter Meinung gewesen, neigte aber zuletzt zur Anerkennung der Territorialität. Vgl. vor allem BEITZKE, SJZ 1950, 590 ff. mit Angabe der früheren Rspr.; WÜRDINGER, SJZ 1950, 81; OSWALD, Rpfleger 1950, 471; BEUCK, BB 1950, 623; IZR 90 ff. OLG Celle 31. 7. 1951 faßt die Rechtslage auf Grund der neuen Regelung dahin zusammen: „Sowjetzonenkonkurse sind daher weiterhin Inlandskonkurse im Sinne des § 237 KO. Trotzdem sind in den Westzonen belegene Forderungen eines Gemeinschuldners, über dessen Vermögen in der Sowjetzone der Konkurs eröffnet wurde, nicht auf den Konkursverwalter der Sowjetzone übergegangen." Vgl. ferner OLG Frankfurt a. M. 14. 7. 1951. Es sei auch darauf hingewiesen, daß durch die VO der DDR über den Rang volkseigener Forderungen im Konkurse des Schuldners vom 25. 10. 1951 (GBl 955) diesen Forderungen eine weitgehende Vorrangstellung gesichert wird. Für den umgekehrten Fall (Wirkung eines Westkonkurses in der sowjetischen Besatzungszone) steht der Magistrat von Berlin-Ost in seiner Stellungnahme vom 7. 3. 1950 (BB 1950, 799) bemerkenswerterweise auch auf dem Standpunkt der Territorialität; vgl. auch BEUCK, IZR 97.

[10] So der Beschwerdeführer in dem Fall, den das KG am 19. 8. 1948 entschied.

[11] So das KG in der eben genannten Entscheidung. Näheres unten S. 152.

[12] Grundsätzlich anderer Auffassung PETERSEN 141, der annimmt, „daß für juristische Personen neben der ... Enteignung durch Entziehung des Vermögens noch andere Enteignungsmöglichkeiten bestehen". Dieser Unterschied der Meinungen erklärt sich daraus, daß PETERSEN Enteignung von Vermögensrechten und Enteignung von Mitgliedschaftsrechten nach den gleichen kollisionsrechtlichen Grundsätzen behandelt; hierzu unten S. 156 ff.

um Rechte handeln muß [13]; denn auch bei der Wegnahme von Sachen ist es ja streng genommen nicht die Sache, die enteignet wird, sondern das Eigentum, also das Recht an der Sache. Weitere Voraussetzung ist lediglich, daß die Rechte übertragungsfähig und ihrer besonderen Rechtsnatur nach enteignungsfähig sind. Der Katalog dieser Rechte wird noch näher zur Sprache kommen, wenn von ihrer kollisionsrechtlichen Zuordnung die Rede sein wird.

Die wirtschaftliche Klassifizierung der zur Enteignung stehenden Gegenstände ist natürlich eine ganz andere. Hier stehen im derzeitigen Interlokalen Verwaltungsrecht durchaus im Vordergrund Grundbesitz im Rahmen der Bodenreform [14] und Unternehmungen im Rahmen der Sozialisierungsmaßnahmen [15].

b) Territorialität

Die Richtung der Zwangsmaßnahme auf die Enteignung im weitesten Sinne gibt auch einen Fingerzeig dafür, wie der Begriff der Territorialität in diesem Zusammenhang aufzufassen ist [16]. Wenn Neumeyer den „Komplex Gebietshoheit" zur „juristischen Mythologie" rechnet [17], so liegt es nicht fern, den diesem Komplex benachbart liegenden Bereich „Territorialität" mit ähnlichen Epitheta zu versehen. Teilt er doch mit jenem Unentbehrlichkeit sowohl wie Vieldeutigkeit [18]. Der Wortsinn deutet ja lediglich auf das Vorwalten irgendeiner räumlichen Beziehung hin. Schon Aubry [19] hat darauf hingewiesen, daß diese räumliche Beziehung im Kollisionsrecht sich

---

[13] Vgl. Petersen 129 und namentlich OGH 1. 7. 1948 mit der reichen Rspr. des RG. Sie knüpft an die Abhandlung von Martin Wolff, Reichsverfassung und Eigentum, in der Festg. f. Kahl (1924) an. Vgl. auch württ.-bad. VGH 20. 5. 1950 und DOG 13. 4. 1950. Die Auffassung des RG wird neuerdings bekämpft, so von Weber, NJW 1950, 401 ff. Über den „zu Art. 153 RV entwickelten weiten Eigentumsbegriff" handeln auch die Urteile des Hamburgischen OVG vom 30. 6. 1950 und 16. 10. 1950 sowie OLG Hamburg 6. 12. 1950. Interessant die Ausführungen von Leverkuehn, Die Nationalisierung und das Privateigentum, Deutsche Landesref. zum III. Internat. Kongreß f. Rvgl (1950) 774 ff. Wie sehr die ganzen Fragen in Fluß sind, zeigt die Erörterung auf der 11. Tagung der Vereinigung der deutschen Staatsrechtslehrer am 18. und 19. 10. 1951 (JZ 1951, 763). Vgl. ferner Haas, Eigentum und Enteignung (MDR 1951, 650).

[14] Zwei Beispiele: OLG Braunschweig 3. 6. 1947 zur sächsischen, OLG Celle 4. 11. 1947 zur brandenburgischen Bodenreform.

[15] Als Beispiel sei nur das sog. Knäckebroturteil (OLG Hamburg 19. 7. 1948) genannt.

[16] Koeppel 101 ff. gibt einen ausführlichen Überblick über den Stand der Lehre und Rechtsprechung, namentlich zu Art. 3 I Code civil.

[17] IV 121 ff.: „Wenige Bezirke der juristischen Mythologie genießen eine gleich große Verehrung wie der Komplex Gebietshoheit."

[18] Man vergleiche die beweglichen Klagen von Aubry (Clunet 1900, 689 f.) über die Armut der Sprache im Verhältnis zu der Reichhaltigkeit der Probleme im IPR.

[19] De la notion de territorialité en droit international privé, Clunet 1900, 689 ff.; 1901, 253 ff., 643 ff.; 1902, 209 ff. Der im Text genannte Hinweis findet sich Jg. 1900, 694.

entweder auf den Sitz des Gerichts oder die Art der Anknüpfung beziehen könne. Wenn man von dem Vorherrschen der Territorialität im englischen Internationalen Privatrecht spricht, so meint man damit in erster Linie die Vorliebe des englischen Richters für die lex fori. Sie beruht zu einem Teil darauf, daß der angelsächsische Richter des common law in ganz anderem Maße als der des Kontinents zugleich Schöpfer des Rechts ist und ihm in dieser Funktion die Anwendung fremden Rechtes widerstrebt [20]. Bei den Anknüpfungen können die räumlichen Tatbestandselemente sehr verschiedener Art sein, wie wir schon verschiedentlich sahen: angeknüpft werden kann an Vertrags- und Erfüllungsort, an Wohnsitz des Betroffenen wie an den Begehungsort. Entscheidend ist nur der Gegensatz zu der Anknüpfung an ein nicht räumliches Tatbestandselement, die Staatsangehörigkeit. So steht das Territorialitätsprinzip innerhalb des Personalstatuts in dem bekannten Gegensatz zum Nationalitätsprinzip, indem es an das räumliche Tatbestandsmerkmal Wohnsitz oder gewöhnlicher Aufenthaltsort anknüpft [21]. Besondere Bedeutung hat der Gegensatz heute im Feindvermögensrecht gewonnen. „Das amerikanische Feindvermögensrecht des Trading with the Enemy Act ist grundsätzlich auf dem Territorialitätsprinzip begründet, wonach nur solche Personen als Feinde zu betrachten sind, die in feindlichen oder vom Feinde besetzten Gebieten wohnen." [22] Im Gegensatz zu diesem anglo-amerikanischen Feindbegriff im sog. formellen, zivilrechtlichen Sinn steht der anglo-amerikanische Feindbegriff im sog. materiellen, staatsrechtlichen Sinn, der dem kontinentaleuropäischen entspricht und sich am Nationalitätsprinzip orientiert [23].

Der Begriff der Territorialität der Anknüpfungen ist für die ganze Konzeption eines Kollisionsrechts von großer Bedeutung und ist der Hauptgrund für die völlig verschiedene Färbung, die z. B. die romanischen Kollisionsrechte gegenüber den angelsächsischen noch immer haben, obwohl im französischen Kollisionsrecht eine gewisse Hinneigung zur Territorialität [24], in der amerikanischen Lehre eine

---

[20] Nähere Begründung bei Ficker in RabelsZ 8 (1934) 440 ff.

[21] Zu diesen Fragen liegt jetzt eine gute, nicht veröffentlichte Heidelberger Dissertation vor: Hans Albert v. Becker, Nationalitätsprinzip und Domizilprinzip bei der Bildung überstaatlicher Kollisionsnormen (1948).

[22] Domke, Der Feindbegriff in der Behandlung deutschen Privateigentums in USA, 9. Beiheft zur DRZ (1949) 3 ff. auf S. 4 mit reicher amerikanischer Rspr. Vgl. ferner Rupp in RabelsZ 14 (1942) 227 ff. auf S. 256. Über den insoweit gleichfalls „territorial gefaßten" Feindbegriff des englischen Rechts vgl. Kegel-Rupp-Zweigert, Die Einwirkung des Krieges auf Verträge (1941) 302.

[23] Vgl. das Schlagwort „Territorialität" im Sachverzeichnis von Strupps Wörterbuch.

[24] Vgl. Niboyet in der Vorrede zu Bd. II der Travaux du Comité français de droit international privé (1935) und Louis-Lucas, L'impérieuse territorialité du droit, Rev. critique de droit international 30 (1935) 633 ff.

Lockerung der Territorialität schon seit 15—20 Jahren zu beobachten ist[25].

Aber mit dieser Auffassung ist der Inhalt des Begriffes der Territorialität noch nicht ausgeschöpft, ja einer seiner Wesenszüge, der ihn dem Komplex Gebietshoheit so stark nähert, kaum angedeutet. LEREBOURS-PIGEONNIERE beobachtet sehr fein, daß es dem realistischen Sinn der Angelsachsen entspreche, wenn sie dazu neigten, Gesetzgebungsbereich und Zwangsbereich des Staates möglichst zusammenfallen zu lassen, und daß sich hieraus — neben anderem — die Vorliebe der Engländer für die Territorialität erkläre[26]. Hier werden also Territorialität und Zwangsbereich in ähnliche unmittelbare Verbindung gebracht, wie wir es vorstehend bei der Darlegung über das Monopol des physischen Zwanges versuchten; es ist nur noch erforderlich, den Anknüpfungsbegriff zu nennen, der *diesem* Begriff von Territorialität am besten entspricht. Wie sich bei den Verwaltungsakten die Zwangsmaßnahme als besonders spezifischer Begriff herausgeschält hatte, so engt sich auch hier die Vielzahl der örtlichen Anknüpfungsbegriffe auf einen besonderen ein, der der Zwangsmaßnahme am meisten entgegenkommt. Es ist die Anknüpfung des Ortes des bestmöglichen Zugriffs[27]. Der bestmögliche Zugriff auf eine Sache ist aber immer noch dort, wo die Sache sich befindet. Die lex rei sitae ist es daher, die der Zwangsmaßnahme als Kollisionsstatut entspricht[28], und diese Anknüpfung ist es denn auch, an die man vor allem denkt, wenn man von der Territorialität der Zwangmaßnahmen spricht. Wie in dem Begriff des physischen Zwanges der Staat im letzten Kern seiner Existenz erfaßt wird, so ist auch hier das, was man unter Territorialität verstehen kann, seiner sublimen Verfeinerungen entkleidet und auf das reine Gebiet, in dem der physische Zwang angewendet werden kann, reduziert, also auf das, was das Reichsgericht in anderem Zusammenhang den „territorialen Herrschaftsbereich" nennt[29].

[25] Das ist besonders in der bekannten Kontroverse zwischen der Schule von Harvard und der von Yale hervorgetreten, wobei Harvard die konservative, Yale die fortschrittliche Richtung vertrat. Vgl. die Hinweise in Revue critique de droit international 31 (1936) 67 und 87.

[26] S. 224: „Le caractère utilitaire et réaliste des doctrines de la territorialité qui tendent à rapprocher la compétence législative des Etats et leur puissance de contrainte explique leur succès dans les pays anglo-saxons." Vgl. auch 4. Aufl. (1946) 33 f.

[27] NEUMEYER IV 137: „Der Ort der Sache unterwirft sie der Zwangsenteignung". Vgl. MASSOURIDIS, Revue Hellénique de droit international 3 (1950) 66.

[28] DÖLLE-ZWEIGERT, Kommentar zum Gesetz Nr. 52 (1947) 57: „... an welchem Ort ein Recht ... am sichersten erfaßt werden kann."

[29] RGZ 118, 81: „Nach internationalem Privatrecht hat, wenn mehrere Berechtigungen gleichzeitig in mehreren Staaten bestehen, die inländische Berechtigung

Dem entspricht es, daß die Sprache, wie so oft ein guter Wegweiser durch das Gestrüpp der Begriffe, in diesem Zusammenhang auch dort von „Belegenheit“ spricht, wo dies eigentlich mit der Natur des betroffenen Rechtes nicht vereinbar ist. Der Grundsatz von der Territorialität der Zwangsmaßnahmen ist der einzige Ort, an dem sich die Redewendung von der „Belegenheit einer Forderung“ gehalten hat[30]. Aus diesem objektbezogenen[31] Charakter des Grundsatzes ergibt sich auf der anderen Seite, daß sich alle an die Persönlichkeit als solche besonders intensiv gebundenen Rechte, die Persönlichkeitsrechte im eigentlichen Sinne, sowie überhaupt alle Rechte, die sich ihrem Wesen nach jeder Radizierung entziehen, den Zwangsmaßnahmen ausweichen, auch wenn die Persönlichkeit, der sie anhaften, den Schwerpunkt ihrer Tätigkeit im Gebiet des enteignenden Staates hat. Eine Feststellung, die man nicht allzu sehr pressen darf[32], die aber zur Lösung mancher Streitfrage in Einzelpunkten beitragen kann.

Eine andere Erwägung deutet in die gleiche Richtung. „Es gibt wohl ein Gesamtstatut für die Nachfolge kraft Erbrechts, nicht aber ein solches für die Nachfolge kraft Konfiskation“, sagt Raape[33] in einer seiner einprägsamen Formulierungen. Der Grund hierfür liegt darin, daß zwar der Begriff des Nachlasses und der des Vermögens (in § 419 BGB) subjektbezogen sind: nur in der Hand des Inhabers bilden sie eine auch juristisch brauchbare Einheit; der Begriff der Enteignung geht aber vom Objekt aus[34]. Kollisionsrechtlich, und

---

niemals der ausländischen im Inland zu weichen, vielmehr gelten beide Berechtigungen in ihrem territorialen Herrschaftsbereich.“ Die Entscheidung behandelt Rechte aus Warenzeichen.

[30] Man vgl. etwa OGH 31. 3. 1949 — I 169/48 —; LG Kassel 6. 4. 1948; auch RGZ 107, 44 („. . daß eine Forderung sich dort *befindet,* wo der Schuldner seinen Wohnsitz hat“). Das Bild vom „Sitz“ der Forderung geht hingegen auf den Savignyschen „Sitz des Rechtsverhältnisses“ zurück (System VIII, 28).

[31] LG Göttingen 14. 10. 1947 sagt zutreffend: „Als allgemeiner Gesichtspunkt ist der Grundsatz festzustellen, daß sich diese Eingriffe . . . nur gegen deutsche Vermögens- und Sachwerte, nicht aber auch gegen die deutschen Personenträger selbst richten. Dieser Grundgedanke ergibt sich aus dem Zweck . . .“

[32] Das LG Göttingen (14. 10. 1947) unterscheidet sehr pointiert zwischen der „Vermögenssphäre“ und der „Persönlichkeitssphäre“. Gegen den Ausdruck „Vermögenssphäre“ ist wegen eines möglichen Trugschlusses auf ein „Vermögensstatut“ Vorsicht am Platze. Hierin ist daher den zweifelnden Worten des AG Hamburg (11. 2. 1948) recht zu geben. Daß die Scheidung aber an den Kern der Schwierigkeiten greift, ist sicher. Eine Übersicht über die Rspr. zu der Frage gibt Beuck, NJW 1947/48, 484—486.

[33] 2. Aufl. 313.

[34] OLG Braunschweig 10. 8. 1948: „Die Ansicht, daß das Vermögen einen Rechtskomplex darstellt, der von der Beschlagnahme und Enteignung einheitlich erfaßt sei, . . . ist unhaltbar. Das Vermögen setzt sich stets aus einer Mehrheit von Rechten und Gegenständen zusammen und stellt keinen einheitlichen Rechtsbegriff dar.“ Der letzte Satz ist nicht völlig, aber für den Bereich des Enteignungsrechts, soweit die Enteignung nicht auf Grund des Strafrechts er-

zwar auf die Anknüpfungsmomente gewendet, bedeutet dies nicht nur die ausschließliche Anwendung lokaler Anknüpfungen, auch im Internationalen Kollisionsrecht, sondern noch enger den vorwiegenden Gebrauch des rein objektiven unter diesen Anknüpfungsmomenten, eben den der Belegenheit der Sache oder des Rechts [35].

Gesetze, die territoriale Zwangsmaßnahmen anordnen, und Gesetze mit ordre-public-Charakter haben vieles gemeinsam [36]. Beiden ist die Gleichgültigkeit gegenüber den Anknüpfungen des Internationalen Privatrechts eigen; sie finden auch dann Anwendung, wenn nach Internationalem Privatrecht ein anderes Recht zum Zuge käme. Während jedoch die territoriale Zwangsmaßnahme grundsätzlich nur mit einer Anknüpfung — der der lex rei sitae in ihren verschiedenen Spielarten — arbeitet, verwenden die ordre-public-Gesetze die Anknüpfungen örtlicher Natur alternativ [37]. Sie heischen sowohl Anwendung, wenn die betroffene Person im räumlichen Geltungsgebiet des Gesetzes ihren Wohnsitz hat, wie auch, wenn der Gegenstand dort belegen ist, wenn der Rechtsvorgang sich ganz oder nur teilweise dort abgespielt hat oder wenn in dem Gebiet sich alle oder auch nur einige seiner Wirkungen äußern [38].

---

folgt, zutreffend. Als Strafmaßnahme ist die Vermögenskonfiskation schon im römischen Recht als Universalsukzession behandelt worden; ihm ist das franz. Recht gefolgt; Nachweise bei NEUMEYER, Rhein.Z 11 (1921/22) 22. Auch sie ist jedoch streng auf das Inland beschränkt.

[35] Ähnlich BEITZKE 106: „Es scheint, daß die Territorialhoheit über die Sachen die Personalhoheit über den Eigentümer überwiegt, zumal der Staat, auf dessen Gebiet die Enteignungsobjekte sich befinden, ja die tatsächliche Macht hat, die Durchführung der von einem anderen Staate verfügten Enteignung zu verhindern."

[36] Über den Ausdruck lois d'ordre public und seine Einteilung in lois d'ordre public interne und international vgl. BARTIN, Principes de droit international privé I (1930) 245 ff., 250 und GUTZWILLER 118. Er wird hier nur unter dem Gesichtspunkt der Anknüpfung verwandt. Die Abgrenzungen zwischen loi de police (vgl. oben S. 74 N. 29), loi politique (ebd. N. 30) und loi d'ordre public sind durchweg strittig, da sie von den verschiedenen Auffassungen der Autoren und der Gerichte über die Grundfragen des Kollisionsrechts, namentlich über die Territorialität, abhängen (s. oben S. 89 ff.). Ein neueres Beispiel für ein Gesetz mit ordre-public-Charakter bietet das MRG Nr. 52; vgl. DÖLLE-ZWEIGERT, Kommentar zum Gesetz Nr. 52 (1947) 29, wo auch der Ausdruck gebraucht wird (s. auch die übernächste Note).

[37] Es genügt „jede inländische Beziehung", um die Anwendung derartiger Gesetze zu rechtfertigen; vgl. GUTZWILLER 75 (zur deutschen Devisengesetzgebung). NEUMEYER IV 120 nimmt an, daß eine derartige Häufung der Anknüpfungen eine Eigenheit des öffentlichen Rechts sei; dies mag sein. Sie wirkt sich jedoch, wie die neuesten Beispiele zeigen, gerade auf Rechtsverhältnisse des Privatrechts aus. Wie weit auswärtige Staaten diese Häufung der Anknüpfungsmomente anerkennen, ist eine andere Frage.

[38] So für das MRG Nr. 52 DÖLLE-ZWEIGERT, Kommentar zum Gesetz Nr. 52 (1947) 29. Im Gegensatz hierzu stehen Gesetze, bei denen die Häufung der lokalen Tatumstände Voraussetzung der Anwendung ist; so namentlich bei Gesetzen, auf Grund derer soziale Leistungen erfolgen. Vgl. z. B. Durchf.Best. zu §§ 3, 4

2. Extraterritoriale Wirkungen des Satzes

a) Der Sachverhalt

Man hat den Satz, daß konfiskatorische Maßnahmen streng territorial sind, auch dahin definiert: „Ihre Wirkung endet an der Grenze des Landes, von dem sie ausgegangen sind, selbst wenn die Absicht dahin geht, ihnen eine weiter reichende Wirkung beizulegen." [39] In dieser Allgemeinheit ist der Satz jedoch nicht zutreffend. Ein Beispiel: Werden Maschinen eines in der Ostzone belegenen Unternehmens, die sich schon vor der Enteignung in diesem Unternehmen befanden, nach der Enteignung von dem neuen Inhaber des Betriebes in den Westzonen verkauft, so nimmt das Oberlandesgericht Hamburg an, daß der Käufer vom Berechtigten, nicht vom Unberechtigten erwirbt [40]. Es geht also davon aus, daß der aus der Enteignung Berechtigte auch vor dem westdeutschen Forum Rechte erworben hat. Mit Recht sagt auch das Oberlandesgericht Braunschweig zunächst ähnlich wie die oben wiedergegebene Formulierung: „Die Enteignung im Zuge der sächsischen Bodenreform vermag ... über die politischen Grenzen des Landes Sachsen nicht hinauszuwirken", fügt aber hinzu: „Jenseits dieser Grenzen ist sie, soweit sie innerhalb Sachsens Rechtswirkungen gehabt hat, als Rechtstatsache zu beachten." [41] Verweilen wir hier einen Augenblick, um das Terrain nach drei Seiten etwas näher abzustecken. Die konfiskatorische Maßnahme kann sich in die mannigfaltigsten Formen kleiden; jede dieser Formen kann als „Rechtstatsache" die verschiedensten Kausalketten auslösen. Die „Wirkungen" konfiskatorischer Maßnahmen lassen sich daher nicht allgemein beschreiben. So kann das Leistungsverbot zu einem Unvermögen des Schuldners und damit zu seiner Befreiung führen [42]. Die Enteignung ist nur die sichtbarste dieser „Rechtstatsachen", die Beachtung des Eigentumswechsels die deutlichste ihrer Folgen. — Sodann ist hier der Punkt, wo sich die Vorbehaltsklausel und der Grundsatz von der Territorialität der Zwangsmaßnahmen in ihren Wirkungen trennen, und wir

---

und 11 der VO v. 13. 10. 1950 über den Mutter- und Kinderschutz und die Rechte der Frau v. 13. 12. 1951 (VBl Groß-Berlin-Ost 551), § 1 I: „Die (Beihilfen) werden nur Müttern gewährt, die ihren Wohnsitz *und* dauernden Aufenthalt in dem demokratischen Sektor von Groß-Berlin haben." Aus ganz anderen Gründen schlägt RAAPE (NJW 1951, 458) vor, die beiden lokalen Tatumstände zu kumulieren (s. oben S. 9 N. 23).

[39] OGH 31. 3. 1949 — I 169/48 —.

[40] OLG Hamburg 8. 5. 1951 unter ausdrücklicher Ablehnung von OLG Nürnberg 19. 9. 1949, welches den ordre public heranzog.

[41] OLG Braunschweig 3. 6. 1947. Ähnlich in der Formulierung das Urteil desselben Gerichts vom 22. 3. 1949, Sperrmaßnahmen betreffend.

[42] Beispiel von DÖLLE 177.

das, was zu Eingang dieses Teiles gesagt wurde [43], wieder aufnehmen und ergänzen müssen. Die Anwendung der Vorbehaltsklausel auf den eben skizzierten Fall hätte dahin geführt, den Eigentumswechsel auf Grund des Enteignungsgesetzes für nichtig zu erachten, den früheren Eigentümer weiterhin als Eigentümer zu behandeln [44]. Die Anwendung des Territorialitätsgrundsatzes erkennt jedoch den Eigentumswechsel als solchen an, vorausgesetzt nur, daß er sich in den von ihm vorgeschriebenen territorialen Grenzen vollzog [45]. Ein Gegenbeispiel zu dem oben skizzierten Fall mag dies deutlich machen: Befanden sich die Warenbestände im Zeitpunkte der Enteignung nicht auf dem Territorium des enteignenden Staates, so unterfallen sie nicht der Enteignung. Eigentümer bliebe nach Interlokalem Privat- und Verwaltungsrecht der bisher Berechtigte [46]. Daß die örtliche Komponente Bestandteil des Grundsatzes ist, liegt auf der Hand und ergibt sich schon aus seiner Bezeichnung. Das Beispiel lehrt jedoch weiter, daß der Territorialitätsgrundsatz einer Ergänzung nach der zeitlichen Seite bedarf.

Diese „zeitliche Lage“ [47] muß berücksichtigt werden. Auch eine so allgemein gehaltene Kollisionsnorm wie der Satz von der Territorialität der Zwangsmaßnahmen kann Angaben darüber nicht entbehren, welcher Zeitpunkt maßgebend ist. Der Grundsatz selbst kann den Zeitfaktor natürlich nur in allgemeiner Form enthalten; so wird man angesichts der Tatsache, daß er einem „penal law“ zumindest nahesteht, annehmen können, daß er die Rückwirkung verbiete [48]. Die Durchführung des Grundsatzes im einzelnen muß konkrete Zeitangaben nennen, die durchaus nicht selbstverständlich sind. So kann der Zeitpunkt des Inkrafttretens des Enteignungsgesetzes ebensogut

[43] S. oben S. 63 f.; ferner Beitzke 108.

[44] Dies taten z. B. für Enteignungen auf Grund der russischen Nationalisierungsdekrete der franz. Kassationshof (5. 3. 1928, Fall Ropit, RDIP 24 [1929] 288 mit ausführlicher, zustimmender Bemerkung von Niboyet) und das Trib. civil de la Seine (12. 12. 1923, Clunet 1924, 133); der im zweiten Urteil behandelte Fall (Warenlager in Rußland) zeigt sehr deutlich den Unterschied zwischen den Wirkungen der Vorbehaltsklausel und des Satzes von der Territorialität der Zwangsmaßnahmen. Weitere franz. Rspr. bei Schnitzer I 215. In Deutschland war die Anwendung der Vorbehaltsklausel in dieser Frage durch Art. II des Rapallovertrages vom 16. 4. 1922 (RGBl II 677) ausgeschlossen; vgl. vor allem RGZ 129, 101 f.; ferner AG Berlin-Schöneberg 5. 11. 1928; weitere Belege bei Raape 428 N. 3. Zu der Frage der Anwendung der Vorbehaltsklausel bei diesen Fällen im allgemeinen Beitzke 108 f. Im Interlokalen Recht kommen das mehrfach erwähnte Urteil des OLG Nürnberg vom 19. 9. 1949 sowie das Urteil des KG (West) vom 15. 12. 1950 zu dem oben S. 59 N. 23 skizzierten Ergebnis.

[45] Dies verkennt AG Waiblingen 26. 6. 1948. Da die Entscheidung aber auf dem ordre public ruht, war dies für das Ergebnis gleichgültig. Zutreffend behandelt beide Institutionen, die Territorialität bejahend, den ordre public verneinend, LG Köln 19. 4. 1948.

[46] Hierzu Martin Wolff 151.

[47] Neuner in RabelsZ 8 (1934) 89.

[48] Vgl. Ballerstedt, SJZ 1949, 410.

der maßgebende Zeitpunkt sein wie das Datum der auf diesem Gesetz beruhenden Verwaltungsmaßnahme [49]. Dabei bedarf gerade die rein territoriale Anknüpfung der Sachbelegenheit mehr der zeitlichen Ergänzung wie etwa die des gewöhnlichen Aufenthaltes oder gar der Staatsangehörigkeit. So muß — und dies gilt nicht nur bei Zwangsmaßnahmen gegenüber Eigentümern beweglicher Sachen, sondern auch bei Maßnahmen gegenüber Inhabern von Rechten — die zeitliche Komponente stets im Auge behalten werden.

b) Territorialitätsgrundsatz und Schutz erworbener Rechte im Kollisionsrecht

Bleiben wir bei dem Beispiel der beweglichen Sache, die sich im Zeitpunkt des umgestaltenden Rechtsaktes im Enteignungslande befand. Ist ihr einmal der Stempel der Enteignung aufgedrückt, so behält sie ihn auch, wenn sie das enteignende Land verläßt. Man mag dies die „Beachtung einer Rechtstatsache" nennen [50], wobei zweifelhaft ist, ob diese Rechtstatsache der Eigentumswechsel als solcher oder die neu geschaffene, auf ihm beruhende rechtliche Situation ist. Viel ist mit dieser Vokabel nicht gewonnen. Es läßt sich schwer bestreiten, daß die Tatsache, daß der enteignende Staat das enteignete Bild im Ausland nunmehr als sein Eigentum versteigert, daß der aus der Enteignung in der Ostzone Berechtigte die Tuchcoupons der enteigneten Firma in den Westzonen als sein Eigentum verkauft, eine „Wirkung" der Enteignung ist. Ein Liebhaber paradoxer Formulierungen kann hier von extraterritorialen Wirkungen territorialer Zwangsmaßnahmen sprechen [51]. Wichtiger ist es, diese auffallende Erscheinung dogmatisch einzugliedern [52]. Es ist, um es mit

---

[49] Die Frage ist behandelt und in dem ersten Sinne entschieden in dem Urteil des Berufungsgerichtes Poitiers vom 20. 12. 1937 (Fall des spanischen Schiffes Itxas-Zuri, auszugsweise wiedergegeben in Z auslöRuVR 9 [1939/40] 376).

[50] Vgl. die (nicht speziell diesen Tatbestand betreffende) Entscheidung des OLG Braunschweig vom 3. 6. 1947, oben S. 94 bei N. 41.

[51] Natürlich nur, soweit die Zwangsmaßnahmen sich in dem später genauer zu umreißenden territorialen Rahmen halten. SCHINDLER (Schweiz. Jb. für internat. Recht 3 [1946] 65 ff.) verneint daher die von ihm gestellte Frage „Besitzen konfiskatorische Gesetze außerterritoriale Wirkungen?" mit Recht, da er unter diesen Wirkungen die Anwendung des konfiskatorischen Gesetzes auf außerhalb des territorialen Bereichs gelegene Vermögensgegenstände versteht. Es handelte sich in concreto um die Anwendbarkeit des KRG Nr. 5 in der Schweiz. Vgl. auch Bezirksgericht Zürich 26. 8. 1949 (NJW 1950, 519). Das Abkommen Schweiz-USA über deutsches Vermögen vom 25. 5. 1946 (GRUR 50 [1948] 46) sieht SCHINDLER als politischen Ausnahmefall an, der „keine rechtschaffende Bedeutung besitzt" (S. 68). Vgl. AUBIN, 5. Beiheft zur DRZ (1948) 34. Eine ähnliche Problemstellung wie im Text bei DE LA PRADELLE in seiner Anmerkung zum Falle Mydol (nach ZWEIGERT in RabelsZ 11 [1937] 942); RIEZLER 16 spricht hier von „räumlicher Überwirkung eines Anspruches im Ausland".

[52] REINHOLD RICHTER, Delegierter Deutschlands auf der Versailler Konferenz und langjähriger Leiter der Abteilung für Internationales Recht im Reichsjustiz-

einem Satz zu sagen, der Schutz der erworbenen Rechte im Kollisionsrecht, der hier den Grundsatz von der Territorialität der Zwangsmaßnahmen überwindet, durchdringt, ergänzt oder mit welchem Bilde auch immer man sich dieses Ineinanderspielen zweier tragender Prinzipien verdeutlichen will.

Man vergißt ja zu leicht, daß dem Kollisionsrecht neben seiner Hauptaufgabe, das jeweils anwendbare Recht zu bezeichnen, eine zweite Funktion zukommt: „... zugleich zu bestimmen, inwieweit der Wirksamkeit eines anderen Staates rechtlicher Einfluß auf die Wirksamkeit des eigenen Staates gewährt werden kann“.[53] Auch diese Aufgabe ist eine kollisionsrechtliche[54]. Viel mehr Allgemeines als die Feststellung des Grundsatzes läßt sich dazu nicht sagen. Daß die Wirkungen je nach der Form, in welche die Zwangsmaßnahme sich kleidet, die verschiedenartigsten sein können, wurde schon angedeutet. Ihre Analysierung im einzelnen wird, wenn nicht alles täuscht, bei der rechtlichen Durchführung der Friedensverträge oder der Instrumente, die an ihre Stelle treten, mindestens die gleiche Rolle spielen, die sie bei der Durcharbeitung der Auswirkungen des Versailler Vertrages innehatte; der Name von JOSEF PARTSCH ist mit der niemals genügend gewürdigten großen Arbeit, die hier geleistet wurde, unlösbar verknüpft[55]. Oft wird hier von der „Anerkennung“ der Zwangsmaßnahme des anderen Staates gesprochen[56] [57]. So sagt

---

ministerium, machte mich bei Gesprächen über Zwangsmaßnahmen auf Grund der Pariser Vorortverträge im Jahre 1928 erstmalig auf diese Zusammenhänge aufmerksam. RICHTER, einer der bedeutendsten Kenner des Internationalen Rechts wie des See- und Luftrechts, die es zwischen den Kriegen gab, hat leider niemals eine Zeile veröffentlicht.

[53] NEUMEYER in STRUPPS Wörterbuch I 567.

[54] Vgl. LEREBOURS-PIGEONNIERE 3, unter „Respect des droits acquis“: „Toutefois elles restent dans le domaine du conflit des lois.“

[55] Vgl. den Nachruf von MARTIN WOLFF, Auslandsrecht 6 (1925) 129 ff.

[56] Über die — losen — Zusammenhänge dieser Art der „Anerkennung“ und der Anerkennung des Staates, der den in Frage kommenden Zwangsakt gesetzt hat, vgl. BEITZKE 95 N. 7, und 105 ff.; NIBOYET, RDIP 24 (1929) 294 ff. Einzelheiten sind sehr strittig; Rspr. und Schrifttum bei WENGLER, NJW 1951, 49. WENGLER selbst rückt die Fragen sehr viel näher zusammen; s. oben S. 9. Die englische Rspr. (aaO 50 N. 7) neigt dazu, die Auswirkungen der Gesetze von nur de facto anerkannten Regierungen auf den „territorial effect“ zurückzudämmen und ihnen den „extraterritorial effect“ zu verweigern: eine Parallelerscheinung zu der Einschränkung der Zwangsmaßnahmen auf die Territorialität.

[57] Geht die Zwangsmaßnahme von der Besatzungsmacht aus, so taucht die weitere, hier nicht näher zu erörternde Frage auf, „ob eine Anerkennung der von den Besatzungsmächten für diese Eingriffe in Anspruch genommenen Rechtsfolgen mit der ‚öffentlichen Ordnung‘ des dritten Staates vereinbar ist, dessen Behörden im Einzelfall darüber zu entscheiden haben“ (so DÖLLE 174). Nach der bekannten Ansicht von SAUSER-HALL, L’occupation de l’Allemagne par les Puissances Alliées (Schweiz. Jb. f. internat. Recht 3 [1946] 9 ff.) werden solche Maßnahmen nur dann anerkannt, wenn sie im Interesse der Bevölkerung des besetzten Gebietes liegen (S. 62 unter 5).

gerade zu der hier erörterten Frage der Auswirkungen einer Enteignung etwa das Landgericht Mannheim[58]: „Die in Thüringen, wo sich der Sitz der Aktiengesellschaft befand, verfügte ‚Übergabe' der Gesellschaft an den Staat, die nach Sinn und Zweck dieser Verfügung die Enteignung des Vermögens der Aktiengesellschaft und die Entziehung ihrer Rechtsfähigkeit in sich begreift, muß auch in anderen Staatsgebieten anerkannt werden."

Werfen wir zunächst einen Blick auf das Internationale Verwaltungsrecht, das auf reichere Erfahrungen zurückblickt als das Interlokale Verwaltungsrecht. Es soll hier nicht auf die in ihren Grundlagen noch nicht ausreichend geklärte Lehre von der Anerkennung fremder Staatsakte eingegangen werden[59]. Die Redewendung ist ja in § 328 ZPO in die deutsche Gesetzessprache aufgenommen und diese Vorschrift in reichem Maße kommentiert worden[60]. Hier interessiert nur, daß der Wortlaut der Bestimmung die Anerkennung ausländischer Urteile als Regel stillschweigend voraussetzt und nur die Ausnahmefälle im einzelnen aufzählt. Ganz ähnlich ist es bei der „Anerkennung" sonstiger Staatsakte wie namentlich der Gesetze. Auch hier ist die Anerkennung der im Rahmen der internationalen Zuständigkeit ergangenen Akte die Regel, die Nichtanerkennung durch Anwendung der Vorbehaltsklausel oder ähnlicher Schutzbestimmungen die seltene Ausnahme. Die „Anerkennung" der Akte eines fremden Staates fließt unmittelbar aus zwei Maximen des Völkerrechts, nämlich aus der Gleichberechtigung der Staaten und der Erwartung der Gegenseitigkeit, hat also trotz aller Verschiedenheiten eine bemerkenswert ähnliche Fundierung wie der Grundsatz von der Territorialität der Zwangsmaßnahmen.

Jedoch klagt Neumeyer[61] nicht zu Unrecht über den „verwilderten Sprachgebrauch" hinsichtlich des Wortes „Anerkennung". Nicht nur, daß es vieldeutig ist. Gerade hier, im Zusammenhang mit dem Territorialitätsgrundsatz, sollte man nicht vergessen, daß manche Staaten und viele Völkerrechtler die entschädigungslose Enteignung von Ausländern als völkerrechtswidrig ansehen[62]; auch die entschä-

---

[58] LG Mannheim 11. 2. 1948.

[59] Vgl. hierüber Neumeyer IV 295 ff., 477 ff.; Schwarz, Die Anerkennung ausländischer Staatsakte (1935); Fedozzi 163 ff.; Riezler 29.

[60] Rechtsvergleichend wird die Anerkennung ausländischer Urteile erörtert von Henry de Cock, Effets et exécutions des jugements étrangers, Recueil des Cours 10 (1925 V) 435.

[61] IV 295.

[62] Ältere Literatur bei Marburg, Enteignung und Völkerrecht, in Strupps Wörterbuch III 819 ff. Weiteres Schrifttum bei Beitzke 96 N. 11; ferner Herz, Expropriation of Foreign Property (1941) 243; Giese, MDR 1950, 132. Von internationaler Rspr. ist vor allem das Urteil Nr. 7 des Ständigen Haager Internationalen Gerichtshofs vom 25. 5. 1926 (Chorzów-Fall) zu vergleichen.

digungslose Enteignung von Inländern wird in vielen Staaten, wie schon die Bezeichnungen „penal law“ und „loi politique“ zeigen, nicht als vorbildlich betrachtet und würde von diesen durch eigenes Gesetz niemals angeordnet werden [63]. Diese Staaten nehmen die entschädigungslose Enteignung durch einen anderen Staat, soweit sie in dessen territorialem Bereich erfolgte, und also auch die Rechtsfolgen, die sich aus ihr ergeben, aus Respekt vor der Staatsnatur des anderen hin [64], sie lassen sie gelten [65], sie respektieren sie [66], sie nehmen sie in Kauf [67], sie finden sich mit ihr ab. Das sind vielleicht die Ausdrücke in der weiten Skala zwischen Anwendung der Vorbehaltsklausel und positiv gefärbter Anerkennung des fremden Staatsaktes, welche die Nuance am besten treffen. Es ist bemerkenswert, daß die gerade in der Sprache des internationalen Rechts so disziplinierte

---

Die Frage, ob eine Enteignung als völkerrechtswidrig erachtet wird, wird mit der, ob die Vorbehaltsklausel zur Anwendung komme, nicht begriffsnotwendig verbunden. Diese wird auch in Fällen angewandt, in denen die Völkerrechtswidrigkeit verneint oder offen gelassen wird. Umgekehrt wird auch in Fällen, in denen die entschädigungslose Enteignung als nicht mit dem Völkerrecht vereinbar angesehen wird, die Gültigkeit der Enteignung und ihre auch extraterritoriale Auswirkung auf die Privatrechtsverhältnisse mitunter nicht bestritten. Vgl. Beitzke 95—97; völkerrechtliche Praxis ebd. 97 N. 12. Beitzke 93 stellt also mit Recht fest: „Auch insoweit sind die privatrechtlichen Enteignungsfolgen vom Völkerrecht unabhängig.“

[63] Diesen auch heute noch lebendigen Vorstellungen wird Petersen 129 f. nicht gerecht und verwischt damit den Charakter der konfiskatorischen Gesetze als Ausnahmegesetze. Man darf nicht vergessen, daß in der Geschichte der Grundrechte Freiheit und Eigentum weitgehend nebeneinander genannt werden. So hat die Schweiz auch in dem Bundesgesetz über die Enteignung vom 20. 6. 1930 „natürlich an dem Grundsatze des schweizerischen Enteignungsrechts festgehalten, daß die Enteignung nur gegen volle Entschädigung stattfinden darf“ (so Haab in RabelsZ 5 [1931] 649); es erscheint als evident, so erklärt das Bezirksgericht Zürich (26. 8. 1949, NJW 1950, 519), daß eine solche Enteignung ohne Entschädigung (es handelt sich um das Vermögen der IG) den Grundsätzen des schweizerischen Rechtes widerspricht. Und die Verhandlungen zwischen der Schweiz und den Vereinigten Staaten über das Washingtoner Abkommen über die Liquidierung deutscher Auslandsvermögen zogen sich deshalb so lange hin, weil „die Schweiz auf voller Entschädigung der enteigneten Deutschen in ihrer Landeswährung besteht“ (Frankf. Allg. Ztg. vom 27. 3. 1951). Der Badische Staatsgerichtshof hat in seinem Urteil vom 15. 1. 1949 die naturrechtliche Grundlage des Satzes, daß Enteignungen nur auf gesetzlicher Grundlage gegen gerechte Entschädigung vorgenommen werden dürfen, stark betont.

[64] Rheinstein 308: „Bei der Anerkennung wird die materielle Rechtslage im Inland so anerkannt, so hingenommen, wie der ausländische Staat sie gestaltet hat ...“ Es ist kennzeichnend, daß das mit entsprechenden Fragen auf interlokalrechtlichem Gebiet besonders viel befaßte OLG Braunschweig den gleichen Ausdruck wiederholt gebraucht. Es sagt in seinem Urteil vom 23. 3. 1948: „In seinem Urteil vom 3. 6. 1947 hat der Senat ausgesprochen, daß die in der Ostzone getroffenen Enteignungsmaßnahmen zwar als Rechtstatsachen hinzunehmen seien ...“ Ähnlich LG Hamburg 10. 6. 1947: „Das Gericht muß diese Enteignungskraft als gegebene Tatsache hinnehmen.“ Ebenso Friedrich, SJZ 1948, 25 und OLG Hamburg 8. 5. 1951.

[65] So Benkard, DRZ 1948, 128.

[66] So Dölle 175. [67] LG Köln 19. 4. 1948.

französische Rechtslehre zwar von der reconnaissance des sociétés étrangères spricht, aber vom respect des droits acquis [68]. Im Respektieren liegt nicht, daß man eine Handlung innerlich zur eigenen macht, wie das bei der Anerkennung der Fall ist [69].

Im deutschen Interlokalen Verwaltungsrecht ist die Konstruktion der Behandlung entscheidungsloser Enteignungen die gleiche, die Begriffe sind aber doch wesentlich anders getönt. Hier handelt es sich nicht um die „Anerkennung" der Akte eines fremden Staates, sondern um die Art der Behandlung der Akte eines anderen deutschen Landes. Urteile aus einem anderen deutschen Lande, gleichgültig welcher Zone, werden in Deutschland vollstreckt, ohne daß die Frage einer Anerkennung auch nur zur Erörterung käme: § 328 ZPO kommt nur im Internationalen, nicht im Interzonalen Zivilprozeßrecht zum Zuge [70], schon nach dem Wortlaut deshalb, weil die Bestimmung nur von „ausländischen" Urteilen spricht. Auch bei Verwaltungsakten eines anderen Landes ist irgendwelche Anerkennung nicht vonnöten; die Prüfung des Verwaltungsaktes vollzieht sich, wenn der Ausdruck erlaubt ist, auf einer tieferen Stufe. Die Respektierung der Rechtsfolgen einer Zwangsmaßnahme beruht hier nicht auf Völkerrecht, sondern auf der Bejahung des Schutzes erworbener Rechte durch Reichsrecht [71]. Auf dieser Grundlage kann ein deutsches Gericht zu der Hinnahme der Rechtsfolgen der Zwangsmaßnahmen außerhalb des enteignenden Landes, falls es nicht zu dem Ausnahmemittel der Vorbehaltsklausel greifen will, nicht nein sagen [72]. Das ergibt sich schon daraus, daß das Recht des

---

[68] Die Frage geht über das terminologische Interesse deshalb weit hinaus, weil der respect des droits acquis noch zum Kollisionsrecht, die reconnaissance des sociétés étrangères aber wohl schon zum Rechtsgeltungsrecht gehört. Zu der Verschiedenheit der Problemstellung besonders RIEZLER 24 f. Der Unterschied wird bei der Erörterung des Firmen- und Warenzeichenrechts nochmals gestreift werden (unten S. 130 f., 136 f.).

[69] NEUMEYER IV 295: „Anerkennung ist Zustimmung zu der Aussage eines Anderen." — Besonders interessant OLG Braunschweig 4. 11. 1947, weil es den Ausdruck „Anerkennung" gerade in negativem Zusammenhang verwendet: „Hierbei war besonders zu berücksichtigen, daß die wirtschaftspolitische Auffassung, die in der russischen Sperrmaßnahme Ausdruck gefunden hat, in der britischen Zone keine Anerkennung gefunden hat."

[70] Vgl. DÖLLE 177; RIEZLER, SJZ 1947, 238.

[71] Bei dem Eingreifen von Besatzungsrecht spielen jedoch völkerrechtliche Erwägungen herein. Ein sehr deutliches Spiegelbild der rechtlichen Situation und der durch sie ausgelösten Gedanken und Gefühle geben folgende Sätze des LG Lübeck (7. 7. 1947): „Die Bestimmung, daß die bis zum 9. 9. 1945 entstandenen Verbindlichkeiten erlöschen, kann kaum mit den rechtsstaatlichen Grundsätzen der britischen Zone in Einklang gebracht werden. Diese Frage ist aber nicht von den Gerichten zu beurteilen, da sie zugleich eine politische Frage des Verhältnisses der Besatzungsregierungen zueinander ist."

[72] So stellt LG Köln 19. 4. 1948 fest, daß ein vom Berliner Magistrat erlassenes gesetzliches Leistungsverbot (VO vom 12. 11. 1945) „auch in der britischen Zone nicht umgangen werden" darf.

Gesamtstaates den Ländern die Achtung vor der Eigenständigkeit der anderen Länder im Rahmen ihrer Zuständigkeiten geboten hat. Im Gegensatz zum Internationalen Verwaltungsrecht spielt sich auch hier im Interlokalen Verwaltungsrecht alles im Rahmen des Rechtes des Gesamtstaates ab. Dies gilt sogar dann, wenn dieses den Gesamtstaat überdauert haben sollte [73].

Kapitel VI

EINWIRKUNGEN AUF DIE VERMÖGENSTEILE

Der Grundsatz der Territorialität als solcher zieht noch keinen hinreichend klaren Trennungsstrich zwischen den der Zwangsmaßnahme eines Staates unterworfenen und den ihr nicht unterworfenen Gegenständen. Da es weder nach ihm noch nach anderen kollisionsrechtlichen Sätzen ein Gesamtstatut für die Konfiskation und damit einen einheitlichen Anknüpfungsbegriff für sie gibt, bedarf es der Untersuchung des einzelnen Rechtes darauf, wann es der Enteignung unterfällt, wann nicht, einer Untersuchung, die sehr schwierig sein kann, da die Enteignungsgesetze, wie wir sahen, für den Enteignungsgegenstand nicht termini rechtlicher, sondern wirtschaftlicher Art verwenden [1]. Diese Untersuchung liegt in erster Linie bei dem Verwaltungsbeamten des enteignenden Landes, der die Enteignung durchzuführen hat [2], dann jedoch beim Richter, der über die Rechtmäßigkeit der von jenem getroffenen Zuordnung im Zweifelsfalle entscheiden muß. Auch in diesem Hintereinander von Verwaltungsbeamtem und Richter liegt ja ein Unterschied zwischen Kollisionsverwaltungs- und Kollisionsprivatrecht; in diesem hat der Richter in der Regel nicht über eine Vorabentscheidung zu befinden. Gerade in den Fällen der Ostenteignung ist es ferner nicht immer ganz klar, ob es sich bei der enteignenden Norm um eine Maßnahme des deutschen Landes handelt, die nach Interlokalem, oder um eine solche der Besatzungsmacht, die wohl nach Internationalem Verwaltungsrecht zu beurteilen ist. Die Begründung der Entscheidung ist mitunter eine verschiedene, das Ergebnis zumindest in den Aus-

[73] Über den „Jahrtausende alten Rechtssatz, daß das Recht den Staat überlebt", vgl. SCHÄTZEL, DRZ 1947, 245 und das Gutachten des Obersten Finanzgerichtshofs München vom 27. 2. 1946.

[1] Zum folgenden vor allem BEITZKE 99 ff.

[2] Nicht etwa ausschließlich, wie OLG Dresden 1. 7. 1948 zu Unrecht annimmt. Nach RGZ 130, 27 dürfen Übergriffe über die kollisionsrechtlich gezogenen Grenzen des Territorialitätsgrundsatzes von den deutschen Gerichten nicht als wirksam anerkannt werden.

wirkungen der Territorialität das gleiche [3]. Wir beschränken uns hier auf das Interlokale Recht.

1. Grundstücke

Bei der Vorherrschaft der lex rei sitae im Kollisionsrecht der Zwangsmaßnahmen ist es nie ernstlich zweifelhaft gewesen, wie dieses Kollisionsrecht bei der Enteignung von Grundstücken zu handhaben sei. Im Enteignungsland belegene Grundstücke können daher der Enteignung unterfallen, der Eigentümer mag wohnen, wo er will; außerhalb des enteignenden Landes belegene Grundstücke können von ihr nicht ergriffen werden, auch dann nicht, wenn der Eigentümer in dem enteignenden Lande seinen Sitz hat und sein dort belegenes Vermögen ohne Ausnahme der Enteignung verfällt [4].

2. Bewegliche Sachen

Bei Grundstücken tritt die zeitliche Komponente, die, wie wir sahen, auch dem Territorialitätsgrundsatz innewohnt [5], naturgemäß zurück und spielt nur hier und da — wie bei der Trennung wesentlicher Bestandteile — eine im Gesamtrahmen sekundäre Rolle. Anders, wie sich in anderem Zusammenhang bereits zeigte, bei *beweglichen Sachen*. Diese werden von der Enteignung erfaßt, wenn sie sich im kritischen Zeitpunkt auf dem Territorium des enteignenden Landes befanden, nicht erfaßt, wenn dies nicht zutrifft [6]. Im ersten Fall muß das Gericht eines anderen Landes den Eigentumserwerb

[3] Hierzu BEITZKE, NJW 1947/48, 556 und in Festschrift für Raape 105. Das Ergebnis kann in anderen Punkten verschieden sein; einen von ihnen behandelt REWOLDT, VR 1950, 40.

[4] RGZ 102, 251: Die Enteignung des Herzogs von Sachsen-Koburg und Gotha durch das Gebiet Gotha erfaßte nicht die in Preußen gelegenen Grundstücke des Herzogs (s. oben S. 79); OLG Bamberg 30. 1. 1948: Enteignung einer Aktiengesellschaft auf Grund thüringischen Rechts erfaßt nicht ein in Bayern gelegenes Grundstück. Internationale Parallele der Fall Potocki aus den 1870er Jahren: Nach der Entscheidung des Tribunal civil de la Seine (bei BEITZKE 103) umfaßte die russische Beschlagnahme nicht ein in Frankreich belegenes Grundstück des Grafen.

[5] S. oben S. 95.

[6] RAAPE[2] 390; vgl. auch DÖLLE 175 f.; PETERSEN 134 f.; WÜRDINGER, SJZ 1950, 83. Eine ganz andere Frage ist, ob die enteigneten beweglichen Sachen nicht in Anwendung des § 419 BGB für Schulden des alten Eigentümers haften; hierzu WÜRDINGER, aaO; BIERINGER, BB 1950, 926, der das Eigentum des Enteigneten nach Verbringung der Sache in enteignungsfreies Gebiet wieder aufleben läßt, unterstellt damit dem Territorialitätsgrundsatz ordre-public-Wirkungen. Wie oben OLG Hamburg 8. 5. 1951, das darauf hinweist, daß Weiterveräußerung der enteigneten Gegenstände im enteignenden Lande dem Nacherwerber eine „gefestigte Position" verleiht; der konkrete Fall lag allerdings anders (vgl. BLOMEYER, MDR 1950, 562). Wie oben auch die neuere englische Rspr. (Luther v. Sagor & Co, Court of Appeal 1921 bei SCOTT 61).

auf Grund Konfiskation gelten lassen, falls es nicht von der ultima ratio des ordre public Gebrauch machen will. Im zweiten Fall bleibt der alte Eigentümer auch dann Eigentümer, wenn der Gesetzgeber des enteignenden Landes die Enteignung auf Sachen erstrecken wollte, die außerhalb seines Gebietes belegen waren [7]. Ja, der Staat muß die Unwirksamkeit einer solchen Enteignung auch dann gegen sich gelten lassen, wenn diese Sachen nach dem Enteignungsakt in das enteignende Land gebracht werden. Nicht etwa erstreckt sich im Augenblick, wo sie die Grenze passieren, die Enteignung nachträglich auch auf sie. Will das enteignende Land sie erfassen, so muß es nachträglich eine neue Enteignungsmaßnahme treffen, sofern diese rechtlich zulässig ist. Auf den Wohnsitz oder die Staatsangehörigkeit des alten Eigentümers kommt es auch hier nicht an, der alte Grundsatz „mobilia ossibus inhaerent" ist hier also endgültig von der lex rei sitae aus dem Felde geschlagen [8]. Dagegen kann die Staatsangehörigkeit als Grundlage etwaiger völkerrechtlicher Schadensersatzansprüche von Bedeutung sein. Wieweit im enteignenden Lande befindliche Sachen von der Enteignung erfaßt werden, ist keine Frage kollisionsrechtlicher Natur, sondern ergibt sich aus der Sachnorm [9].

Im Internationalen Verwaltungsrecht sind diese Grundsätze vor allem an drei Gruppen von Gegenständen, nämlich Schiffen, Kunstwerken und Wertpapieren, entwickelt worden. An den Urteilen über *Schiffe* ist bemerkenswert, wie die Anknüpfung an das Recht der Flagge oder, wenn man lieber will, des Eintragungsortes gegenüber der Anknüpfung an den Ort der Belegenheit zurücktritt [10]. Am

---

[7] Vgl. Schweiz. Bundesgericht 28. 10. 1948 (MDR 1950, 86 ff.); hier waren Bestände aus einer Prager Textilfirma vor Einsetzung der tschechoslowakischen Nationalverwaltung von dem Eigentümer in die Schweiz gebracht worden, das Bundesgericht sprach ihm das Eigentum auch weiterhin zu. OLG Celle 4. 11. 1947: Betriebsinventar (Fahrzeuge), das sich im Zeitpunkt der Enteignung des landwirtschaftlichen Betriebs außerhalb des enteignenden Landes befand.

[8] Vgl. Beitzke 107 ff.; Martin Wolff, RvglHwb. IV 391 ff.

[9] So ist Art. II Nr. 2 und 3 der VO über die Bodenreform in der Provinz Mark Brandenburg vom 6. 9. 1945 dahin ausgelegt worden, daß nur das dem enteigneten Grundbesitzer gehörige Inventar mitenteignet worden ist: AG Neuruppin 17. 12. 1946. Anderer Auffassung (das Inventar unterfällt der Enteignung, gleichviel, wem es gehört): AG Bischofswerda 15. 3. 1948.

[10] Fall Venizelos (1935) bei Beitzke 103 N. 38. Fall The Jupiter in RabelsZ 3 (1929) 142: Das Schiff Jupiter gehörte einer Petrograder Schiffahrtgesellschaft. Es verließ Odessa April 1919 und kehrte in keinen russischen Hafen zurück. Das Admiralitätsgericht entschied, daß die Verordnungen der Sowjetregierung Vermögensgegenstände außerhalb des Sowjetgebietes nicht berühren könnten. In Odessa sei die Sowjetregierung erst errichtet worden, als die Jupiter den Hafen bereits verlassen hatte. Daher sei sie niemals Staatseigentum geworden. Der Court of Appeal bestätigte die Entscheidung des Admiralitätsgerichtes unter voller Billigung der Gründe.

Die Entscheidung des franz. Kassationshofes vom 5. 3. 1928 (RDIP 24 [1929] 288) nahm den franz. ordre public in Anspruch; die Unterschiede zwischen

bekanntesten sind die Entscheidungen über *Kunstwerke* geworden. Sowohl die deutsche wie die englische Rechtsprechung haben sich mit dem Fall beschäftigt, daß in der Sowjet-Union enteignete Kunstwerke auf dem westeuropäischen Kunstmarkt veräußert werden sollten [11]. Da sich die Kunstwerke im Zeitpunkt der Enteignung in Rußland befunden hatten, nahmen die deutschen wie die englischen Gerichte an, daß der enteignende Staat das Eigentum erworben hatte, und wiesen die Ansprüche der früheren Eigentümer zurück. Am kompliziertesten ist die kollisionsrechtliche Situation in diesem Punkte bei den *Wertpapieren*. Im Internationalen Privatrecht neigt die Lehre dazu, die Inhaberpapiere zumindest hinsichtlich des Rechtserwerbs der lex rei sitae zu unterwerfen [12]. Dementsprechend haben die italienischen Gerichte [13], gestützt auf Art. 7 I der einleitenden Bestimmungen des Codice Civile vom 25. 6. 1865 übereinstimmend entschieden, daß Wertpapiere des ehemaligen Königs von Spanien, die bei einer italienischen Bank deponiert waren, von der Konfiskation seines Vermögens durch die spanische Republik nicht ergriffen worden sind. Auch hat das Reichsgericht in der grundlegenden Entscheidung vom 2. 6. 1923 in wohl etwas zu allgemeiner Formulierung [14] sich dahin ausgesprochen, daß für die Forderung aus einem Wechsel das Recht des Landes maßgebend sei, in dem sich die Wechselurkunde befinde. Jedoch handelt es sich in diesen Fällen darum, die Freiheit der privaten Rechte von dem Zwangseingriff zu begründen. Man kann daraus nicht einfach in analoger Anwendung der Lehren des Internationalen Privatrechts die Folgerung ziehen, daß der enteignende Staat nun auch alle Wertpapiere,

---

Territorialitätsgrundsatz und Vorbehaltsklausel sowie die Grenzen des Territorialitätsgrundsatz es erörtert Niboyet (ebd.) in seiner Besprechung der Entscheidung.

Den Grundsatz der lex rei sitae wendeten für die im span. Bürgerkrieg beschlagnahmten Schiffe auch span. Gerichte an; Belege bei Beitzke 103 N. 42. Abweichend die franz. Rspr. in Rotspanienfällen, wo es sich allerdings nicht um Konfiskationen, sondern um Requisitionen gegen Entschädigung handelte. Da das franz. Recht Requisitionen durch franz. Konsularbeamte auch außerhalb des franz. Hoheitsgebietes vorsieht (Anordnung vom 2. 8. 1877, geändert am 8. 5. 1900 und 30. 7. 1914), neigten die damit befaßten Berufungsgerichte von Poitiers (20. 12. 1937) und Bordeaux (28. 3. 1938) in den Fällen Itxas-Zufri und Saturno dazu, auch Requisitionen auf hoher See und in fremden Häfen für rechtmäßig zu erachten. Über die allgemeine Einordnung dieser Rspr. s. oben S. 72 N. 25. Die dort erwähnte Ausweitung des Territorialitätsbegriffs auf das Gebiet alliierter Mächte spielt gerade bei Schiffen eine Rolle; vgl. die schwedischen Entscheidungen in RabelsZ 15 (1949/50) 505 ff. Der Grundsatz bleibt hier jedoch aufrechterhalten; ebd. 496 f.

[11] Belege bei Raape 428 N. 3; Neumeyer IV 252 f.

[12] Vgl. Raape 402 ff.

[13] Zivilgericht Rom 30. 8. 1933, Appellationsgericht Rom 8. 5. 1934, beide in RabelsZ 9 (1935) 206 f.

[14] Vgl. Veith, RvglHwb IV 510.

die sich zufällig auf seinem Boden befinden, enteignen könne. Vielmehr wird es bei der zwiespältigen Natur der Wertpapiere, die auch bei den Inhaberpapieren durchschimmert, auf die Art des verkörperten Rechtes maßgebend ankommen. So wird bei allen Wertpapieren, die Mitgliedschaftsrechte verkörpern, der Sitz der Vereinigung berücksichtigt werden müssen. Die Gleichstellung der Inhaberpapiere mit beweglichen Sachen bleibt eben eine Fiktion, die bei jeder Neuanwendung, und zumal bei ihrer Anwendung in einer neuen Disziplin, erneut auf ihre Berechtigung geprüft werden muß[15]. Man setze den Fall, daß die Aktionäre einer im Westen ansässigen Familienaktiengesellschaft sämtliche Inhaberaktien in eine brandenburgische Bank ausgelagert hatten. Soll nach einer Enteignung das Land Brandenburg Alleineigentümer der Gesellschaft werden? Die Frage stellen, heißt sie verneinen. Hier zeigt sich eine Erscheinung, der man mehrfach begegnen kann, daß sich nämlich bei der Anwendung von Ausnahmegesetzen die örtlichen Tatbestandsmerkmale häufen müssen, wenn nicht das Anknüpfungsmoment ganz eindeutig gesichert ist[16]. Von einer Häufung der Anknüpfungsmomente zu sprechen liegt nahe, würde aber doch irreführen, da Anknüpfungsmoment im technischen Sinne immer nur *ein* Tatumstand sein kann[17]. Jedenfalls genügt die Lage eines wesentlichen örtlichen Tatbestandsmerkmals außerhalb des enteignenden Landes, um ein Wertpapier von der Enteignung auszunehmen. Der grundsätzliche Unterschied zwischen „penal laws" und Gesetzen mit ordre-public-Charakter[18] wird hier besonders deutlich. Zwischenstufen sind zahlreich und können nur an Hand des einzelnen Gesetzes, ja des konkreten Falles, entschieden werden.

3. Forderungen

An der Eingliederung der Forderungen ist die Besonderheit der Anknüpfungsbegriffe des Internationalen Verwaltungsrechts gegenüber denen des Internationalen Privatrechts vor allem entwickelt

[15] Dies übersieht PETERSEN 135, 140, 142, der die Inhaberaktien auch interlokal-verwaltungsrechtlich völlig wie bewegliche Sachen behandelt; hiergegen auch AG Krefeld 25. 5. 1949. Näheres unten S. 157. SAALFRANK, BB 1950, 805 nimmt im Gegensatz dazu ganz allgemein an, daß das in einem Wertpapier verbriefte Recht nur in dem Staate enteignet werden kann, in dem der Aussteller seinen Sitz hat. Zutreffend sagt LG Berlin (West) 21. 2. 1950: „Ein Wechsel, der zu den Vermögensstücken einer enteigneten Firma gehörte und das Akzept einer westlichen Firma trägt, kann nicht als mitenteignet angesehen werden.

[16] Sehr lehrreich hierfür LAG Hamburg 22. 3. 1947: Zonaler Eingriff hoher Hand in ein Arbeitsverhältnis; es genügt *eine* Bindung örtlicher Art an ein Rechtsgebiet, wo allgemeines deutsches Vertragsrecht gilt, um den Vertrag aufrecht zu erhalten.

[17] S. oben S. 19 ff. [18] Hierüber s. oben S. 93.

worden. Das Internationale Obligationenrecht ist das Gebiet weitgehender Vertragsfreiheit, die den Parteien erlaubt, über das anzuwendende Recht in großem Ausmaß zu disponieren. Daß eine derartige kollisionsrechtliche Lösung bei der ganz anderen Fragestellung des Internationalen Verwaltungsrechts nicht zweckentsprechend war, wurde früh erkannt, wenn auch die systematische Einordnung dieser Erkenntnis lange offen blieb, ja sogar NEUMEYER in seinem abschließenden Werke die Frage merkwürdig am Rande und mit einer gewissen Geniertheit behandelt [19].

In Deutschland bot die Rechtslage, die sich aus den Bestimmungen des Versailler Vertrages über die Liquidierung der deutschen Auslandsvermögen ergab, hinreichend Gelegenheit, die Frage eingehend zu erörtern. Klar formuliert das Reichsgericht den grundlegenden Unterschied zwischen den Anknüpfungsmomenten des Internationalen Privat- und Verwaltungsrechts bei Forderungen [20]: „Richtig ist, daß für die Frage, nach welchem Recht sachlich ein Schuldverhältnis zu beurteilen ist, ... der Erfüllungsort ... maßgebend ist. Davon verschieden ist aber die Frage zu beantworten, welches Recht im Hinblick auf das Verfahren, insbesondere auf die Wirksamkeit gerichtlicher oder sonstiger behördlicher Maßnahmen, ausschlaggebend ist, namentlich welcher Ort als derjenige anzusehen ist, an dem das Vermögen sich befindet, das von der Maßregel betroffen werden soll. Auch hier gilt ... an sich der Grundsatz, daß eine Forderung sich dort befindet, wo der Schuldner seinen Wohnsitz hat.“ Also ist, wie eine jüngere Entscheidung [21] hinzufügt, bei Kaufleuten der Sitz der Hauptniederlassung maßgebend [22].

Man kam im deutschen Kollisionsrecht zu diesem Anknüpfungsmoment je nach der Art der juristischen Erkenntnis, die der einzelne bevorzugte, entweder auf dem Wege allgemeiner Erwägungen oder auf dem der Rechtsvergleichung oder in erweiternder Anwen-

[19] Noch weiter geht in der Nichtbeachtung dieser Frage KOEPPEL 30.

[20] RGZ 107, 44: Ein deutscher Gläubiger klagte gegen die Hauptniederlassung einer deutschen Bank auf Grund eines in Deutschland befindlichen, von der Londoner Zweigniederlassung der Bank akzeptierten Wechsels. Das KG hatte auf Grund des Art. 297 b des Versailler Vertrages die Klage abgewiesen, weil Erfüllungsort London sei und nach einem Grundsatz des Internationalen Privatrechts für Forderungen der Erfüllungsort als Sitz gelte. Das RG nahm dies zum Anlaß, um die im Text wiedergegebene Unterscheidung zu präzisieren, obwohl die Entscheidung davon nicht abhing. Maßgebend war nach seiner Auffassung Wertpapier-Kollisionsrecht. Vgl. ferner RGZ 108, 265; 110, 380; RG 11. 7. 1925. Die Entscheidungen ergingen meist im Anschluß an Art. 297 b des Versailler Vertrages; über die Folgerungen für die Bestellung eines Sequesters usf. vgl. GRIMM, JW 1926, 1986. Das LG Kassel klagt in seinem Beschluß vom 6. 3. 1950 mit Recht darüber, daß dieser Unterschied durch falsche Auslegung von Entscheidungen des OGH in der letzten Zeit verwischt worden sei. Der Beschluß selbst hält die Dinge klar auseinander.

[21] RGZ 130, 27.

[22] Zu diesem Sonderpunkt s. unten S. 109.

dung einer positiven Rechtsnorm, des § 23 ZPO, nach welchem — allerdings nur zur Begründung einer subsidiären Zuständigkeit — bei Forderungen als der Ort, an dem das Vermögen sich befindet, der Wohnsitz des Schuldners gilt [23]. Damit befand man sich im Einklang mit der Rechtsprechung einer großen Zahl europäischer Staaten [24], die im Anschluß an die sowjetischen Nationalisierungsdekrete neu bekräftigt worden war und — in der Begründung im einzelnen abweichend, aber im Ergebnis recht einmütig — bei der Beurteilung ausländischer Zwangsmaßnahmen gleichfalls den Wohnsitz des Schuldners als das maßgebende Anknüpfungsmoment für die Einordnung einer Forderung nannte.

Es nimmt nicht wunder, daß man übereinstimmend diese Anknüpfung wählte. Wir hatten bereits an anderer Stelle Veranlassung, darauf hinzuweisen, daß bei Kollisionsrechtssätzen, die dem öffentlichen Recht beigeordnet sind oder auch zu Gebieten gehören, auf denen sich öffentliches und privates Recht durchdringen, eine Verfestigung des Anknüpfungsmomentes erforderlich ist. So hat Zweigert für das Devisenkollisionsrecht „ein territorial gesichertes Anknüpfungsmoment" gefordert, eine „Sonderanknüpfung, die sich von den schillernden Möglichkeiten des durch Parteiautonomie bestimmten Schuldstatuts frei macht" [25], und von Schelling [26] hat ihm für das Clearingrecht zugestimmt. Daß man für die Frage der Erstreckung von Zwangsmaßnahmen auf Forderungen diese Verfestigung in der Anknüpfung an den Wohnsitz des Schuldners sah, lag schon deshalb nahe, weil hier die Durchsetzbarkeit eine entscheidende Rolle spielt und eine Forderung jedenfalls im Normalfall am sichersten am Wohnsitz des Schuldners realisierbar ist [27].

Als die Frage des Wirkungsbereiches von Enteignungen für die deutsche Rechtsprechung erneut akut wurde — diesmal im inter-

---

[23] So RGZ 140, 343: „Für Forderungen entscheidet sich die Frage, ob sie sich im Inland befinden, nach dem auf einem allgemeinen Rechtsgedanken beruhenden ‚Lokalisierungsgrundsatz' des § 23 Satz 2 ZPO, nach dem sich das in der Forderung verkörperte Vermögen dort befindet, wo der Schuldner seinen Wohnsitz hat." Auch das Schrifttum ist überwiegend dieser Auffassung, vgl. Nussbaum 83 ff.; Ernst Wolff 196; Petersen 137—140; jetzt auch Raape 439. Auch § 2369 BGB wird unterstützend herangezogen; Belege bei Beitzke, JR 1951, 705.

[24] Sie ist zusammengestellt bei Rheinstein 294 N. 2.

[25] In der Besprechung von Koeppel, Deutsche Devisengesetzgebung im Internationalen Privatrecht (1938) in RabelsZ 13 (1940/41) 299. Koeppel selbst behandelt die Fragen sehr bezeichnend unter der Überschrift „Das Versagen der gewöhnlichen Anknüpfung (Territorialität)" (S. 54) und verkennt die Notwendigkeit, die der verschiedenen Anknüpfungsart zugrunde liegt (bes. S. 112 ff.). Vgl. auch Dölle 177 und neuestens Mitt. d. BdL 6005/52 vom 21. 1. 1952.

[26] RabelsZ 13 (1940/41) 977.

[27] Vgl. Dölle-Zweigert, Kommentar zum Gesetz Nr. 52 (1947) 57, wo generell für nicht registrierte Rechte „der Ort, wo sie normalerweise realisiert werden", als Belegenheitsort bezeichnet wird.

lokalrechtlichen Rahmen —, griff man auf die erprobten Formulierungen zurück. So übernimmt das Oberlandesgericht Braunschweig in seinem Urteil vom 10. 8. 1948 die Unterscheidung des Reichsgerichts und stellt ausdrücklich fest, daß für das interlokale Enteignungsrecht „eine Forderung sich dort befindet, wo der Schuldner seinen Wohnsitz hat, unabhängig vom Erfüllungsort"[28]. Und beinahe rechtssatzmäßig formuliert das Landgericht Kassel[29] denselben Gedanken[30] dahin, daß gegen Schuldner in den Westzonen ge-

[28] Ebenso OLG Braunschweig 23. 3. 1948 und OGH 31. 3. 1949 — I 142/48 —. Sehr deutlich OGH 4. 5. 1950: „Forderungen gegen die Beklagten befinden sich ohne Rücksicht auf den Erfüllungsort da, wo sie ihren Sitz haben." Vgl. auch OLG Hamburg 24. 1. 1950 und 19. 9. 1950 (den Gesellschafter einer OHG betreffend). Auch die Rspr. der Ostzone vertritt diese Auffassung. So sagt OLG Gera 3. 10. 1947: „Interzonal gelagerten schuldrechtlichen Ansprüchen, deren Verwirklichung nach dem Recht des Erfüllungsortes zulässig, nach dem Recht des Schuldnersitzes verboten ist, ... ist mangels Rechtschutzbedürfnisses die gerichtliche Verfügung zu versagen." Dabei konnte man dem Schuldner im Juni 1948 noch subjektiv die Ungewißheit über die Existenz des Rechtssatzes und damit die Hinterlegungsmöglichkeit zubilligen: OLG Hamm 20. 1. 1949. Über Bedenken, die gegen das Gesetz der DDR über den innerdeutschen Zahlungsverkehr vom 15. 12. 1950 (GBl 1202) aus den im Text erörterten Gründen erhoben werden müssen, vgl. „Ostforderungen an westdeutsche Schuldner", Frankf. Allg. Zeitung vom 13. 3. 1951.

[29] LG Kassel 6. 4. 1948. Auch OLG Hamm 20. 1. 1949 hatte darauf hingewiesen, daß ein Gerichtsstand in einer anderen Zone hieran nichts ändere. Ferner LG Mannheim 11. 2. 1948; OLG Braunschweig 23. 3. 1948. Beitzke hält in seiner Besprechung des letzten Urteils (NJW 1947/48, 556 ff.) die Regel, daß es auf den Wohnsitz des Schuldners ankomme, in groben Zügen für richtig, aber keinesfalls allein und ausschließlich für maßgebend und neigt dazu, die Frage, ob eine Forderung der Enteignung unterliegt, noch mehr von ihrer Durchsetzbarkeit abhängig zu machen, also letzthin von der Tatsache, ob sich Vermögen des Schuldners im Enteignungsbereich befindet; in diesem Sinne jetzt ausdrücklich, wenn auch nicht ohne Bedenken, Beitzke, AcP 150, 566 („Enteignung von Forderungen in jedem Staate möglich, in dem der Schuldner Vermögen hat") und JR 1951, 706, wo er die „Interzonalen Wirkungen der Forderungsenteignung" im Zusammenhang erörtert.

Hierzu Ernst Wolff 196 f. Man sollte, wenn einmal die internationale Rechtsprechung auf einem so schwierigen Gebiet einen leidlich gesicherten Grundsatz entwickelt hat, nach Möglichkeit an ihm festhalten. Faktisch durchsetzbar ist der Zugriff auf die Forderung, auch wenn der Schuldner außerhalb des Enteignungslandes seinen Wohnsitz hat, immer dann, wenn durch Zufall Vermögensstücke von ihm in den Enteignungsbereich kommen. Es würde genügen, wenn er sich zufällig dort aufhält, man brauchte ja nur seine Brieftasche zu pfänden. Trotzdem wird man nicht die Auffassung vertreten können, die Enteignungsfreiheit hänge von dem zufälligen Aufenthalt des Schuldners ab — und zwar auch dann nicht, wenn der Schuldner in dem Zeitpunkt im Enteignungslande weilte, zu dem das Objekt, in dessen Bereich die Forderung gehört, enteignet wurde. Gerade solche Grundprinzipien wie die Ausmaße staatlichen Zwanges sollten durch Entwicklung fester Rechtssätze in ein möglichst reguliertes Bett geleitet werden.

[30] Widerspruchsvoll scheint mir die Ansicht des sonst so klaren Benkard (DRZ 1948, 127 f.) zu sein. Er nimmt einerseits an, daß mit dem enteigneten Betrieb alle Außenstände, auch die in den Westzonen belegenen, auf das enteignende Land übergegangen seien. Andererseits ist er der Auffassung, daß der in den

richtete Forderungen ohne Rücksicht auf den Erfüllungsort den vom Recht der Westzonen abweichenden Beschlagnahme- und Enteignungsmaßnahmen der sowjetischen Zone nicht unterworfen seien[30]. Dabei mache es keinen Unterschied, so bemerkte der Oberste Gerichtshof für die Britische Zone[31], ob eine Forderung als einzelnes Vermögensstück enteignet wird oder ob sie zu einem enteigneten Geschäftsbetrieb gehört.

Nach den im ersten Teil dargelegten Grundsätzen ist hierbei die Frage, wo der Schuldner seinen Wohnsitz hat, wenn er eine natürliche, seinen Sitz hat, wenn er eine Handelsgesellschaft oder eine juristische Person ist, wie also — kollisionsrechtlich gesprochen — das Anknüpfungsmoment festzustellen ist, nach den Sachnormen des deutschen bürgerlichen und Handelsrechts zu beantworten. Trotzdem können zahlreiche Zweifel rechtlicher und tatsächlicher Art auftauchen. So ist sehr fraglich, ob eine Forderung, die im Betrieb einer Zweigniederlassung gegen die Firma entstanden war, nur am Ort der Hauptniederlassung belegen ist — so das Reichsgericht[32] — oder auch am Ort der Zweigniederlassung — so die englische Rechtsprechung[33] und Ernst Wolff[34]. Dieser stützt sich vor allem auf die Tatsache, daß für derartige Forderungen auch ein besonderer Gerichtsstand (§ 21 ZPO) gegeben sei. Für das interlokale Recht kann man dem hinzufügen, daß nach § 269 II BGB für Verpflichtungen des Kaufmanns aus Geschäften der Zweigniederlassung „der Ort der Niederlassung an die Stelle des Wohnsitzes“ tritt, soweit es sich um die Erfüllung der Verpflichtung handelt. Auf diesem Wege kann man an Hand der Sachnorm über die Schwierigkeit hinwegkommen, daß nach deutschem Recht die Zweigniederlassung kein selbständiges Rechtssubjekt ist[35]. Die interlokalrechtliche Zu-

---

Westzonen wohnende Schuldner nur an den alten Berechtigten leisten darf; ist dieser nicht erreichbar, so sei Leistung an den neuen Inhaber des Betriebes mit befreiender Wirkung möglich.

[31] OGH 31. 3. 1949 — I 142/48 —.

[32] RGZ 130, 27.

[33] New York Life Insurance Company v. Custodian of Enemy Property (1924) 2 Ch. (C. A.) 101, zitiert nach Ernst Wolff 196 N. 35.

[34] S. 196 f.

[35] Düringer-Hachenburg[3] § 13 Anm. 7; LG Köln 3. 7. 1950. Die Frage, wieweit Bankfilialen selbständig sind, ist im Anschluß an RGZ 108, 210 in jüngster Zeit anläßlich der Überweisungsschwierigkeiten der Nachkriegszeit auf das lebhafteste erörtert worden. Daß sie keine eigenen Rechtspersonen sind ist unbestritten, RGZ 107, 44 ff.; OGH 23. 6. 1949; BGH 29. 5. 1951; ferner OLG Hamburg 18. 6. 1948; OLG Kiel 5. 10. 1948; OLG Kassel 20. 10. 1948; OLG Frankfurt 4. 5. 1948; LG Köln 19. 4. 1948. Die Verhältnisse hatten jedoch den Filialen weitgehende Selbständigkeit gebracht; vgl. Ulmer, SJZ 1947, 245; OLG Frankfurt 18. 12. 1947; mißverständlich OLG Hamburg 2. 2. 1948. Auch die 35. DVO zum Umstellungsgesetz hat an dieser rechtlichen Situation nichts geändert; die von

ordnung kann sich demnach auch hier an der Sachnorm orientieren. So sind vor allem die Forderungen gegen Banken „bei den Filialen domiziliert, bei denen der Erfüllungsort belegen ist“ [36]. Die große Bedeutung der interlokal-verwaltungsrechtlichen Einordnung der abstrakten Rechtsfigur der Forderung zeigt sich bei der Durchsicht der jüngsten Rechtsprechung, die den Begriff in den verschiedensten wirtschaftlichen Spiegelungen zeigt. Von „Westaußenständen“ spricht das Urteil des Oberlandesgerichts Braunschweig vom 10. 8. 1948 und meint damit dasselbe wie das Urteil des gleichen Gerichts vom 23. 3. 1948, wenn dieses in einer mehr juristischen Wendung von Geldforderungen gegen Schuldner mit Wohnsitz in den Westzonen spricht [37]. Die sog. Wirtschaftskonten der in der Ostzone im Laufe der Bodenreform enteigneten Güter bei Westbanken spielen eine große Rolle [38]. Auch auf Bankguthaben in Thüringen enteigneter Aktiengesellschaften bei solchen Banken erstreckte sich die Enteignung nicht [39]. Das gleiche gilt für Beteiligungen [40] an den in den Westzonen belegenen Werken, die sich ja großenteils in Forderungen darstellen werden [41]. Hat ein Werk Teile des Betriebes in der Ostzone, Teile in den Westzonen, so beschränkt sich die Enteignung nur auf den in der Ostzone belegenen Betriebsteil [42]; das ergibt sich für Mobilien und Immobilien aus der schon erörterten Anknüpfung an die lex rei sitae unmittelbar, für Konten und Außenstände aus dem

---

ihrem § 1 vorgenommene Fiktion ist vielmehr gerade eine Folge der rechtlichen Unselbständigkeit der Filialen, vgl. OGH 17. 11. 1949. Über eine weitere Frage zur 35. DVO s. unten S. 166 N. 100. Zur französischen Lehre in dieser Frage vgl. ZWEIGERT in RabelsZ 11 (1937) 939 f.

[36] ULMER, Die steckengebliebene Banküberweisung (SJZ 1947, 239 in Sp. 243) mit weiterer Literatur zu der vielbehandelten Frage der Filialdeckung, auf die hier nicht näher einzugehen ist. Die neuere Rspr. hat den Grundsatz wieder verworfen: OLG Hamburg 3. 12. 1948 und, ihm zustimmend, OGH 23. 6. 1949, dem sich BGH 29. 5. 1951 anschließt. Zusammenfassend ULMER, SJZ 1949, 753; BEUCK, IZR 126—135; MÖHRING, NJW 1950, 164 ff. und JZ 1951, 552; HEFERMEHL in GESSLER-HEFERMEHL-HILDEBRANDT-SCHRÖDER, HGB ² § 365 Anm. 51—67. MEYER-CORDING hat der Frage eine Monographie gewidmet: Das Recht der Banküberweisung unter besonderer Berücksichtigung der steckengebliebenen Überweisungen (Tübingen 1951). Die im Text behandelte Frage hat mit dieser Kontroverse unmittelbar nichts zu tun. Währungsrechtlich SCHMITZ VON HÜLST, NJW 1950, 167; über die Zusammenhänge mit der Haftungsbeschränkung (s. unten S. 113) REWOLDT, MDR 1951, 653.

[37] Ebenso LG Kassel 26. 4. 1948.

[38] OLG Braunschweig 3. 6. 1947: Die Verfügungsbefugnis über das bei einer Bank der britischen Zone geführte „Wirtschaftskonto“ für einen in Sachsen gelegenen landwirtschaftlichen Betrieb ist mit dessen Enteignung durch das Land Sachsen nicht auf den im Zuge der Enteignung bestellten Treuhänder übergegangen, sondern steht dem enteigneten Betriebsinhaber auch weiterhin zu.

[39] LG Mannheim 11. 2. 1948.

[40] Über Beteiligungen vgl. PETERSEN 140.

[41] A. A. OLG Dresden 1. 7. 1948 aus den unten S. 154 f. erörterten Gründen.

[42] LG Hamburg 27. 7. 1948.

Satz von der Belegenheit der Forderungen. Man muß sich hierbei immer vor Augen halten, daß es ein Enteignungsstatut für den einzelnen Betriebsteil als solchen nicht gibt.

Die Kehrseite der Beschränkung ist, daß der in der Ostzone für den enteigneten Betrieb ernannte Treuhänder oder Sequester auf die Verwaltung des Westvermögens des Betriebes keinen Anspruch hat [43]. Ja, er macht sich schadensersatzpflichtig, wenn er alte, vor der Enteignung begründete Westaußenstände des Betriebes einzuziehen versucht, denn er „hat bei diesem Vorgehen mindestens fahrlässig gehandelt, da er sich vor Ergreifen so einschneidender Maßnahmen über die bestehende Rechtslage hätte vergewissern müssen" [44]. Ebenso macht sich eine Bank dem früheren Inhaber gegenüber schadensersatzpflichtig, wenn sie nach der Enteignung schuldhaft Auszahlungen aus dem Betriebswestkonto an den Treuhänder vornimmt [45]. Die Enteignung war insoweit interlokalrechtlich unwirksam [46], auch dann, wenn die enteignende Norm sich weitere Ziele gesteckt hatte.

Exkurs

Rückwirkung der Zwangsmaßnahmen auf die Passiva des enteigneten Betriebes

Da auch die Behandlung der Passiva bei der Erörterung der Auswirkungen der Zwangsmaßnahmen häufig zur Sprache gekommen ist, seien ihr im Anschluß an die Einordnung der Aktiva einige Worte gewidmet [47]. Bei den Enteignungsmaßnahmen in den Ländern der Ostzone sind die Passiva entweder gar nicht oder nur in beschränktem Maße übernommen worden [48]; so hat das Land Sach-

---

[43] LG Lübeck 7. 7. 1947; LG Mannheim 11. 2. 1948; LG Kassel 26. 4. 1948; ferner die bei BEUCK, IZR 39 angeführten Wuppertaler Urteile.

[44] OLG Braunschweig 10. 8. 1948. Der Kläger betrieb sein in der Ostzone enteignetes Geschäft seit 1946 in den Westzonen unter der alten Firma weiter. Der beklagte Treuhänder des Geschäftes in der Ostzone hatte im Westen ein Bankkonto für die Ostfirma errichtet und die in den Westzonen wohnhaften Kunden aufgefordert, ihre der Firma geschuldeten Beträge dort einzuzahlen. Er wurde verurteilt, in die Auszahlung der eingegangenen und noch eingehenden Beträge aus Forderungen, die vor dem 1. 9. 1945 entstanden waren, einzuwilligen.

[45] OLG Braunschweig 3. 6. 1947; LG Stuttgart 14. 5. 1948; BEUCK, IZR 63 f. Über die Folgen voreiliger Zahlungen an die neuen Rechtsträger handelt RABELING, MDR 1951, 715; auch BEITZKE, JR 1951, 707.

[46] Vgl. ERNST WOLFF 198.

[47] Die Frage wird eingehend erörtert von WÜRDINGER, Zur Haftung für Ostschulden, insbesondere nach erfolgter Enteignung im Osten, SJZ 1950, 81—90. Vgl. auch BEITZKE, Betrieb 1951, 12.

[48] Daß der Erwerb auch frei von dinglichen Lasten erfolgt, ergibt sich aus dem originären Charakter des Erwerbs durch Enteignung; so allgemein KG (Ost) 4. 5. 1951; hinsichtlich der Hypothek OLG Dresden 7. 8. 1948, für die Frei-

sen in toto nur die Verpflichtungen der enteigneten Unternehmen übernommen, die im laufenden Geschäftsbetrieb nach dem 8. 5. 1945 entstanden waren, hingegen die vor diesem Zeitpunkt begründeten Verbindlichkeiten nur, wenn dies mit Rücksicht auf die Besatzungsmacht erforderlich oder aus Billigkeitsgründen angebracht erschien (§ 4 der VO vom 18. 7. 1946) [49].

Soweit die Passiva nicht übernommen sind, können sich die Gläubiger nur an die ehemaligen Eigentümer halten. Besonders prekär war ihre Situation dort, wo der enteignete Betrieb eine juristische Person gewesen war und die Enteignung nicht unmittelbar, aber mittelbar zu ihrem Erlöschen geführt hatte. Hier war es gegenüber einer ehemaligen Aktiengesellschaft für die Gläubiger kaum möglich, ihre Forderungen zu realisieren, gegenüber einer Gesellschaft mit beschränkter Haftung nur dort, wo diese aus einer kleinen Zahl von Gesellschaftern bestanden hatte, die leicht ermittelt werden konnten [50]. Daß auch die Schuldner, die entweder alle oder doch einen sehr beträchtlichen Teil ihrer Aktiven verloren haben, in einer sehr schwierigen wirtschaftlichen Situation sind, liegt auf der Hand. Es ist daher nur zu verständlich, daß sie versuchten, eine Beschränkung der Haftung insoweit geltend zu machen, als die Forderung der Gläubiger sich auf den enteigneten Betrieb bezogen. Damit war, worauf Ernst Wolff [51] mit Recht hinweist, die Fragestellung aus dem Kollisionsrecht herausgenommen und auf ein grundlegendes Problem des Sachrechts abgestellt, das jedoch seinerseits wieder kollisionsrechtliche Auswirkungen hat. Nun ist die beschränkte Haftung mit abgegrenzten Vermögensmassen nach geltendem deutschem Recht eine Ausnahme, die auf positiven Vorschriften beruhen muß und zu ihrem Funktionieren einer scharfen Abgrenzung der einzelnen Vermögensmassen bedarf. Keine der mit dieser Frage befaßten Stellen konnte sich daher entschließen, eine derartige Haftungsbeschränkung aus allgemeinen Erwägungen abzuleiten, zumal diese in praxi einen Ausfall der Forderungen bedeutet hätte; man

---

heit von der Verpflichtung aus § 571 BGB AG Greifswald 11. 5. 1950. Vgl. Benkard, DRZ 1947, 357; DRZ 1948, 128. Positivrechtlich sind Gruppen von Ausnahmen — so für Ausländer — gemacht worden; Einzelheiten bei Meyer, ZHR 112 (1948) 98 f.

[49] Hierzu Benkard, DRZ 1947, 357; Text der Vorschrift auch bei Beuck 157. Die verschiedenen Bestimmungen zusammengestellt bei Meyer, ZHR 112 (1948) 97 N. 24; für Berlin-Ost auch KG (Ost) 4. 5. 1951. Für die auf Grund des Befehles Nr. 154 der SMAD aufgelösten Kohlenkontore ist das Urteil des Obersten Gerichts der DDR vom 12. 7. 1950 zu vergleichen. Nach Auffassung des Gerichts liegt keine echte Enteignung vor. Die Instanzgerichte hatten hier eine Haftung bejaht.

[50] Vgl. Benkard DRZ 1947, 357.

[51] S. 197.

verwies vielmehr die enteigneten Schuldner auf die allgemeinen Rechtsbehelfe, also namentlich auf den § 242 BGB, und die von der Vertragshilfe gewiesenen Wege [52]. Dies hat nicht nur die Stundungsverordnung der Ostzone vom 4. 7. 1946 [53] ausdrücklich ausgesprochen. Auch Gerichte der Ostzone [54] wie die des Westens haben diese Auffassung in ständiger Rechtsprechung vertreten [55]. Die Schulden seien mit den Gegenständen der Enteignung nicht so fest verbunden, daß sie von den Schultern des enteigneten Schuldners genommen werden könnten; Enteignung sei daher nicht Entlastung von Schulden, auch wenn diese Schulden sich auf den enteigneten Betrieb bezögen. Dies erklärte der Oberste Gerichtshof für die Britische Zone [56], die in gleicher Richtung gehende Rechtsprechung der Instanzgerichte bekräftigend und abschließend. Offen ist dabei geblieben, ob der in Anspruch genommene Schuldner nicht wenigstens denjenigen Gläubiger, der in dem enteignenden Lande wohnt, an den aus der Enteignung Berechtigten verweisen kann.

Diese Frage, für deren Bejahung vieles spricht, ist unter der allgemeinen Problemstellung der Haftungsspaltung und Haftungsbeschränkung von der Rechtsprechung und später vom Gesetzgeber lediglich für ganz bestimmte Gruppen von Ansprüchen bejahend beantwortet worden. Nachdem Prölss die Situation zunächst für die Lebensversicherung eingehend dargetan hatte [57], ist die Haftungsbeschränkung im Anschluß an die gesetzlichen Regelungen anläßlich der Währungsreform [58] für das gesamte Versicherungsrecht nahezu allgemein anerkannt. So sagt eine Entscheidung des Oberlandesgerichts Celle vom 11. 4. 1949: „Es kann den Westversicherten

[52] Hierzu im einzelnen Würdinger, SJZ 1950, 89, der sich gleichfalls gegen die „Spaltungstheorie" ausspricht; Beuck, IZR 98 ff.

[53] Amtsbl. Mecklenburg 101, auch bei Beuck 164 ff.

[54] OLG Gera 4. 6. 1948.

[55] LG Göttingen 6. 2. 1947; LG Hannover 5. 6. 1948; OLG Braunschweig 20. 1. 1948 und 22. 6. 1948; LG Bielefeld 11. 4. 1948: „Die vom Beklagten angeführte Wertanteilstheorie des Reichsgerichts bezog sich auf Aufwertungshypotheken und wurde nur für Restkaufgeldhypotheken aufrechterhalten"; LAG Frankfurt a. M. 12. 5. 1949; AG Groß-Gerau 15. 6. 1950. Weitere Rspr. bei Prölss, DRZ 1948, 65.

[56] OGH 31. 3. 1949 — I 142/48 —; vgl. auch Urteil vom gleichen Tage (I 169/48) und Urteil vom 23. 6. 1949.

[57] DRZ 1948, 63 ff. anläßlich der Besprechung von AG Berlin-Charlottenburg 11. 7. 1947. Herrn Dr. Prölss ist der Verfasser für wertvolle Hinweise zum Interzonalen Versicherungsrecht und die Gewährung der Einsicht in die Fahnen der 7. Aufl. seines Kommentars zum VVG zu aufrichtigem Danke verpflichtet. Vgl. auch Langen, NJW 1947/48, 425.

[58] § 24 UmstG; 3. VO über die Schadens-, Unfall- und Krankenversicherung aus Anlaß der Neuordnung des Geldwesens vom 27. 7. 1948 (bei Prölss, VVG [7], 626 ff.) und die 2. VO über die Lebens- und Rentenversicherung aus Anlaß der Neuordnung des Geldwesens vom 27. 7. 1948 (ebd. 638 ff.). Ferner Prölss, VVG [7] 27 f.

nicht zugemutet werden, daß ihre Prämien zur Deckung von Schäden in der Ostzone verwendet werden." Ferner ergibt sich die Haftungsbeschränkung für Banken gleichfalls aus der gesetzlichen Regelung anläßlich der Währungsreform, der 35. DVO zum Umstellungsgesetz[59]. Auch für Verbindlichkeiten der Deutschen Reichsbahn sind Entscheidungen im Sinne einer Haftungsbeschränkung ergangen[60]. Besonders gelagerte Fälle sind auch sonst in diesem Sinne entschieden worden[60a]. Im allgemeinen muß es aber derzeit bei der Richtlinie bewenden, daß ein billiger Ausgleich nur über § 242 BGB gefunden werden kann. Eine befriedigende Gesamtregelung der Frage kann nur vom Gesetzgeber getroffen werden[60b].

So spielen kollisionsrechtliche Gesichtspunkte bei der Geltendmachung von Passiven des Betriebes gegenüber den alten Eignern nur eine sekundäre Rolle. Daß jedoch auch im Versicherungs-Kollisionsrecht Kollisionsprivat- und -verwaltungsrecht geschieden werden müssen, zeigt der dem Urteil des Landgerichts Hamburg vom 6. 1. 1949 zugrunde liegende Fall. Hier lag der Gegenstand einer Feuerversicherung teils in der britischen, teils in der sowjetischen Zone, die beklagte Versicherungsgesellschaft hatte ihre Hauptniederlassung in der britischen Zone. Das Gericht entschied, allgemeiner international-privatrechtlicher Anschauung gemäß[61], daß für die Beurteilung des Vertrages das am Ort des Sitzes geltende Recht maßgebend sei und daß den Anordnungen der SMA nach international-verwaltungsrechtlicher Regel „nur territoriale Bedeutung zukomme".

Kollisionsrechtliche Gedankengänge können auch insoweit von Bedeutung werden, als die Nicht-Übernahme der Passiven, die von der Frage, ob die Enteignung gegen oder ohne Entschädigung erfolgt, scharf zu scheiden ist, mitunter im Internationalen wie im Interlokalen Verwaltungsrecht zum Anlaß genommen wurde, gegen Auswirkungen der Enteignung, die außerhalb des Enteignungsstaates auftreten, die Anwendung der Vorbehaltsklausel zu erwägen[62].

---

[59] Rewoldt, Zur Haftung der Banken für Ostverbindlichkeiten (MDR 1951, 653), mit weiterer Lit. Über die besonderen, hier auftretenden kollisionsrechtlichen Fragen Würdinger, SJZ 1950, 87 f.

[60] Bei Beuck, IZR 125 f.; ferner OLG Frankfurt a. M. 8. 6. 1951.

[60a] Z. B. KG (West) 22. 12. 1950.

[60b] Zu den rechtspolitischen Fragen Beuck, IZR 104 ff.; hier auch die von den interessierten Verbänden ausgearbeiteten Gesetzentwürfe.

[61] S. oben S. 49 N. 87.

[62] S. unten S. 151.

4. Hypotheken

Rechte an Sachen werden nach allgemeinem Kollisionsrecht nach der lex rei sitae beurteilt. Es besteht für das Interlokale Verwaltungsrecht keinerlei Veranlassung, von dieser ihm gemäßen Anknüpfung abzuweichen. So hat das Landgericht Berlin in seinem Beschluß vom 17. 11. 1947 zu Recht entschieden, daß Grundschulden an Berliner Grundstücken nicht von der sächsischen Enteignungsgesetzgebung betroffen werden [63].

Schwieriger ist die Situation bei den akzessorischen Rechten zu beurteilen, insbesondere bei der Hypothek [64]. Die Ansicht der Lehre steht fest: „Die lex rei sitae des belasteten Gegenstandes ist auch bei solchen Rechten maßgebend, die von einem anderen Rechte abhängig (akzessorisch) sind, daher besonders bei Pfandrechten und Hypotheken. Doch bleibt die durch das dingliche Recht gesicherte Forderung ihrem eigenen Rechte unterworfen, so wie wenn sie ungesichert wäre.“ [65] „Die Schuld hat ihr eigenes Statut.“ [66] Zwar neigt die Praxis, da diese Ansicht zu komplizierten Lösungen führen kann, immer wieder dazu, Hypothek und Forderung einheitlich dem am Ort des Grundstücks geltenden Recht zu unterwerfen [67]. Doch

[63] Im Grundbuch des AG Charlottenburg standen für eine Leipziger Bank mehrere Hypotheken und Grundschulden eingetragen. Die Beschwerdeführer, Eheleute in Berlin, legten Abtretungserklärungen der Sächsischen Landesbank vor. In den Erklärungen war darauf hingewiesen, daß die ursprüngliche Gläubigerin ihre Tätigkeit eingestellt habe und ihre Aktiva, darunter die fraglichen Grundpfandrechte mit den zugrunde liegenden Forderungen, zufolge der sächsischen Verordnung über die Gründung der Sächsischen Landesbank vom 17. 8. 1945 auf diese übergegangen seien. Das Grundbuchamt Charlottenburg hatte die Umschreibung verweigert; das LG Berlin wies die Beschwerde zurück.

[64] Haftet für eine Obligationenforderung eine Gesamthypothek an Grundstücken der Westzonen wie der Ostzone, so ist bei Enteignung des belasteten Grundstücks in der Ostzone und aus ihr sich ergebendem Untergang der Haftung das Erlöschen der Mithaftung im Grundbuch der Westzonen einzutragen: OLG Hamm 20. 2. 1950; RAISER JZ 1951, 176. Gegen den Hammer Beschluß BEUCK, IZR 17 ff., der Art. 30 EG anwenden will.

[65] MARTIN WOLFF, RvglHwb IV 396.

[66] RAAPE 407, für das Interzonale Recht 440 f. Vgl. ferner die Nachweise bei JACOBSOHN, NJW 1947/48, 682 (Aufwertungs- und Umstellungsfragen); BEITZKE, JZ 1951, 367. Ein Beleg aus der neuesten Praxis: die Direktive der Alliierten Bankkommission (51) 2 (Mitt. Nr. 6061/51 der Bank deutscher Länder vom 13. 9. 1951); hierzu SCHUBERT, BB 1951, 982.

[67] KG 19. 8. 1948; KG (West) 25. 4. 1949, 29. 11. 1949, 12. 6. 1950 und 15. 12. 1950; OLG Celle 14. 1. 1949; so auch FRIEDRICH, SJZ 1948, 25; RABELING, MDR 1951, 715. Die erstgenannte Entscheidung zitiert zustimmend den Satz der angefochtenen Entscheidung des LG: „Hypothekarisch gesicherte Forderungen seien nach internationalem Recht dort belegen, wo sich das Grundstück befinde, auf dem die Hypothek ruhe.“ Sie stellt fest, daß der Grundstücksort außerhalb des Enteignungsbereiches lag, legt aber auf die Feststellung des Schuldnerwohnsitzes keinen Wert. Der Tatbestand war folgender: Im Grundbuch Berlin-Lichtenberg war für eine Bank, die ihre Hauptniederlassung in Thüringen, mehrere Zweigniederlassungen außerhalb Thüringens, davon eine

sind die einfachsten Lösungen nicht immer die richtigen. Vielmehr muß auch das Interlokale Verwaltungsrecht darauf Rücksicht nehmen, daß die Natur des Hypothekenrechts auf einem Zusammenspiel von Forderung und Sachenrecht beruht, die beide ihr eigenes

---

in Berlin hatte, eine Darlehenshypothek eingetragen. Die Landesbank Thüringen hatte sich auf Grund des thür. Landesgesetzes vom 13. 7. 1946, das seinerseits auf einem unveröffentlichten Befehl Nr. 66 der SMA beruhte, als Rechtsnachfolgerin der Bank bezeichnet und Löschungsbewilligung erteilt. Das AG Lichtenberg hatte Bedenken erhoben, das LG Berlin wies die Beschwerde, das KG die weitere Beschwerde zurück. Die Entscheidung ist, soweit man den Tatbestand übersieht, zutreffend im Ergebnis, aber unzutreffend in der Begründung. Das KG stellt zwar fest, daß weder das thür. Gesetz noch auch der Befehl Nr. 66 im sowjetischen Sektor Berlins gelte, macht jedoch dann die Entscheidung davon abhängig, ob die enteignete Bank durch die Enteignung ihre Rechtspersönlichkeit verloren habe oder nicht. Diese Wendung auf die subjektive Seite ist unrichtig. Entweder hatte die Bank — dies nehmen die Gerichte in ihrer Mehrheit zutreffend an (s. unten S. 152) — die Rechtspersönlichkeit nicht verloren, dann blieb sie Hypothekengläubigerin, oder sie hatte sie verloren — wie das LG Mannheim (11. 2. 1948) in einem Falle, der gleichfalls thür. Enteignungsrecht betraf, irrig annahm — dann ist die Hypothek herrenlos geworden wie in dem Mannheimer Fall das Bankguthaben. Auf diese Frage kam es also für die Entscheidung über die Rechtmäßigkeit der Löschungsbewilligung gar nicht an.

Auch Bögelsack (HW 1949, 210) vertritt die Auffassung, daß auch für die persönliche Forderung der Ort des mit der Hypothek belasteten Grundstücks entscheidend sei. Meilicke-Trost-Nehlert (HW 1948, 321) sind der Meinung, daß Hypotheken dem Währungsrecht der lex rei sitae unterständen und daß dieses Recht auch für die den Hypotheken anhaftenden Forderungen maßgebend sei. Dem steht entgegen, daß im Umstellungsrecht die Hypothek sich grundsätzlich nach der Forderung richtet. So sagt § 1 I der 40. DVO zum Umstellungsgesetz (VBl BZ 1949, 537) ausdrücklich: „Für die Umstellung von Hypotheken ... gelten unbeschadet der Bestimmungen des § 2 die Vorschriften über die Umstellung der durch das dingliche Recht gesicherten Forderungen." Die Ausnahmen des § 2 betreffen Sonderfälle wie Eigentümergrundschulden, Höchstbetragshypotheken, Hypotheken, die Angehörigen der Vereinten Nationen zustehen, beeinträchtigen die Vorschrift also nicht nach der grundsätzlichen Seite. Nun ist diese Bestimmung sicher nicht in erster Linie kollisionsrechtlich gemeint und kann auch nicht ohne weiteres kollisionsrechtlich gewandt werden. Jedoch verbietet sie auch wiederum, ohne weiteres die lex rei sitae als das maßgebende Statut zu wählen. Vgl. zu der 40. DVO Baur, NJW 1950, 49 ff. Zutreffend Harmening, RvglHwb II 311 f. für das Aufwertungsrecht: „Man wird auch aus den allgemeinen Grundsätzen des internationalen Privatrechts einen Satz des Inhalts, daß das Recht der gesicherten Forderung dem auf das dingliche Recht anzuwendenden Gesetz regelmäßig folgt, nicht aufstellen können." Hüssener, Umstellung von Reichsmarkhypotheken in Berlin (JR 1949, 18) nimmt denn auch an, daß Währungsstatut nach zwingendem Recht das am Wohnsitz des Schuldners geltende Recht sei und daß die Hypothek demgegenüber akzessorisch sei, kommt also zur alleinigen Geltung des Schuldnerrechts und damit genau zu dem gegenteiligen Ergebnis wie die Vorgenannten. Für die Grundschuld nimmt natürlich auch Hüssener die Geltung der lex rei sitae an. Die verschiedenen Lösungsversuche sind schon im Aufwertungsrecht eingehend diskutiert worden (vgl. Harmening, RvglHwb II 312 und Jacobsohn, NJW 1947/48, 682); sie sind im Interlokalen Verwaltungsrecht nicht ohne weiteres verwendbar, können aber zu vorsichtigen Analogieschlüssen verwandt werden, wie aus dem Text ersichtlich.

Statut haben[68]. Daß Schuldstatut im Interlokalen Verwaltungsrecht hierbei nicht das am Erfüllungsort, sondern das am Wohnsitz des Schuldners geltende Recht ist, kann die tatsächliche Situation, aber nicht die Fragestellung ändern. Richtig hat die Rechtsprechung erkannt, daß der Ort, an welchem sich der Hypothekenbrief befindet, als Anknüpfungsmoment nicht in Frage kommen kann[69], allerdings mit der fraglichen Begründung, daß der Hypothekenbrief kein Wertpapier sei[70].

Schuldstatut und Sachstatut fallen hier also zusammen, wenn der Schuldner in demselben Lande wohnt, in dem das Grundstück belegen ist, gleichgültig, ob der Schuldner zugleich Eigentümer des Grundstücks ist oder nicht. Liegen beide Anknüpfungsmomente in dem enteignenden Lande, so unterfällt die Hypothek, die einem enteigneten Unternehmen gehört, sicher der Enteignung[71]; liegen sie beide außerhalb des enteignenden Landes, so ist sie sicher von der Enteignung frei[72]. Wie ist es aber, wenn der Wohnsitz des Schuldners im enteignenden Lande liegt, das Grundstück aber nicht oder umgekehrt, wenn also die Anknüpfungsmomente in enteignungsrechtlich verschiedenen Rechtsgebieten liegen[73]?

Die Frage des Kollidierens von Sachstatut und Schuldstatut hat in der Nachkriegszeit besonders dort eine Rolle gespielt, wo durch eine Gebietsabtretung das Sachstatut sich geändert hatte, während das Schuldstatut gemäß dem Prinzip seiner grundsätzlichen Unwandelbarkeit unverändert geblieben war. Besonders im Aufwertungsrecht hat das Problem die höchstrichterliche Praxis beschäftigt[74]. Man wird im Einzelfalle aus dieser Judikatur auch für das

---

[68] Vgl. das Urteil des Bundesgerichtshofs vom 26. 1. 1951 (die Auslegung der Entscheidung bei BEUCK, IZR 71 scheint mir nicht zutreffend); auch LG Lüneburg 8. 2. 1951.

[69] KG (West) 12. 6. 1950.

[70] Vgl. hiergegen HUECK, Recht der Wertpapiere[4] (1948) 13; BEITZKE, JR 1951, 708. Auch wenn man die Auffassung vertritt, daß der Hypothekenbrief Wertpapier ist, ändert sich in der Anknüpfungsfrage nichts; s. oben S. 104.

[71] So der Fall, der dem Urteil des LG Berlin (West) vom 28. 3. 1949 zugrundelag: Wohnsitz des Beklagten und Grundstück befanden sich in Gotha, während der Erfüllungsort, also das Anknüpfungsmoment nach Interlokalem Privatrecht, Berlin war. Die Schwierigkeiten bei der Entscheidung lagen in der Frage, wieweit der Kläger, ein Versicherungsverein, von den Enteignungsmaßnahmen ergriffen war.

[72] So in der Entscheidung des LG Berlin vom 17. 11. 1947, soweit sie sich auf Hypotheken bezog, ferner OLG Schleswig 2. 9. 1949 sowie OLG München 3. 3. 1950.

[73] Zum folgenden vor allem RAAPE 440 ff. Ferner KRECH, HW 1951, 253; SEEGER, JR 1951, 359, der verschieden entscheidet, je nachdem, ob das Darlehen vorwiegend als Real- oder als Personalkredit gegeben war; BEITZKE, JR 1951, 706 f.

[74] Belege bei RAAPE 409 N. 69.

Interlokale Verwaltungsrecht manche Belehrung ziehen können[75], zumal das Kollisionsrecht der Aufwertung, wenn es auch wohl nicht zum Kollisionsverwaltungsrecht gehört, ihm doch näher steht als viele andere Gebiete des Internationalen Privatrechts.

a) Befindet sich der Wohnsitz des Schuldners im enteignenden Lande, das Grundstück im enteignungsfreien Gebiet, so ist zweierlei sicher: Erstens, daß die Forderung auf den enteignenden Staat übergeht; denn das gleiche wäre der Fall, wenn die Hypothek nicht aufgenommen worden wäre, und die Bestellung der Sicherheit kann keinen Statutenwechsel begründen. Zweitens, daß die dingliche Sicherung nicht auf den enteignenden Staat übergeht[76]; denn die lex rei sitae mag zwar den Forderungsübergang gelten lassen, aber — trotz § 1153 I BGB — nicht einen Eingriff in das Grundstücksrecht des eigenen Landes. Wem steht aber die Hypothek zu? Bei der Beantwortung der Frage muß man sich darüber klar sein, daß bei einer entschädigungslosen Enteignung immer einer der beteiligten Privatleute der Geschädigte ist, so daß man eine „billige" Lösung nicht erwarten darf. Es fragt sich nur, wer der Geschädigte ist; ob der enteignete Gläubiger, wie bei der Enteignung gewöhnlich, oder ein anderer. Man wird die Fälle getrennt behandeln müssen, in denen der Schuldner zugleich Eigentümer des Grundstücks ist, und diejenigen, in denen das Grundstück für eine fremde Forderung haftet. Beide Möglichkeiten sind durchaus praktisch und entsprechen meist verschiedenen wirtschaftlichen Konstellationen.

Ein Beispiel für den ersten Fall: Ein Einzelkaufmann in Leipzig hat seinem Chemnitzer Lieferanten für Warenschulden eine Hypothek an seinem Grundstück in Hannover bestellt. Der Chemnitzer Unternehmer wird enteignet, sein Betrieb volkseigen. Kann er sich aus dem Grundstück befriedigen, auch wenn der Leipziger Kaufmann die Schuld dem neuen Gläubiger beglichen hat? Das würde bedeuten, daß jener zweimal zu bezahlen hätte. Die Lösung widerspricht schon dem Wortlaut des § 1163 I 2 BGB, nach welchem mit Erlöschen der Forderung der Eigentümer die Hypothek erwirbt. Den wichtigsten Erlöschensgrund im Sinne dieser Bestimmung bildet die Befriedigung des Gläubigers. Gläubiger der Forderung ist aber auf Grund der Enteignung der aus dieser Berechtigte geworden. Die Hypothek wird also Eigentümergrundschuld. Die Sicherung der Forderung im enteignungsfreien Gebiet hat demnach dem früheren Inhaber nichts geholfen; er bleibt der Geschädigte. Ande-

---

[75] Ebenso der Bundesgerichtshof in dem Urteil vom 26. 1. 1951.

[76] Übereinstimmend PETERSEN 140.

rerseits hilft sie auch dem neuen Inhaber nichts. War die Forderung nicht realisierbar, so kann er nicht auf die Sicherung zurückgreifen.

Ein Beispiel für den zweiten Fall: Für die Warenforderung des Chemnitzer Fabrikanten an den Leipziger Einzelkaufmann besteht eine Hypothek an dem einem Dritten gehörigen Grundstück in Hannover. Begleicht in diesem Fall der Leipziger Kaufmann nach der Enteignung seine Schuld an den neuen Gläubiger, so hängt das Schicksal der Hypothek davon ab, ob der Leipziger von dem Grundstückseigentümer Ersatz verlangen kann oder nicht. Bei der ersten Alternative geht die Hypothek nach § 1164 I 1 auf ihn über. Der bisherige Gläubiger wird ihm nach dieser ausdrücklichen Vorschrift weichen müssen; denn der Schuldner hat den rechtmäßigen persönlichen Gläubiger befriedigt. Bei der zweiten Alternative würde die Hypothek im Falle normaler Begleichung der Forderung Eigentümergrundschuld werden. Es ist zumindest in diesem Falle zu erwägen, ob bei entschädigungsloser Enteignung des Gläubigers seine dingliche Sicherung nicht vorgeht und das Grundbuch daher bleibt, wie es ist. Die Akzessorietät ist hier nicht so stark wie in dem an erster Stelle behandelten Fall, die Anwendung des § 1163 I 2 nicht so auf der Hand liegend. Es ist also fraglich, ob hier nicht auch in diesem Punkt die lex rei sitae vorgeht und der alte Gläubiger sich aus dem Grundstück befriedigen kann, eine Eventualität, mit der der Eigentümer bei Ausfall des Schuldners ja sowieso rechnen mußte. Der durch die Enteignung Geschädigte wäre also in diesem Fall nicht der Gläubiger, sondern der Grundstückseigentümer — eine weitere extraterritoriale Wirkung der Enteignung. Der Eigentümer stände also in diesem Falle ebenso da, wie wenn er für eine fremde Schuld nicht eine Hypothek, sondern eine Grundschuld bestellt hätte.

b) Befindet sich der Wohnsitz des Schuldners im enteignungsfreien Gebiet, das Grundstück im enteignenden Land[77], so ist wiederum eines sicher: Die Forderung ist bei dem alten Gläubiger auch nach der Enteignung des Komplexes, zu dem sie gehört, verblieben. Er ist es, der vom Schuldner Zahlung verlangen kann[77a]. Denn es ist nicht einzusehen, warum er infolge der Tatsache, daß seine Forderung dinglich gesichert ist, schlechter dastehen soll, als wenn sie es

[77] Petersen 140 läßt diesen Fall offen. Seine Konstellation lag OLG Schleswig 30. 5. 1949 zugrunde, das zutreffend das am Wohnsitz des Schuldners geltende Recht anwandte. Bei OLG Braunschweig 19. 12. 1950 ist der Wohnsitz des Schuldners nicht ersichtlich.

[77a] OLG Schleswig 30. 5. 1949; LG Lüneburg 8. 2. 1951. A. A. wohl Beitzke, JZ 1951, 367 sowie Seeger, JR 1951, 359, falls das Hypothekendarlehen als Realkredit gegeben war; auch Krech, HW 1951, 253.

nicht wäre. Aber wie ist es mit der Hypothek? Vielleicht kann eine Bestimmung aus dem Aufwertungskollisionsrecht, auf dessen Vergleichbarkeit grosso modo wir bereits hinwiesen, einen Fingerzeig für die Beantwortung geben. Das deutsch-polnische Aufwertungsabkommen vom 5. 7. 1928 [78], das im übrigen das Kollisionsrecht der Vertragsparteien in Geltung beläßt, bestimmt durch besondere Vorschrift [79], daß über die Aufwertung hypothekarisch gesicherter Forderungen das Recht am Ort des belasteten Grundstücks entscheiden soll, *wenn* der Schuldner zur Zeit der gerichtlichen Geltendmachung in diesem Gebiet seinen Wohnsitz hat. Damit nicht das deutsche, sondern das fremde Aufwertungsrecht der lex rei sitae zur Anwendung kommen kann, wird also das Vorliegen eines weiteren lokalen Tatumstandes verlangt, der zugleich bemerkenswerterweise Anknüpfungsmoment des Schuldstatuts nach Internationalem Verwaltungsrecht ist. Im übrigen sieht das deutsche Aufwertungsrecht einen deutschen Gerichtsstand für die Aufwertung einer hypothekarisch gesicherten Forderung auch dann vor, wenn das Grundbuch nicht im Inland geführt wird [80], und billigt dem persönlichen Schuldner die Härteklausel auch dann zu, wenn das belastete Grundstück nicht mehr im Inland liegt [81].

Sollte nicht auch in dem hier zur Erörterung stehenden Fall, nämlich bei Belegenheit des Grundstücks im enteignenden Land, dessen Recht, also das Enteignungsrecht, nur dann zum Zuge kommen, wenn sich der Wohnsitz des Schuldners dort befindet? Dies würde bedeuten, daß der enteignende Staat inländische Hypotheken enteigneter Unternehmer nur dann enteignen kann, wenn der Forderungsschuldner seinen Wohnsitz im Enteignungsbereich hat. Kollisionsrechtlich würde es eine Bestätigung der schon mehrfach gemachten Erfahrung sein, daß die Anwendung von Ausnahmegesetzen mitunter einer Häufung lokaler Tatumstände bedarf. Diese Erwägungen zeigen, daß auch eine so feste Anknüpfung, wie sie im allgemeinen die Belegenheit der Sache im Grundstücksrecht bietet, allein nicht immer genügt, um die Anwendung der territorialen Zwangsmaßnahme zu rechtfertigen. Man sieht, wie hier die analoge Anwendung des § 23 Satz 2 ZPO, auf der ja die kollisionsrechtliche Einordnung von Forderungen im Internationalen und Interlokalen Verwaltungsrecht nach weit verbreiteter Meinung beruht, ihre Grenzen hat. Da mehrere prozessuale Zuständigkeiten für einen An-

[78] RGBl 1929 II 577. Die umfassende Rspr. des RG ist angeführt bei RAAPE 409.
[79] Art. 7 I.
[80] Art. 118 II der DVO vom 29. 11. 1925 (RGBl I 392).
[81] § 15 Nr. 2 des Aufwertungsgesetzes vom 16. 7. 1925. Vgl. HARMENING, Art. „Aufwertung" in RvglHwb II 311 ff.

spruch durchaus möglich, ja die Regel sind, ist für die Begründung der Zuständigkeit bei der dinglich gesicherten Forderung das Vorliegen *eines* der beiden örtlichen Tatumstände ausreichend: als Ort, an dem das Vermögen sich befindet, gilt nicht nur der Wohnsitz des Schuldners, sondern „auch" der Ort, an dem die Sache sich befindet. Bei der kollisionsrechtlichen Einordnung hingegen ist mit diesem Entweder-Oder nicht gedient. Um die Frage, ob die dinglich gesicherte Forderung in den Enteignungsbereich fällt, mit Sicherheit bejahend beantworten zu können, müssen vielmehr beide örtliche Tatbestandsmerkmale — eines davon als technisches Anknüpfungsmoment — im Enteignungsbereich belegen sein.

Das auf kollisionsrechtlichem Wege gewonnene Ergebnis wird gestützt durch Erwägungen, die sich aus dem akzessorischen Charakter der Hypothek ergeben. Da die Forderung bei dem alten Gläubiger verblieb, konnte die Hypothek nicht ihre eigenen Wege gehen [82]. Zwar findet § 1153 II BGB keine unmittelbare Anwendung, da die Enteignung keine „Übertragung" im Sinne dieser Vorschrift ist. Aber ebenso wie die Pfändung einer Hypothek nicht möglich ist, wenn die Forderung, die ihr zugrunde liegt, pfändungsfrei ist, ist die Enteignung der Hypothek ausgeschlossen, wenn die Forderung enteignungsfrei ist.

In der zweiten Gruppe von Fällen ist demnach ein Zugriff des enteignenden Landes auf die Hypothek rechtlich nicht zulässig, auch wenn das belastete Grundstück in seinem Bereich liegt. Man wird dem entgegenhalten, daß der Umfang der Enteignungsmaßnahme sich lediglich an der Durchsetzbarkeit der Maßnahme orientiert und daß diese Durchsetzbarkeit hier doch vorliege [83]. Die Versuche, auch dieses schwierige und dornenreiche Gebiet staatlicher Tätigkeit rechtlichen Grundsätzen zu unterwerfen, sollten sich jedoch nicht durch derartige Erwägungen rein tatsächlicher Natur irre machen lassen [84]. Gewiß ist für die Aufstellung des Prinzips der

---

[82] Hierzu neigt der OGH in seinem Urteil vom 13. 4. 1950, wenn er auch die Frage nicht zu entscheiden brauchte, vielmehr das Feststellungsinteresse verneinen konnte. Wie oben wird die Frage behandelt von K. A. Schmidt, Ostzonenhypotheken westdeutscher Versicherungsunternehmen (VR 1950, 153, 173), teilweise auch von O. R. von Laun, der das Urteil vom 13. 4. 1950 für abwegig hält (VR 1951, 62, 92). Auch Beitzke (JZ 1951, 367; JR 1951, 707) ist jedenfalls grundsätzlich der oben skizzierten Ansicht.

[83] So LG Berlin (West) 16. 5. 1950 in einem tatbestandsmäßig im übrigen nicht klar erkennbaren Falle. Das Urteil ließ jedoch die Entscheidung für den Fall ausdrücklich offen, daß der Zedent (es handelte sich um eine Erfüllungsübernahme), der in Westberlin wohnte, persönlicher Schuldner geblieben sei.

[84] Für ordre-public-Gesetze (hierzu oben S. 93) muß bei der völlig anderen Anknüpfungsmethode dieser Gesetze die Rspr. zu anderen Ergebnissen kommen; vgl. OLG Celle 14. 1. 1949: Die sächsische Landeskreditbank besaß auf einem Grundstück in Hannover eine Hypothek, gewerbliche Niederlassung der

Territorialität der Zwangsmaßnahmen die Frage der Durchsetzbarkeit der Maßnahme entscheidend gewesen; nicht umsonst korrespondiert es ja mit dem Monopol des physischen Zwanges, das in die Hand des Staates gelegt ist. Gewiß wird auch bei der Entscheidung von Zweifelsfragen die Erwägung, ob die Maßnahme durchsetzbar ist oder nicht, eine Rolle spielen. Ist eine Frage jedoch rechtlich nicht zweifelhaft wie hier, wo die Enteignungsfreiheit der Forderung auf langjähriger gesicherter Rechtsprechung aller Kulturstaaten, der akzessorische Charakter der Hypothek auf unbestrittenem gesamtdeutschen Recht beruht, so muß die Tatsache, daß der enteignende Staat die Macht hat, seine Hand auf das Grundstück zu legen, genau so zurücktreten, wie auch in anderen Fällen die Macht des Staates hinter dem Recht zurückzutreten hat[85].

Eine andere Gruppe von Hypotheken soll hier noch Erwähnung finden, da sie die Rechtsprechung in einigen Entscheidungen beschäftigt hat. Im Gegensatz zu den bisher behandelten Fällen hatte der Hypotheken*gläubiger* bei dieser Gruppe seinen Sitz nicht im enteignenden Land; seine Tätigkeit in diesem war beschränkt und verboten worden. Belastetes Grundstück und Wohnsitz des Schuldners waren im enteignenden Land gelegen.

Über die Art der Zuordnung der betroffenen Personen zum enteignenden Lande wird noch zu sprechen sein[86]. Hier ist nur von Bedeutung, daß die Überführung der Vermögen der geschlossenen Versicherungsunternehmungen — um diese handelt es sich vor allem — auf den Staat sich auf „inländische" Unternehmungen beschränkte und es daher darauf ankam, wann ein Unternehmen „inländisch" war[87] und wie Vermögensstücke „nicht-inländischer" Unternehmen zu behandeln seien. Hatte ein nicht-inländisches Unternehmen eine Hypothek im Enteignungsbereich, so konnte diese

---

Schuldnerin war Berlin. Trotzdem erfolgte Beschlagnahme durch die brit. Militärregierung gemäß MRG Nr. 52. „Der Umstand, daß die Schuldnerin der der Hypothek zugrunde liegenden persönlichen Forderung ihre gewerbliche Niederlassung in Berlin hat, steht .. der Beschlagnahme der Hypothek nicht entgegen."

[85] Die Frage, ob eine Leistung des Schuldners an den sich aus der Enteignung der Hypothek berechtigt Glaubenden schuldbefreiend wirkt, kann hier, da sie nicht kollisionsrechtlicher Natur ist, nur gestreift werden. Sie wird vom OLG München (3. 3. 1950), gegen das sich Duden (MDR 1951, 92) scharf wendet, unter Berufung auf § 242 BGB bejaht. Daß §§ 1155, 893 BGB nicht zum Zuge kommen können, ist sicher und gibt auch das Gericht zu, wenn es auch den originären Charakter der Enteignung verkennt. Auch der Hinweis auf § 409 BGB ist aus diesem Grunde fraglich. Auf der anderen Seite hatte die alte Hypothekengläubigerin, eine Bank, es unterlassen, von einer recht weitgehenden Klausel, Erfüllungsort und Zahlungsstelle einseitig zu bestimmen, rechtzeitig Gebrauch zu machen. So ist die Entscheidung ganz auf den Einzelfall gestellt und deshalb als Präjudiz nicht geeignet.

[86] S. unten S. 141 ff.

[87] Zu diesem Begriff s. unten S. 143 ff.

Hypothek, falls keine ausdrückliche Bestimmung dies positiv anordnete, ebensowenig wie das Unternehmen selbst von der Enteignung erfaßt werden, obschon Wohnsitz des Schuldners und Grundstück im enteignenden Land lagen. So hat das Landgericht Leipzig in zwei Entscheidungen die Umschreibung von zwei Hypotheken, die auf Leipziger Grundstücken für Hamburger Versicherungsunternehmen eingetragen waren, auf die Sozialversicherungskasse Leipzig abgelehnt, da infolge der Zoneneinteilung die Rechtsstellung der Hamburger Gesellschaften der von ausländischen Gesellschaften ähnele, deren Vermögen in der sowjetischen Zone nicht ohne weiteres beschlagnahmt werden könne[88].

Kapitel VII

FIRMA UND WARENZEICHEN

1. Firma

Die Frage, ob die Enteignung eines in einem Lande der Ostzone ansässigen Unternehmens auch das Firmenrecht ergreift, ist in den letzten Jahren sehr häufig diskutiert worden, was angesichts ihrer Bedeutung nicht wunder nimmt. BUSSMANN hat sich in seiner Arbeit über „Zwangsmaßnahmen gegenüber Unternehmenskennzeichen“[1] eingehend mit ihr befaßt. Die Darstellung kann sich daher durch einen Hinweis auf diese Ausführungen von der sachrechtlichen Erörterung weitgehend entlasten, braucht nur die wohl herrschende Meinung kurz zu skizzieren und kann sich im übrigen auf einige kollisionsrechtliche Bemerkungen beschränken. Es ist deshalb auch nicht erforderlich, auf die immer noch offene Frage näher einzugehen, ob das Recht an der Firma Persönlichkeitsrecht oder Immaterialgüterrecht ist oder wie sich beide Rechtselemente in dem Fir-

[88] LG Leipzig 18. 2. 1948 betr. Hamburger Berufskrankenkasse und 26. 1. 1948 betr. Hamburger Versicherungsgesellschaft. Diese Gesichtspunkte verkannte das AG Eisenach (17. 9. 1947); es wies den Antrag einer Versicherungsgesellschaft mit Sitz in den Westzonen auf Eintragung eines Widerspruches gegen die Umschreibung einer Hypothek auf die Landesversicherungsanstalt Thüringen zurück, da sich die in Frage kommende thüringische VO auf sämtliche im Lande Thüringen zum Geschäftsbetrieb nicht zugelassenen inländischen Versicherungsunternehmungen erstrecke. Das Gericht ging also von einem anderen Begriff des „Inlandes“ aus als die Leipziger Beschlüsse (hierzu unten S. 145). Daß es sich bei seiner Entscheidung nicht wohl fühlte, zeigt der Hinweis, das in Frage kommende Gesetz sei ordnungsmäßig verkündet und dürfe nach der thüringischen Verfassung von dem Richter nicht auf seine Verfassungsmäßigkeit überprüft werden.

[1] In Festschrift für Raape (1948) 131 ff.

menrecht mischen [2]. Denn die in der Literatur des Internationalen Privatrechts feststehende Meinung, daß das Recht auf die Firma dem Personalstatut zuzuordnen sei [3], dürfte nicht beeinträchtigt werden, nach welcher Richtung auch die Entscheidung fällt [4]. Schon dies zeigt die innige Verbindung des Firmenrechts mit der Person des Firmeninhabers. Im deutschen Handelsrecht wird sie dadurch unterstrichen, daß bei Erwerb eines Handelsgeschäftes die Firma nur mit ausdrücklicher Einwilligung des bisherigen Inhabers fortgeführt werden darf (§ 22 HGB); das Reichsgericht hat sogar dem Liquidator einer Handelsgesellschaft [5] und dem Konkursverwalter [6] das Recht versagt, die Firma ohne Zustimmung des bisherigen Firmeninhabers zu veräußern. Außerdem darf nach § 23 HGB die Firma nur mit dem Handelsgeschäft, für das sie geführt wird, veräußert werden. Daß der Ausdruck „veräußert" hier ungenau ist, hat das Reichsgericht [7] vermerkt und ist vermutlich darauf zurückzuführen, daß die Vorschrift im Kommissionsentwurf nicht enthalten und erst auf Vorschlag der 1. Sachverständigenkommission aus dem alten AHGB wieder eingefügt wurde [8]. Denn nach der Terminologie des BGB kann der Gesamtkomplex, Handelsgeschäft und Firma, zwar Gegenstand eines einheitlichen Verpflichtungsgeschäfts, aber niemals Gegenstand eines einheitlichen Verfügungsgeschäfts sein. „Wie es bei der freiwilligen Übertragung des Unternehmens keine Gesamtübertragung gibt, so kann auch durch Zwangsmaßnahmen dem Unternehmer das Unternehmen nicht uno actu entzogen werden." [9]

Die enteignungsrechtliche Situation des Firmenrechts ist demnach die folgende: Als Teil des Unternehmens kann die Firma nicht enteignet werden, weil dies dem Grundsatz der Spezialität widerspricht. Als einzelnes Recht — unabhängig von dem Schicksal des Handelsgeschäfts — kann die Firma nicht enteignet werden, weil sie als solches nicht übertragen werden darf, Übertragung, Pfändung und Enteignung aber insoweit gleichmäßig behandelt wer-

---

[2] Vgl. Fischer, Das Recht zur Fortführung alter Firmen durch den bisherigen Inhaber, ZHR 111 (1946) 18 ff.

[3] Vgl. Rvgl Hwb IV 464.

[4] Ebenso Ulmer, SJZ 1948, 681.

[5] RGZ 158, 231.

[6] RG 5. 6. 1931. A. A. das KG; dessen Rspr. wird referiert im Urteil des OLG Hamburg vom 19. 7. 1948.

[7] RGZ 107, 33: „... insofern ungenau, als nicht die Firma selbst übertragen, sondern das Recht zu ihrem Gebrauch unter Verzicht auf die eigene Weiterbenutzung einem anderen bewilligt wird."

[8] Düringer-Hachenberg[3] § 23 Anm. 1.

[9] Bussmann 136.

den[10]. Und eine Enteignung zugleich mit den wesentlichen Geschäftsbestandteilen scheitert daran, daß die Fortführung der Firma bei Erwerb des Handelsgeschäfts der ausdrücklichen Einwilligung des Firmeninhabers bedarf. Also kann die Firma jedenfalls nach geltendem deutschen Handelsrecht überhaupt nicht enteignet werden[11]. Diese ein wenig formale Deduktion ist nur der juristische Ausdruck dafür, daß die Firma mit dem auf die Persönlichkeit des Unternehmers ausgerichteten Begriff des Handelsgeschäfts unlösbar verkoppelt ist. Daher vermag das zumindest sehr stark, wenn nicht ausschließlich, personalrechtlich orientierte Firmenrecht der rein objektbezogenen Enteignung und überhaupt dem Zwangszugriff auf vermögensrechtlicher Grundlage auszuweichen.

Demgegenüber könnte man einwenden, daß angesichts der weitgehenden Formulierungen in den Enteignungsgesetzen der Ostzone die Ablehnung der Gesamtübertragung auf dem Zwangswege höchstens als frommer Wunsch gewertet werden könnte. Formulierungen wie die: „Das Eigentum an den übereigneten Betrieben und Unternehmungen geht mit Ablauf des 30. 6. 1946 auf das Bundesland Sachsen über", „Der Eigentumsübergang umfaßt alle Vermögensgegenstände, die zum Betriebsvermögen des enteigneten Betriebes oder Unternehmens gehören[12]," scheinen der Forderung nach einer Einzelübertragung ins Gesicht zu schlagen. Die Auslegung dieser Vorschriften im einzelnen, vor allem die Frage, ob die hier gewählten Begriffe auf derselben Waage gewogen werden müssen wie die des BGB, kann jedoch dahingestellt bleiben. Denn kollisionsrechtlich muß es dabei sein Bewenden haben, daß es für die Nachfolge kraft Konfiskation oder, wie man erweiternd sagen kann, kraft Zwangsmaßnahme kein Gesamtstatut gibt und daß daher zu weit gehende Formulierungen der Landesrechte in dieser Richtung von dem an gesamtstaatsrechtlichen Begriffen orientierten Kollisionsrecht nicht anerkannt werden könnten.

Daß die Enteignung des Unternehmens tatsächlich dahin führen kann und häufig dahin führen wird, daß der Enteignete seinen Geschäftsbetrieb aufgibt und damit die Firma einbüßt, ist evident

---

[10] Daß Zwangsvollstreckung und Enteignung auch kollisionsrechtlich in der internationalen Praxis weitgehend gleichmäßig behandelt werden, legt besonders RHEINSTEIN 296, 308 dar, der die Enteignung durch Zwangsvollstreckung als einen „Unterfall der allgemeinen Enteignung" behandelt.

[11] BUSSMANN 136; ebenso GRUR 1950, 93. Wesentlich enger ULMER, SJZ 1948, 682, da er davon ausgeht, daß das Firmenrecht „seinem Schwergewicht nach Vermögensrecht" ist. Er schließt es von der Enteignung nur aus, soweit es einen „persönlichkeitsrechtlichen Einschlag" hat, also wenn die Firma den Familiennamen des Inhabers oder eines Teilhabers enthält.

[12] § 1 I und § 2 I der sächs. DVO vom 18. 7. 1946.

und hat mit der Frage, ob das Firmenrecht als solches enteignet werden kann, nichts zu tun. Eine sehr aktuelle Darstellung der verschiedenen Tatbestände, bei deren Vorliegen eine Firma als erloschen betrachtet werden muß, hat gerade im Zusammenhang mit der Frage der Firmenverlegung JULIUS v. GIERKE jüngst gegeben [13]. Man ist sich jedoch darüber einig, daß die Anforderungen hinsichtlich des Nachweises für das Fortbestehen nicht überspannt werden dürfen. So hat man nicht für erforderlich gehalten, daß eine eigene Produktionsstätte in den Westzonen besteht, es vielmehr für ausreichend erachtet, daß ein Hauptartikel der Firma dort vertrieben wird, die Teilhaber für die Firma arbeiten und ihre Patente angemeldet sind [14].

Die praktische Handhabung des Zugriffs auf die Firmen im Enteignungsrecht der Ostzonenländer war verschieden [15]. In Sachsen wurden die Firmen der übernommenen Betriebe nicht mitübernommen [16], sondern im Handelsregister gelöscht [17]. In Thüringen wird, wenn die Hauptverwaltung der landeseigenen Betriebe nicht eine neue Firma beantragt, die bisherige Firma ohne Angabe der früheren Gesellschaftsform mit dem Zusatz „landeseigener Betrieb" eingetragen [18].

Die Rechtsprechung hat sich zu einem großen Teil der wohl herrschenden Auffassung der Rechtslehre, daß das Firmenrecht nicht Gegenstand der Enteignung sein könne, angeschlossen [19]. Einer be-

---

[13] Firmenuntergang und Firmenverlegung, ZHR 112 (1948) 1 ff; ferner ULMER, SJZ 1948, 683.

[14] So LG Göttingen 23. 2. 1950.

[15] Vgl. BENKARD, DRZ 1947, 357; MEYER, Das Recht der volkseigenen Betriebe der Ostzone, ZHR 112 (1948) 87 ff., namentlich S. 101; BUSSMANN 137.

[16] LG Leipzig 3. 6. 1947: „Weder im (sächsischen) Gesetz vom 30. 6. 1946 noch in der DurchführungsVO vom 18. 7. 1946 ist von einem Übergang der Firmen der enteigneten Unternehmen die Rede." Nach der gleichen Entscheidung werden auch in praxi die Unternehmen nicht unter der Firmenbezeichnung der früheren Inhaber fortgeführt.

[17] LG Leipzig 10. 12. 1948. Daß die Löschung in allen Fällen, in denen eine Fortführung der Firma im Westen erfolgt, nicht gerechtfertigt ist, betonen BENKARD, DRZ 1948, 127 f. und HARMSEN, NJW 1947/48, 694. Wie ungerechtfertigte Löschungen von Kapitalgesellschaften in den Westzonen rückgängig gemacht werden können, erörtert FRIEDRICH, SJZ 1948, 27.

[18] Vgl. § 5 der DVO vom 18. 10. 1948. Jedenfalls die ältere Rspr. in Thüringen nahm an, daß Löschung nicht erfolgen könne; vgl. OLG Gera 24. 7. 1946: Wird eine in Thüringen ansässige Versicherungsgesellschaft enteignet, so hat die öffentliche Versicherungsanstalt kein Recht, die Löschung der Versicherungsgesellschaft im Handelsregister zu verlangen. Die Enteignung war auf Grund des thür. Gesetzes vom 22. 9. 1945 (GesSlg 33) erfolgt.

[19] Westzonen: LG Lübeck 7. 7. 1947; LG Hamburg 27. 10. 1948 im Anschluß an RGZ 158, 226 ff. (vgl. oben S. 160, N. 5). Anderer Auffassung LG Hamburg 10. 6. 1947, dessen Ansicht jedoch vom OLG Hamburg (19. 7. 1948, s. sogleich im Text) reprobiert wurde.

In der Ostzone war das LG Leipzig (3. 6. 1947) der Auffassung, daß das Fir-

sonderen Erwähnung bedarf hier jedoch das sog. Knäckebrot-Urteil des Oberlandesgerichts Hamburg vom 19. 7. 1948, weil es eine sehr eingehende Erörterung der zahlreichen hier zusammenlaufenden juristischen Fragen ausgelöst hat und in der Entwicklung der Rechtsprechung zwar keinen Abschluß, aber einen Markstein bildet. Das Gericht stellte fest, daß bei der Enteignung des Fabrikationsbetriebes in Burg (Provinz Sachsen) die Firma „Erste Deutsche Knäckebrotwerke Dr. Wilhelm Kraft" nach dem Willen der sächsischen Instanzen „offenbar ohne territoriale Beschränkung mit in die Enteignung einbezogen sein" sollte, daß tatsächlich „die jetzt von der Beklagten (den Industriewerken Sachsen-Anhalt) geführte Firma wieder die Firma des Klägers (des alten Eigentümers) enthält" und äußert sich eingehend zu diesem Sachverhalt.

Das Urteil liest sich nicht ohne Spannung, weil es die im Firmenrecht meistdiskutierten Fragen anschneidet, aber nicht voll beantwortet, da es ihre Beantwortung für die Entscheidung nicht als erforderlich ansieht. So bleibt offen, „ob der Ansicht des Reichsgerichts, daß die Firma ein Persönlichkeitsrecht ist, das nur mit Einverständnis des Inhabers von seiner Person getrennt werden kann, zuzustimmen ist oder ob jedenfalls für die abgeleitete Firma der Auffassung des Kammergerichts, die Firma sei ein Vermögensrecht, der Vorzug zu geben ist." Denn wenn dem auch so sei, so sei die Firma jedenfalls kein selbständiges Vermögensrecht, da sie nach §§ 22, 23 HGB nur mit dem Betrieb veräußert werden könne. Es spreche vieles dafür, daß der Kern des Betriebes durch die Enteignung nicht erfaßt sei (die Handelsorganisation in den Westzonen lag außerhalb des territorialen Enteignungsbereichs). Die Folge sei, „daß die Firma auch für Sachsen nicht auf die Beklagte übergegangen ist." Aber auch hier bricht das Gericht wieder ab; so viel sei gar nicht beantragt, vielmehr nur Unterlassung der Benutzung der Firma in den Westzonen gefordert. Damit ist das Stichwort für eine Erörterung kollisionsrechtlicher Fragen gegeben. Die Enteignung

menrecht enteignungsfrei sei. Das OLG Dresden 1. 7. 1948 verwarf jedoch diese Auffassung. Es verneint eine der Hauptauswirkungen des Territorialitätssatzes und kommt dabei auf die Firma zu sprechen: „Die Erwägung des Landgerichts, daß die AG noch bestehe, weil die Enteignung auf das im Lande Sachsen befindliche Vermögen beschränkt und die ‚Firma' von ihr unberührt geblieben sei, kann nicht gebilligt werden." Es behauptet, daß das Gericht die Entscheidung der Verwaltungsbehörde nicht nachprüfen dürfe: „Welche Gegenstände zum Betriebsvermögen zu rechnen sind, haben die Verwaltungsbehörden zu bestimmen. Im vorliegenden Fall erstreckt sich nach deren Auffassung die Enteignung ... auch auf die Firma. Diese rechtlich keineswegs unmögliche Auffassung ist für die Gerichte des Landes Sachsen bindend." Hierzu Benkard, DRZ 1949, 321. Dieser selbst ist der Ansicht, daß die Firma von der Enteignung nicht erfaßt wird (DRZ 1948, 127 f.).

könne nach dem Grundsatz der territorialen Beschränkung des Enteignungsaktes nur die in Sachsen gelegenen Vermögenswerte ergreifen. Auch wenn man die Firma als Vermögensrecht und nicht als Persönlichkeitsrecht ansehe, so sei sie „nicht in Sachsen gelegen". Denn auch immaterielle Güterrechte seien nicht an einem bestimmten Ort belegen. „Sie sind in den Grenzen des Staates, aus dessen Recht sie ihren Schutz in dem betreffenden Staat herleiten, allgegenwärtig." „Das Recht an der Firma ... kann daher nicht durch Enteignung seitens eines einzelnen deutschen Landes dem Inhaber mit Wirkung für das ganze Reich entzogen werden." Das Oberlandesgericht schwankt nun zwischen zwei Möglichkeiten; entweder die Rechtsgültigkeit der Enteignung der Firma für das ganze Reichsgebiet — auch wenn man sie als solche für möglich halten sollte — zu verneinen oder sie auf das enteignende Land zu beschränken. Trotz starker Sympathien für die erste Alternative folgt das Gericht der zweiten, wohl weil es ihm mißlich erschien, einen Landesgesetzgeber mehr als unbedingt erforderlich zu desavouieren. Sie führt nach Auffassung des Gerichts zu einer Spaltung des Schutzrechts für das Gebiet des enteignenden Landes und das übrige Reichsgebiet. „Das Schutzrecht wurde bisher gewährt von dem einheitlichen Reich. Es wird nach der heutigen Struktur Deutschlands gewährt durch die das Reich repräsentierenden Länder." Eine Aufteilung der Schutzrechte nach dem Gebiet der Länder sei nur die natürliche Konsequenz der Tatsache, daß die Länder in ihrer rechtlichen Entwicklung ganz verschiedene Wege gingen. Keinesfalls dürfe ein Land „durch die dem bisherigen Reichsrecht widersprechenden Eingriffe" den übrigen Teil Deutschlands in seine Bahn zwingen. Deshalb sei der Unterlassungsanspruch für die westlichen Zonen gerechtfertigt [20].

Das Knäckebrot-Urteil hat in seinen firmenrechtlichen Partien in der sehr anregenden Erörterung, zu der es Anlaß gab [21], in etwa gleichem Maße Zustimmung wie Kritik erfahren, wobei sich die Kritik mehr auf die Begründung der Entscheidung als auf ihr Ergebnis bezog. Mit Recht hat besonders Ulmer [22] darauf hingewiesen, daß das Urteil Firma und Warenzeichen zu sehr nach den gleichen Grundsätzen behandle. Entkleidet man die Entscheidung einer doch etwas allzu metaphysischen Metapher — Allgegenwart ist eine Eigen-

[20] Ebenso OLG Düsseldorf 4. 7. 1950.

[21] Ulmer, SJZ 1948, 674 ff.; GRUR 1949, 63 ff.; Beil, BB 1948, 592; Lutz, GRUR 1948, 48 ff., 690—693; Paterna, MDR 1948, 462 ff.; Harmsen, NJW 1947/48, 693 ff.; Benkard, DRZ 1949, 320 ff.; Mitt. d. Markenverbandes, Jan. 1949, 9 ff.

[22] SJZ 1948, 682.

schaft, die bisher nur Gott selbst vindiziert wurde — und der staatsrechtlich zumindest mißverständlichen Wendung von den „das Reich repräsentierenden Ländern“, so bleibt nach der kollisionsrechtlichen Seite ein Kern übrig, der sich in den Gang dieser Erörterung einfügt, auch wenn man mit den Ausführungen des Urteils nicht durchweg einverstanden ist.

Vor allem gibt die Entscheidung Anlaß, die Unterschiede zwischen Kollisions-Privat- und Kollisions-Verwaltungsrecht erneut zu bedenken. Im Internationalen Namensrecht, dem das Kollisionsrecht der Firma weitgehend folgt, steht die Frage, welches Recht über die Berechtigung zur Namensführung entscheide, derart im Vordergrund, daß die nicht minder wichtige Frage, welche Rechtsordnung für den Schutz des Namens maßgebend sei, durch sie überschattet wird. Wird diese Frage trotzdem erkannt und gestellt, so liegt es nahe, auch sie unter dem Gesichtswinkel des Personalstatuts zu betrachten, das unbestritten über die erste entscheidet. So hat das Reichsgericht, von dem Personalstatut ausgehend und es weiterhin zugrunde legend, lediglich hinzugefügt [23], daß der Schutz sich nur bis zur Höchstgrenze des Schutzes der lex fori erstrecke [24]. Das ist eine im Kollisionsrecht ungewöhnliche Erwägung. Das Messen an der lex fori ist zwar in ihm gang und gäbe, aber nur selten in dem Sinne, daß weitergehende Ansprüche, als nach den deutschen Gesetzen begründet sind, nicht geltend gemacht werden können (so Art. 21 EG am Ende). Meist erfolgt dieser Vergleich, so vor allem bei der Anwendung der Vorbehaltsklausel, aber auch in anderen Fällen (vgl. Art. 22 II EG), in der Richtung, daß Mindestansprüchen der lex fori genügt sein muß. Schon die Formulierung der Entscheidung im Fall Eskimo Pie [25] gibt dem Gedanken Raum, ob es richtig sei, hier überhaupt noch das Personalstatut heranzuziehen. Er wird dadurch verstärkt, daß sowohl die ältere deutsche wie die schweizerische Rechtsprechung [26] in diesem Zusammenhang überhaupt nicht von dem Personalstatut sprechen, sondern den Schutz des Namensrechtes lediglich nach der lex fori bestimmen.

In der gleichen Richtung gehen die Ausführungen von Raape [27],

---

[23] Harmsen, NJW 1947/48, 694 verkennt dies; die von ihm angeführte Entscheidung RGZ 18, 31 ist in diesem Punkte aufgegeben.

[24] So sehr deutlich die vom RG gebilligte Auffassung des Berufungsgerichts im Fall Gervais (RGZ 100, 185): „Es ist der Ansicht, daß der dem Kläger zukommende Namensschutz, weil es sich um ein Persönlichkeitsrecht handle, nach dem Personalstatut, also nach französischem Recht zu beurteilen sei, mit der Einschränkung, daß der Kläger als Ausländer im Inland keinen weiteren Schutz genießen könne, als § 12 BGB es zulasse.“

[25] RGZ 117, 218. [26] Angeführt bei Nussbaum 126.

[27] S. 421; ihm folgend Ulmer, SJZ 1948, 681.

wenn er empfiehlt, lediglich inländisches Recht anzuwenden; es handle sich hier um defensive, nicht offensive Rechte, die sich dem Gebiet des ordre public näherten. Dies aber bedeute, daß dem Ausländer nicht weniger, aber auch nicht mehr Schutz gewährt werde als dem Inländer. Auch auf benachbarten Rechtsgebieten zeigt sich jene „neuere Anschauung, die das Recht am Zeichen auflöst in eine Vielheit örtlicher Schutzrechte, die ein jeder Staat nach Voraussetzungen und Wirkungen unabhängig für seinen Bereich begründet". Was Neumeyer[28] hier vom Schutz des Zeichenrechts sagt, mag auch vom Schutz des Firmenrechts gelten.

Gehen wir noch einen Schritt weiter. Wir sahen schon[29], daß die Verwendung des Wortes „Ausländer", ohne daß es auf die Nationalität im einzelnen ankommt, darauf schließen läßt, daß es sich nicht um eine Kollisionsnorm, sondern um eine fremdenrechtliche Norm handelt. Es wurde denn auch bereits früher[30] gerade im Anschluß an die Pariser Verbandsübereinkunft vom 20. 3. 1883/6. 11. 1925 darauf hingewiesen, daß zwar die Zulässigkeit der Firma nach dem Personalstatut, die Tatsache ihres Schutzes aber nach der fremdenrechtlichen Norm zu bestimmen sei. Die Rechtswahl, die auch hier vorauszugehen hat, erfolgt selbständig vom Personalstatut je nach den Voraussetzungen für den Schutz des in Frage kommenden Rechts, häufig in Richtung der lex fori. Allgemein läßt sich hierzu allerdings wenig sagen, da es immer auf die Fassung des anzuwendenden konkreten Rechtssatzes ankommt.

Gerade in das Firmenrecht spielt nun das Internationale Verwaltungsrecht an vielen Stellen hinein, da die Registerführung eine Kette öffentlich-rechtlicher Verpflichtungen zur Folge hat. So muß für die kollisionsrechtliche Beurteilung einer Eintragungspflicht das am Ort des Registers geltende Recht maßgebend sein[31]. Dagegen scheint im Internationalen wie im Interlokalen Verwaltungsrecht, um zum Interlokalen Recht zurückzukehren, die Frage, welches Recht über die Berechtigung zur Firmenführung entscheidet, zumindest in dem hier erörterten Zusammenhang zurückzutreten; meist steht sie gar nicht zur Erörterung, sondern nur die Frage, ob das Firmenrecht, dessen Berechtigung erwiesen ist, gegen den Zwangszugriff geschützt ist oder nicht. Das ist aber keine kollisionsrechtliche Fragestellung mehr, sondern bei der Beteiligung von Ausländern zunächst eine Frage des Fremdenrechts, vor allem aber eine Frage nach Geltungsbereich und Dignität der Schutznorm einerseits, der eingreifenden Norm andererseits. Das Bild von der „All-

---

[28] RheinZ. 11 (1921/22) 216 f. [29] S. oben S. 12.
[30] Rvgl Hwb IV 464. [31] Ebd.

gegenwart" ist ja nur der Versuch, die Terminologie des Kollisionsrechts mit dieser Fragestellung in Einklang zu bringen; denn die Anknüpfung, auch die territoriale, knüpft nur an einen Ort innerhalb des Geltungsbereichs einer Rechtsordnung an, während es sich bei der Frage des Schutzbereichs um den Geltungsbereich der Norm insgesamt handelt [32]. Die Rolle, die hier der Rechtssatz von der Territorialität der Zwangsmaßnahmen spielt, ist dementsprechend eine andere als bei seiner Anwendung auf Sachen und Forderungen. Steht dort seine kollisionsrechtliche Funktion im Vordergrund und entscheidet er demgemäß darüber, ob eine Sache oder eine Forderung von der Enteignung in toto ergriffen werde oder von ihr in toto frei bleibe, so fragt es sich hier — wenn man einmal dem Knäckebrot-Urteil darin folgen will, daß die Firma überhaupt enteignungsfähig ist —, ob die landesrechtliche Enteignungsnorm, die dem Grundsatz das Prinzip territorialer Abgrenzung entnimmt, sich für ihr Gebiet auch gegenüber der Norm höherer Dignität durchzusetzen vermag oder ob Enteignungsstaat nur der Schutzstaat sein kann [33]. Bejahte man die erste Möglichkeit angesichts der Tatsache, daß bei dem anormalen Verhältnis zwischen Reichs- und Landesrecht nach 1945 Eingriffe des Landesrechts in das Reichsrecht gerade auf dem Gebiet der Zwangsmaßnahmen jedenfalls in gewissem Umfange geduldet werden mußten, so macht die Inanspruchnahme des Firmenrechts durch zwei verschiedene Personen in zwei verschiedenen Rechtsgebieten, die aus ihr folgt, keine wesentlichen konstruktiven Schwierigkeiten. Denn im Firmenrecht ist es, wie positiv-rechtlich schon der Gegenschluß aus § 30 HGB zeigt [34], durchaus möglich, daß zwei Unternehmen außerhalb des gleichen Ortes dieselbe Firma führen [35].

2. Warenzeichen

Das Oberlandesgericht Hamburg neigt, ohne endgültig Stellung zu nehmen, in seinem Urteil vom 19. 7. 1948 dahin, das Firmenrecht im Anschluß an die Rechtsprechung des Kammergerichts als „immaterielles Güterrecht" aufzufassen. Von diesem Ausgangspunkt aus glaubt es, Firma und Warenzeichen weitgehend den gleichen Grundsätzen unterwerfen zu können. Denn daran, daß das Recht am Warenzeichen nicht als Persönlichkeitsrecht, sondern als Immate-

[32] Man vergleiche zu der Verschiedenheit der Fragestellung Riezler 3 und 22.
[33] Im Anschluß an eine Formulierung von Ulmer, SJZ 1948, 679.
[34] Auf § 30 HGB weist auch das Knäckebrot-Urteil bei seiner Auseinandersetzung mit der erstinstanzlichen Entscheidung hin: HEZ 2, 12.
[35] Für die Konsequenzen im einzelnen, die aus dieser Ansicht folgen, vgl. Ulmer, SJZ 1948, 679.

rialgüterrecht aufzufassen ist, besteht seit der Schwenkung, die das Reichsgericht in seinem Urteil vom 20. 9. 1927 vollzogen hat, kaum noch ein Zweifel. Gewiß blieb ein Teil der Warenzeichen, vor allem die sog. Firmenmarken, weiterhin im Rahmen der Persönlichkeitsrechte [36]; aber für den Großteil der neutralen Warenzeichen war mit dieser Entscheidung der Übergang vollzogen. Nun ist es immer gewagt, so ausgesprochene Lehrbuchbegriffe, wie es die des Persönlichkeitsrechts und des gewerblichen Schutzrechts sind, in der Rechtsprechung zu verwenden und aus einer Subsumierung unter sie Schlüsse zu ziehen, die den Besonderheiten der einzelnen Rechtsfigur doch nicht völlig gerecht werden [37]. Die Kritik, die Harmsen [38] an dem Urteil geübt hat, beruhte nicht zuletzt darauf, daß die firmenrechtlichen Gesichtspunkte dadurch vernachlässigt wurden. Aber eine gleiche Behandlung von Warenzeichen und Firma ist vielleicht in einer ganz anderen Richtung erlaubt.

Die Frage, ob ein Zeichen frei übertragbar sein soll oder nicht, ist derzeit die meist diskutierte des Internationalen Warenzeichenrechts und war ein Hauptthema der Quebecer Konferenz der Internationalen Handelskammer vom Juni 1949 [39]. Mag sich dort auch die Waage auf die Seite der freien Übertragbarkeit geneigt haben, fest steht, daß nach geltendem deutschen Recht das Warenzeichenrecht nur mit dem Geschäftsbetrieb oder dem Teil des Geschäftsbetriebes, zu dem das Warenzeichen gehört, auf einen anderen übergehen kann (§ 8 I 2 WZG) [40]. Damit ist das Warenzeichenrecht in puncto Übertragbarkeit ganz in die Nähe der Firma gerückt, für welche § 23 HGB, wie wir sahen, eine etwas anders formulierte, aber inhaltlich ganz ähnliche Regelung trifft. Beschränkung in der Übertragbarkeit bedeutet nach deutschem Recht Beschränkung in der Pfändbarkeit. Daher sagt Stein-Jonas [41] in Auslegung des § 857 ZPO in deutlicher Parallelisierung beider Rechtsfiguren: „Nicht pfändbar ist die kaufmännische Firma, weil sie ohne das Handelsgeschäft nicht übertragen werden kann, HGB § 23; dasselbe gilt für Warenzeichen, § 8

[36] Bussmann 139, 143.

[37] Treffend formuliert Ulmer, SJZ 1948, 675: „Ein Satz, der für bestimmte Lebensgebiete entwickelt ist, wird hier unbesehen auf Grund eines gemeinsamen Oberbegriffs auf ein weiteres Gebiet übertragen, für das die Angemessenheit des Satzes erst zu prüfen wäre", und bezeichnet dies als falsche Begriffsjurisprudenz.

[38] NJW 1947/48, 693 f.

[39] Vgl. etwa GRUR 1949, 240.

[40] Daran hat der BGH 5. 3. 1951 unter dem Beifall von Hefermehl (NJW 1951, 521) ausdrücklich festgehalten. Auch die ausländischen Befürworter der freien Übertragbarkeit fordern uneingeschränkt, daß das Publikum nicht irregeführt werden dürfe. Wie soll dieser Voraussetzung bei einer Enteignung genügt werden, da bei dieser nicht wie bei einer vertraglichen Übertragung der Schutz des Verkehrs eingebaut werden kann?

[41] 17. Aufl. (1951) § 857 II 3.

WZG." Und BAUMBACH[42]: „Das Firmen- und das Warenzeichenrecht haben Vermögenswert; da sie aber nur mit dem Unternehmen übertragbar sind und das Unternehmen praktisch unpfändbar ist, ist Pfändung unmöglich." Nun gehen Pfändung und Enteignung weithin Hand in Hand, namentlich was das Erfordernis der Spezialität des Gegenstandes betrifft, auf den der Zugriff erfolgt. Der Schluß von der Pfändungsunfähigkeit auf die Enteignungsunfähigkeit liegt daher nahe, und es ist erstaunlich, daß er in der Diskussion des Knäckebrot-Urteils nicht öfter gezogen worden ist. Der Markenverband weist in anderem Zusammenhang deutlich darauf hin und gibt auch gleich den tieferen Grund an, der gegen eine Enteignung spricht[43]: „Man kann sie (die Marke) nicht zwangsweise übertragen, ohne ihr immaterielles Wesen, insbesondere ihre Herkunftsfunktion, zu gefährden." Damit scheint allerdings der Nagel auf den Kopf getroffen. Es genügt daher nicht, auf den — zweifellos vorhandenen — Vermögenswert hinzuweisen, um damit die Möglichkeit der Enteignung von Marken nachzuweisen[44]. Vielmehr ist auch nach der Eingliederung des Warenzeichenrechts in die Gruppe der Immaterialgüterrechte der persönlichkeitsrechtliche Gehalt des Rechtes so stark, daß schon aus diesem Grund erhebliche Zweifel gegen eine Enteignungsfähigkeit bestehen; die Einschränkung der Übertragbarkeit ist ja nur der gesetzestechnische Ausdruck dieser starken personenrechtlichen Komponente. Dabei scheint es keine Rolle zu spielen, ob ein Teilbetrieb des Unternehmens, der gerade mit dem in Frage kommenden Warenzeichenrecht gekoppelt ist, der Enteignung unterliegt oder nicht, ob es sich also um eine Enteignung der Marke allein handelt oder um eine Enteignung „mit dem Teil des Geschäftsbetriebs, zu dem das Warenzeichen gehört". Denn auch im letzeren Fall ist das Erfordernis der Spezialität nicht gewahrt.

Ob dieser dogmatische Ausgangspunkt in der Diskussion, namentlich der internationalrechtlichen, in vollem Umfang wird gewahrt werden können, ist eine andere Frage. Das Problem des Zwangseingriffs in gewerbliche Schutzrechte durch andere Mächte als den ursprünglichen Gesetzgeber ist ja nicht neu; es ist bereits durch die

[42] 20. Aufl. (1951) § 857 Nr. 3. Für das internationale Recht BRAUN und FAVART in „Der Markenartikel" 1951, 86 unter Hinweis auf POUILLET.

[43] In dem Memorandum „Das Schicksal der deutschen Auslandsmarken" (Dez. 1949) 15. — Herrn Dr. GUSTAV SCHWARTZ, Wiesbaden, ist der Verfasser für wertvolle Hinweise zu dem Abschnitt über Firma und Warenzeichen zu aufrichtigem Dank verpflichtet.

[44] BUSSMANN 139. PETERSEN 137 hält die Enteignung des Warenzeichens zusammen mit den entsprechenden Bestandteilen des Geschäftsvermögens für „denkbar".

Pariser Vorortverträge gestellt worden[45] und spielt angesichts der Zwangsmaßnahmen gegenüber deutschen Warenzeichen während und nach dem zweiten Weltkrieg in aller Welt eine für die deutsche Wirtschaft entscheidende Rolle[46].

Bei der ostdeutschen Enteignungsgesetzgebung ist aber die Problemstellung insofern eine grundsätzlich andere, als die Lösung im Rahmen des deutschen Reichsrechts und somit im Rahmen des deutschen Warenzeichengesetzes gefunden werden muß, während im internationalen Felde teils zwischenstaatliche Abmachungen, teils autonomes und spezielles ausländisches Beschlagnahmerecht neben ausländischem Zeichenrecht und dem deutschen Gesetz werden stehen müssen und seiner Regelung in manchen Punkten vorgehen werden.

Das Knäckebrot-Urteil[47] folgert die Enteignungsfähigkeit des Warenzeichens unmittelbar aus der jetzt erkannten Natur des Warenzeichenrechts als gewerblichen Schutzrechts. Es sei heute nicht mehr umstritten, daß Warenzeichen veräußerliche Vermögenswerte seien. Die früher von Kohler begründete Ansicht, daß das Warenzeichen ein Persönlichkeitsrecht sei, sei aufgegeben, wobei sich die Entscheidung auf das schon erwähnte Urteil des Reichsgerichts vom 20. 9. 1927 beruft. Warenzeichen gehörten als vermögensrechtliche gewerbliche Schutzrechte grundsätzlich zur Konkursmasse. Sie könnten grundsätzlich von einer Enteignung ergriffen werden. Hierbei bezieht sich das Knäckebrot-Urteil auf die Entscheidung des Reichsgerichts vom 29. 5. 1908 in dem berühmten Chartreuse-Fall. Es gibt zu denken, daß diese Entscheidung, auch wenn man ihr den Charakter eines test-case für die Enteignungsfähigkeit von Warenzeichen zubilligen will[48], vor der Schwenkung des Reichsgerichts in

---

[45] Art. 297 b des Versailler Vertrages ging von der Belegenheit gewerblicher Schutzrechte in dem jeweiligen Eintragungsland aus; vgl. Fuchs, Die Grundsätze des Versailler Vertrages über die Liquidation und Beschlagnahme deutschen Privatvermögens im Auslande (Leske-Löwenfeld, Die Rechtsverfolgung im internationalen Verkehr VI Teil 2, 1927) 129. Man vergleiche ferner die Kritik des Falles Mumm durch Neumeyer, RheinZ 11 (1921/22) 209 ff. Das Urteil in diesem Fall hielt die Marken als Teil des franz. fonds de commerce für enteignungsfähig; aaO 224.

[46] Hierzu vor allem das in N. 43 erwähnte Memorandum des Markenverbandes.

[47] OLG Hamburg 19. 7. 1948; die wichtigen Urteile des OLG Düsseldorf vom 6. 12. 1949 in Sachen Olympia Büromaschinen AG und 29. 9. 1950 in Sachen Auto-Union folgen der Argumentation des Knäckebrot-Urteils; auch LG Düsseldorf 11. 5. 1949 kommt zu dem gleichen Ergebnis wie dieses. KG (West) 6. 9. 1949 schließt sich den vom OLG Hamburg aufgestellten Grundsätzen insoweit an, als es sich um die Verneinung von Rechtswirkungen außerhalb Thüringens handelt.

[48] Wegen des Nebensatzes (RGZ 69, 9) „auch wenn man eine entsprechende Anwendbarkeit des § 7 (WGZ, der in etwas anderer Fassung dem jetzigen § 8

der Einordnung des Warenzeichenrechts — die erst 1927 erfolgte — ergangen ist. Daraus ist zumindest zu entnehmen, daß diese Einordnung für das Reichsgericht nicht der Grund für seine Stellungnahme zur Enteignungsfrage gewesen ist. Das Oberlandesgericht Hamburg kommt auf Grund seiner Auffassung in Verbindung mit dem auch von ihm anerkannten Grundsatz von der Territorialität der Zwangsmaßnahmen folgerichtig auch beim Warenzeichen zu einer „örtlichen Aufspaltung des Schutzrechts", die allerdings beim Warenzeichenrecht dogmatisch sehr viel schwerer zu begründen und zu ertragen ist als beim Firmenrecht [49]. Nun ist die Möglichkeit der Trennung oder Spaltung gewerblicher Schutzrechte vor und namentlich nach dem Hamburger Urteil von den bewährtesten Fachleuten dieses sehr ausgebauten Spezialgebietes so eingehend erörtert worden [50], daß es vermessen wäre, wenn ein Nicht-Spezialist auf diesem Gebiete glaubte, dieser Diskussion noch etwas hinzufügen zu können. Man kann wohl zusammenfassend sagen [51], daß das Knäckebrot-Urteil auch zu diesem Punkt im Ergebnis vorwiegend zustimmende, in der Begründung geteilte Kritik erfahren hat [52]. Auch hier gilt es nur, einige kollisionsrechtliche Feststellungen zu treffen und die Einordnung in den Zusammenhang des Interlokalen Verwaltungsrechts wenigstens anzudeuten.

Das Oberlandesgericht Hamburg [53] bezeichnet zutreffend das Warenzeichenrecht als „gewerbliches Schutzrecht mit territorial begrenztem Wirkungskreis". Es wäre allerdings besser gewesen, wenn diese im Zusammenhang nicht unbedingt erforderliche Feststellung vermieden worden wäre. Denn da das Wort „territorial" unmittel-

---

entspricht auf das Zwangsvollstreckungsverfahren an und für sich für zulässig erachtet". PATERNA (MDR 1948, 464) weist mit Recht darauf hin, daß das Knäckebrot-Urteil die Chartreuse-Entscheidung in einem nicht recht passenden Zusammenhang zitiert.

[49] Vgl. Memorandum des Markenverbandes (oben S. 133, N. 43) 10.

[50] BUSSMANN 137—143, Handelsblatt Düsseldorf vom 11. 2. 1949 und GRUR 1950, 93; ULMER, SJZ 1948, 674 ff. und GRUR 1949, 63 ff.; BEIL, BB 1948, 592; LUTZ, GRUR 1948, 48 ff., 690—693; PETERSEN 136 ff.; PATERNA, MDR 1948, 462 ff.; HARMSEN, NJW 1947/48, 693 ff.; BENKARD, DRZ 1949, 320 ff.; Mitt. d. Markenverbandes Jan. 1949, 9 ff.; FRIEDRICH, SJZ 1948, 26; WILCKE, SJZ 1950, 558; BEUCK, IZR 40 ff. Vom Standpunkt der eingreifenden ostzonalen Stellen aus verneint FEILER (NJ 1950, 155) die Spaltungsmöglichkeit und bejaht die Lokalisierung des Warenzeichens am Betriebsort.

[51] So Mitt. d. Markenverbandes, Jan. 1949, 10.

[52] PATERNA (MDR 1948, 464) vertritt auch nach dem Urteil klar die Auffassung, „daß landesgesetzliche Enteignungsmaßnahmen die Rechte aus eingetragenen Warenzeichen nicht zu entziehen vermögen, und zwar auch nicht für das Gebiet des enteignenden Landes". KG (West) 6. 9. 1949 läßt die Frage offen. WILCKE (SJZ 1950, 558 ff.) faßt den Zwangseingriff als Zwangslizenz analog § 8 PatG auf. Ähnlich BUSSMANN, GRUR 1950, 93.

[53] OLG Hamburg 19. 7. 1948.

bar danach in dem hier erörterten Sinn des Interlokalen Verwaltungsrechts verwandt wird, liegt ein Mißverständnis nahe: die Territorien, von denen die Rede ist, sind in beiden Fällen verschiedene; einmal ist es der Geltungsbereich des Warenzeichengesetzes, also Deutschland, das andere Mal das Gebiet des enteignenden Landes, also Sachsen-Anhalt. Noch mehr führt es irre, daß im ersten Fall von dem territorial begrenzten Wirkungskreis des gewerblichen Schutzrechts, im zweiten Fall von der „territorialen Beschränkung des Enteignungsaktes" gesprochen wird; nicht etwa, daß diese Ausdrücke absichtlich in Parallele gesetzt würden, aber der Vergleich drängt sich auf. Dabei ist der Zweck der örtlichen Abgrenzung in beiden Fällen ein völlig verschiedener. Das Internationale Warenzeichenrecht, wie es in der Pariser Verbandsübereinkunft niedergelegt ist, ist auf dem Grundsatz aufgebaut, daß jeder Angehörige eines Verbandsstaates in den vertragschließenden Ländern Inlandsschutz genießt, wenn er die erforderlichen Eintragungen in den Markenregistern hat vornehmen lassen [54]. In höchst ingeniöser Weise ist hier der fremdenrechtliche Grundsatz der Inländerbehandlung des Ausländers mit dem territorialen Geltungsbereich, wie er in der Führung von Büchern für diesen Bereich deutlich zum Ausdruck kommt, gekoppelt. Die „territoriale Begrenzung" [55] im Internationalen Warenzeichenrecht hat also nur den Zweck, die einzelnen Buchbereiche voneinander abzugrenzen und einen möglichst umfassenden Schutz des Rechtes zu sichern [56]. Die territoriale Beschränkung des Enteignungsaktes hat genau die entgegengesetzte Funktion. Sie soll die Wirkungen der Enteignung möglichst auf das enteignende Land zurückdämmen. Jene Begrenzung ist also der Ausdruck einer übereinstimmenden Rechtsauffassung, diese Beschränkung das immerhin bedrohliche Anzeichen einer tiefgreifenden Ungleichheit der Rechtsauffassung.

Der Ausdruck von der territorialen Begrenzung des Schutzrechts gibt noch zu einer anderen Erwägung Anlaß. Schon bei der Erörterung des Firmenrechts zeigte sich, daß die Zuordnung der sog. Schutzrechte durch eine einheitliche Punktanknüpfung nicht zu lösen sei, sondern daß hier der territoriale Schutzbereich im Vordergrund zu stehen habe. Dies wird im Warenzeichenrecht noch deut-

---

[54] Vgl. Ulmer, SJZ 1948, 676.

[55] Der Ausdruck „territorial begrenzter Wirkungskreis" ist wohl auf die Sprechweise des RG in RGZ 118, 81 zurückzuführen („räumliche Begrenzung des Markenschutzes").

[56] Über das Ineinanderspielen von inländischem und ausländischem Rechtsschutz auf diesen Gebieten vgl. Raape 416 und die Entscheidung des österr. Obersten Gerichtshofes vom 16. 2. 1938 (RabelsZ 13 [1942] 964), Patente betreffend.

licher, da das Warenzeichen eine viel ausschließlichere Wirkung beansprucht und buchmäßig strenger gebunden ist als die Firma, deren Schutz nicht auf der Registereintragung, sondern auf namens- und wettbewerbsrechtlichen Grundsätzen beruht. Auch bei dem Warenzeichen handelt es sich hier nicht um die Frage, nach welchem Recht das Recht aus dem Warenzeichen zu beurteilen ist, sondern darum, in welchem Bereich und aus welchen Gründen das Recht geschützt wird. An welchem Ort im einzelnen der Schutz notwendig wird, läßt sich ja bei der „defensiven" Natur des Rechtes gar nicht sagen, hängt vielmehr davon ab, wo und wie das Recht verletzt wird. Wenn man sich schon der kollisionsrechtlichen Ausdrucksweise bedienen will, so ist es in dem ganzen Land „belegen", in dem es geschützt ist [57]. Das ist grundsätzlich jedes Land, in dem es eingetragen ist. Denn bei der Koppelung von Schutz und Eintragung (vgl. § 9 WZG) liegt es nahe, Schutzbereich und Buchbereich gleichzusetzen. Wie man ihn auch nennen mag: deutlich ist, daß hier auch im Privatrecht der Schutzbereich territorial abgegrenzt werden muß — nach im Inland eingetragenen Marken [58] —, nicht personal — nach der Staatsangehörigkeit der Markeninhaber [59] —. Das Hervortreten des territorialen Moments nähert die Behandlung des Warenzeichens an sich den Grundsätzen, die wir für das Interlokale Verwaltungsrecht feststellen konnten.

Das ist um so bedeutsamer, als die große Schwierigkeit, vor die sich das Knäckebrot-Urteil gestellt sah, auf dem Gebiet des Geltungsbereichs einer Rechtsnorm und nur auf ihm lag. Nachdem es einmal die Enteignungsfähigkeit des Warenzeichens bejaht hatte, lautete die zu beantwortende Frage, ob ein durch ein Reichsgesetz im gesamten Reichsgebiet geschütztes, als Schutzrecht nicht lokalisierbares, begrifflich nicht teilbares Recht durch die Maßnahme eines

[57] Ulmer, SJZ 1948, 678 f. LG Düsseldorf 11. 5. 1949 bemerkt zum Warenzeichenrecht: „In jedem Verletzungsfalle entsteht ein Schuldverhältnis, dessen Sitz am Ort der Verletzung oder am Wohnsitz des Schuldners liegt. Danach kann der Sitz des Warenzeichens nicht an einen bestimmten Ort verlegt werden." Auch hier sieht man, wie das Gericht mit den Schulausdrücken des Kollisionsrechts eine rechtlich anders gelagerte Situation zu meistern sucht.

[58] Das scheint mir der vorläufige Abschluß der sehr komplizierten Entwicklung zu sein; vgl. Ulmer, SJZ 1948, 677: „Der Unternehmer hat nicht ein einheitliches Markenrecht, sondern gesonderte Rechte in all den Staaten, in denen seine Marke eingetragen ist." Vgl. auch Riezler 20, 22.

[59] Bei der Vieldeutigkeit des Begriffs sollte man es vermeiden, von „dem Grundsatz der Nationalität der Marke" zu sprechen, wie es RGZ 118, 81 tut. Die Verwendung des Ausdrucks Nationalität außer bei natürlichen Personen ist immer gefährlich und gibt zu Mißdeutungen Anlaß, sei es bei Gesellschaften oder Seeschiffen, bei Luftfahrzeugen oder gar bei Binnenschiffen, bei Warenzeichen oder bei Patenten. Man vergleiche für das Luftfahrzeug die kritischen Bemerkungen von Riese, Luftrecht (1950) 201—203.

Landes, das nicht über den ganzen Geltungsbereich des Rechts verfügen kann, enteignet werden darf [60].

Fest steht zunächst, daß für das deutsche Gebiet außerhalb des enteignenden Landes das enteignete Warenzeichen dem ursprünglichen Inhaber verbleibt, und zwar auch dann, wenn der enteignende Landesgesetzgeber beabsichtigte, die Enteignung auch auf dieses Gebiet übergreifen zu lassen. Anderer Ansicht war noch die erste Instanz im Knäckebrot-Fall [61]. Diese Frage dürfte aber durch die nachhaltige Erörterung, die seitdem erfolgte, geklärt sein. Für das Internationale Verwaltungsrecht war sie es schon seit der Chartreuse-Entscheidung des Reichsgerichts und den gleichlautenden Entscheidungen der Obersten Gerichte vieler anderer Staaten. Ist man gewillt, die rechtliche Eingriffsmöglichkeit für das Land und die Enteignungsfähigkeit des Warenzeichens als solche zu bejahen, und dazu noch — wie das Knäckebrot-Urteil und die Mehrheit seiner Rezensenten — wenn auch schweren Herzens bereit, den auf die §§ 8 und 15 des Warenzeichengesetzes gestützten Grundsatz von der Unteilbarkeit des Zeichenrechts aufzugeben, so kann das enteignende Land die sog. formalen Warenzeichen mit der Wirkung enteignen, daß die „sich auf Warenzeichen erstreckende Enteignung nur in dem enteignenden Lande selbst ihre Wirkung äußert" [62]. Bei der hieraus folgenden Spaltung des Warenzeichenrechts sind es in Zukunft zwei Rechtsträger, die in räumlicher Trennung gleichmäßig berechtigt sind [63]. Die rechtliche Situation ist also im Interlokalen Verwaltungsrecht nach dieser Aufhebung der Einheitlichkeit des Warenzeichenrechts genau die gleiche, wie sie vom Reichsgericht in seiner Entscheidung vom 20. 9. 1927 für das Internationale Verwaltungsrecht skizziert worden ist, obwohl die Wege, die zu ihr geführt hatten, ganz verschiedene waren: jede der Berechtigungen gilt in ihrem territorialen Herrschaftsbereich. Aber auch die in der Praxis mildernde Einwirkung der räumlichen Trennung wird dann hinfällig werden, wenn der aus der Enteignung neu Berechtigte den

---

[60] Die Frage, wie die Enteignung von Warenzeichen durch Reparationsbefehl der Besatzungsmacht zu beurteilen ist, ist daher eine grundsätzlich andere; sie ist keine des Interlokalen Verwaltungsrechts; erörtert wird sie von PATERNA (MDR 1949, 673) und von PETERSEN 145.

[61] LG Hamburg 10. 6. 1947. Ebenso PETERSEN 136 ff.

[62] BUSSMANN 143. Auf die weiteren Bedenken von HARMSEN (NJW 1947/48, 694), ob ein solcher Sammelbetrieb, wie es im Knäckebrot-Fall der neue Inhaber des Warenzeichens in der Ostzone, die „Industrie-Werke Sachsen-Anhalt", offenbar war, seiner Natur nach überhaupt fähig ist, Träger industrieller Firmen- und Warenzeichen sowie von Ausstattungsbesitz zu sein, sei wenigstens hingewiesen.

[63] Vgl. BENKARD, DRZ 1949, 322. Das sagt noch deutlicher als das Knäckebrot-Urteil das Urteil in Sachen Olympia des OLG Düsseldorf vom 6. 12. 1949.

internationalen Schutz seines Zeichens auf Grund einer Eintragung im Ausland begehren wird [64].

Stellt man sich einmal auf den Standpunkt des Knäckebrot-Urteils, so ergibt sich eine von den allgemeinen Grundsätzen des Interlokalen Verwaltungsrechts abweichende, systematisch höchst interessante Situation: Die Enteignung des Warenzeichens hat keinerlei extraterritoriale Wirkung. Kommt eine bewegliche Sache nach ihrer Enteignung aus dem enteignenden Land in ein anderes, so nimmt dieses den Eigentumserwerb durch den auf Grund der Enteignung Berechtigten hin; als „Rechtstatsache", wie es einige Gerichte nannten. Ebenso wird der Umstand, daß eine Forderung von der Enteignung betroffen wird, wenn der Schuldner im Enteignungslande seinen Wohnsitz hatte, auch in den anderen Ländern respektiert; ändert der Schuldner nach der Enteignungsmaßnahme seinen Wohnsitz und wird er am neuen Wohnsitz von dem alten Gläubiger in Anspruch genommen, so braucht er nicht ein zweites Mal zu zahlen. Anders beim Warenzeichen. Sowie das enteignete Warenzeichen außerhalb des enteignenden Landes aufzutreten versucht, tritt ihm das Warenzeichen des ursprünglichen Inhabers entgegen. Voraussetzung ist lediglich, daß dieser sein Unternehmen tatsächlich fortsetzt (§ 11 I Nr. 2 WZG). Der neue Inhaber des enteigneten Betriebes in einem Land der Ostzone kann demnach Waren, die mit dem enteigneten Warenzeichen versehen sind, vielleicht in andere Länder der Ostzone verbringen [65], jedoch nicht in die Westzonen einführen [66].

Es ist demnach — die Richtigkeit der Knäckebrot-Entscheidung immer vorausgesetzt — die sehr merkwürdige Erscheinung zu beobachten, daß bei der Enteignung territorial nicht lokalisierbarer Rechte durch Landesrecht der Grundsatz der Territorialität von Zwangsmaßnahmen schärfer und wörtlicher wirkt als bei lokalisierten oder wenigstens lokalisierbaren Rechten. Während bei diesen der Grundsatz des Schutzes erworbener Rechte den Territorialitätsgrundsatz so weit überwindet, daß wir von extraterritorialen Wirkungen des Territorialitätssatzes sprechen konnten, ist bei jenen das

[64] Diese höchst bedeutsamen Auswirkungen, die bisher nicht praktisch werden konnten, sind hier nicht weiter zu verfolgen; sie sind skizziert in dem Memorandum des Markenverbandes (s. oben S. 133 N. 43) 10 f. und von Wilcke, SJZ 1950, 558. Vgl. auch Magerstein, Zum Problem der extraterritorialen Wirkung von Konfiskationsgesetzen mit besonderer Berücksichtigung gewerblicher Schutzrechte konfiszierter oder „nationalisierter" Unternehmungen im Auslande (JurBl 1950, 349).

[65] Hierzu oben S. 81 N. 46; sonst erfolgt nach einer bei Beuck, IZR 50 mitgeteilten, in den Gründen mir nicht bekannten Entscheidung des LG Hamburg v. 31. 8. 1950 (Chlorodont) Sequestrierung.

[66] Benkard, DRZ 1949, 322.

Gegenteil der Fall: Der Territorialitätsgrundsatz bietet dem sonst so geheiligten Grundsatz vom Schutz erworbener Rechte überall — soweit wir sehen, auch auf internationalem Feld — Paroli. Während sonst die Anwendung der Vorbehaltsklausel und die des Territorialitätsgrundsatzes zu verschiedenen Ergebnissen führen, hat hier der letztgenannte Satz die gleiche Wirkung wie der ordre public. Ein dogmatisch recht auffälliges Ergebnis.

Umgekehrt ist den Waren des in den Westzonen unter seinem alten Warenzeichen produzierenden Fabrikanten vielleicht nicht die Einfuhr der mit diesem Warenzeichen versehenen Waren in die gesamte Ostzone, aber doch in das Enteignungsland verwehrt. „Eine andere Folgerung würde sich an den tatsächlichen Machtverhältnissen stoßen." [67] Sucht man eine rechtliche Begründung hierfür, so wird diese eher darin zu finden sein, daß das enteignende Land innerhalb seines Territoriums zu Zwangsmaßnahmen berechtigt ist — womit die Begründung in die bereits skizzierten Erwägungen allgemeiner Art einmündet —, als daß sie sich auf die staatsrechtliche Argumentation stützen sollte, daß von 1945 bis 1949 Ländergesetze in unbeschränktem Umfang Reichsrecht, sogar Reichsverfassungsrecht, ändern konnten [68]. Diese Ansicht wird zwar sehr häufig vertreten, ist aber, obwohl sie auch in Landesverfassungen Eingang gefunden hat, durchaus nicht gesichert [69]. Die Gesetze auf dem Gebiet des gewerblichen Rechtsschutzes waren ein Stolz des deutschen Gesetzgebers. Daß auch hier die Rechtseinheit empfindliche Einbußen erlitten hat, wird jedem schmerzlich sein, dem diese Dinge am Herzen liegen. Man sollte daher bei der Erörterung dieser Fragen alles vermeiden, was diesen Rechtszerfall rechtlich breiter fundiert, als es unbedingt erforderlich ist.

Was für Warenzeichen gesagt wurde, kann weitgehend auch auf Patente, Gebrauchs- und Geschmackmuster angewandt werden [70].

[67] Benkard, DRZ 1949, 322.

[68] Wie es Benkard an anderer Stelle (DRZ 1948, 128) tut; dagegen Paterna, MDR 1948, 462 ff.

[69] Zweifelnd auch Wacke, JZ 1951, 150 und Ipsen in Festschrift für Raape 429 f.

[70] Vgl. Benkard, DRZ 1949, 321; Beuck, IZR 45 ff.; für Patente auch Petersen 135 f. im Anschluß an das thür. Gesetz zur Überführung der Bergbaubetriebe vom 30. 5. 1947, das auch Patente ausdrücklich enteignet. Ferner Riezler 17 f.; Wilcke (SJZ 1950, 558 ff.) faßt im Anschluß an RGZ 102, 390 und RGZ 161, 387 den Zwangseingriff als Zwangslizenz auf; ebenso Tetzner, Zonenenteignung und Patentrecht (JR 1950, 363).

Die DDR hat unter dem 6. 9. 1950 ein neues Patentgesetz erlassen (GBl 989); einen Überblick geben Tetzner, NJW 1950, 925 ff.; Beuck, IZR 51 f.; Nathan, NJ 1950, 430; Benkard, Mitteilungsbl. d. Deutschen Vereinigung f. gewerbl. Rechtsschutz u. Urheberrecht 10/1950, 4. Altpatente enteigneter Unternehmer werden hiernach für den neuen Inhaber des Unternehmens registriert (BB 1950, 800 f.).

Da Schwierigkeiten auf diesem Gebiet in größerem Umfang nicht aufgetaucht zu sein scheinen, sie jedenfalls der Rechtsprechung keine Gelegenheit zur Erörterung gaben, kann die Besprechung der Einzelheiten derzeit unterbleiben. Die Ausstattung hat das Knäckebrot-Urteil gleichfalls als „gewerbliches Schutzrecht mit territorial begrenztem Wirkungskreis" angesehen und dem Warenzeichen vollkommen gleich behandelt. Schwerlich zu Recht. Die Ausstattung ist eine Warenkennzeichnung, kein Warenzeichen. Ihr Schutz ergibt sich nicht aus einer Eintragung, sondern aus einer Verkehrsgeltung, die einen „materiellen Besitzstand" verleiht[71]; schon dies verweist die Ausstattung aus der unmittelbaren Nähe des formellen Warenzeichens in das Gebiet von Rechten, die für eine Enteignung noch weniger greifbar sind als dieses, in die Nähe etwa von Firmenmarke und Firma.

Kapitel VIII

EINWIRKUNGEN AUF DIE RECHTSTRÄGER

1. Die Bedeutung des Sitzes

Die Zwangsmaßnahme in dem hier erörterten Sinn ist auf den im Territorium des enteignenden Staates belegenen oder als belegen gedachten Gegenstand gerichtet, in erster Linie objektiv orientiert. Hieraus folgt, daß im Enteignungsrecht die Frage, wo der bisher Berechtigte Wohnsitz oder Niederlassung hat, erst an zweiter Stelle interessiert. Am deutlichsten ist dies bei der Enteignung von Grundbesitz, also vor allem bei den Bodenreformen. Ob der Großgrundbesitzer seinen Besitz in der Bukowina selbst bewirtschaftet oder ob er in Paris lebt und die Bewirtschaftung durch einen Verwalter besorgen läßt, ist bei der rumänischen Bodenreform ebensowenig beachtet worden wie bei der brandenburgischen die Frage, ob der brandenburgische Gutsbesitzer auf seinem Gut geblieben oder nach dem Westen ausgewichen war. Daß die Staatsangehörigkeit eine gewisse Rolle spielt, weil viele ausländische Staaten eine entschädigungslose Enteignung ihrer Staatsangehörigen nicht hinnehmen, sondern gegen den enteignenden Staat völkerrechtliche Schadensersatzansprüche erheben, steht auf einem anderen Blatt; eine Rückgängigmachung der Enteignung ist, soweit bekannt geworden, zudem auch in

---

[71] BUSSMANN 139, 143, dem auch die weitere Darlegung folgt; ferner BUSSMANN, GRUR 1950, 93.

diesen Fällen meist nicht gefordert worden, sondern lediglich angemessene Entschädigung des Enteigneten [1]. Etwas anders ist die tatsächliche Situation bei der Enteignung von Betrieben, Unternehmungen, Banken. Auch hier geht die Enteignungsmaßnahme in Wahrheit auf den einzelnen Gegenstand, entsprechend dem Grundsatz sachenrechtlicher Spezialität. Darüber dürfen die gewählten wirtschaftlichen Bezeichnungen nicht hinwegtäuschen. Aber diese zeigen das politische Ziel und stecken damit den Umfang der zu treffenden Maßnahmen ab.

Während sich bei der Enteignung von Grundeigentum die territorialen Grenzen für den gesetzgeberischen Akt von selbst verstehen, können sie bei der Enteignung von Betrieben und Unternehmen nach verschiedenen Seiten zweifelhaft werden. Die Frage, was nach der objektiven Seite als im enteignenden Land befindlicher und damit enteignungsunterworfener Gegenstand anzusehen ist, wurde an einigen Rechten, die vor allem zu Zweifeln Anlaß gaben, bereits erörtert. Es kommt nun darauf an, ob auch auf der subjektiven Seite Abgrenzungen vom Standpunkt des Interlokalen Verwaltungsrechts aus getroffen werden müssen.

Diese Abgrenzung ist für die grundsätzliche Bedeutung des Instituts nicht so einschneidend wie jene. Denn auch hier kann die territoriale Zwangsmaßnahme das Gebäude einer außerhalb des enteignenden Staates seßhaften Bank, das Warenlager eines auswärtigen Unternehmens enteignen, falls beide Gegenstände im enteignenden Land liegen und auch im übrigen die erforderliche gesetzliche

[1] Belege bei Beitzke, 96 ff. Großbritannien hat jedoch nach einer Londoner AP-Meldung vom 1. 3. 1950 von der Sowjetunion gefordert, sie möge entweder die Rückgabe des in der Ostzone enteigneten Eigentums an den britischen Eigentümer sicherstellen oder, sollte dies nicht möglich sein, eine unverzügliche, angemessene und wirksame Entschädigung gewähren. Auch das Gesetz Nr. 34 der Alliierten Hohen Kommission sieht zwar grundsätzlich die Heranziehung des Grundbesitzes der Ausländer zur Bodenreform in der Bundesrepublik vor, gewährt ihnen aber doch erhebliche Vergünstigungen; vgl. Kimmich, BB 1950, 828. Zu der viel diskutierten Frage ferner Guggenheim, Entschädigung für Nationalisierungen ausländischen Eigentums, Schweiz. Jb. f. internat. Recht 5 (1948) 162 ff.; Makarov, Die Nationalisierungsmaßnahmen und die Entschädigung der durch sie betroffenen Ausländer in der internationalen Praxis der letzten Jahre, Festschrift für Erich Kaufmann (1950) 249 ff. Wie hartnäckig die Staaten in dieser Frage sind, zeigt die Mitteilung von Guggenheim, daß die Schweiz noch immer die von schweizerischen Staatsangehörigen in der russischen Revolution 1917/18 erlittenen Schäden geltend macht, ohne daß die UdSSR bisher eine Schadensersatzpflicht anerkannt hätte. Deshalb ist es erstaunlich, wenn der führende Völkerrechtler eines der kleinen Staaten, die immer besonders auf die Verbindlichkeit von Völkerrechtssätzen hielten, der Däne Ross, die übliche völkerrechtliche Lehre, nach der eine Enteignung Ausländern gegenüber stets zur Entschädigung verpflichte, „als ein Überbleibsel liberalistischer Rechtsauffassungen entschwundener Zeiten“ bezeichnet (Lehrbuch des Völkerrechts [1951] 161).

Grundlage vorhanden ist [2]. Man denke nur daran, daß sämtliche in einem Lande lagernden Vorräte an Treibstoff oder Autoreifen, gleichgültig wer der Eigentümer ist, beschlagnahmt werden.

Auch die Enteignungsmaßnahmen in den Ländern der Ostzone haben auf die juristische Einordnung des Unternehmens wenig Rücksicht genommen und auch Zweigniederlassungen nicht im Enteignungslande belegener Unternehmen [3], Betriebsteile nicht dort domizilierter Betriebe erfaßt [4]. Aber in vielen Punkten beschränkte man sich doch auf „inländische Unternehmungen", weil nur hier die Verwertbarkeit wirklich gesichert war. Ein Beispiel bietet die thüringische Verordnung vom 10. 3. 1947 zur Überführung der Vermögen der geschlossenen Versicherungsunternehmungen, die das Vermögen sämtlicher in Thüringen zum Geschäftsbetrieb nicht zugelassener inländischer Versicherungsunternehmungen entschädigungslos enteignete. Auch wenn die Worte Unternehmung und Betrieb bei derlei Maßnahmen in einem juristisch sehr untechnischen Sinn verstanden werden [5], so ist doch schon wegen solcher Regelungen die Frage, wann eine Unternehmung als „inländisch" zu betrachten ist, von großer Bedeutung. Darüber hinaus kann sie dort schlechthin entscheidend sein, wo das enteignete Unternehmen einer juristischen Person oder einer Handelsgesellschaft gehörte [6]. Denn hier fragt es sich, ob und inwieweit die Existenz der Gesellschaft oder der juristischen Person durch die Enteignung berührt wird.

Da es demnach aus verschiedenen Gründen maßgebend darauf ankommt, wann eine juristische Person oder Gesellschaft „inländisch" ist, müssen wir dem Begriff „Inland" im Interlokalen Recht unsere Aufmerksamkeit zuwenden, zumal sich zeigen wird, daß seine richtige Abgrenzung die Lösung auch für andere der hier auf-

---

[2] Vgl. LG Berlin 28. 3. 1949: „Die Zulässigkeit einer Maßnahme, wonach auch ein außerhalb des Rechtsgebietes des eine Enteignung verfügenden Staates ansässiger und in keiner Weise dieser Gesetzgebung unterliegender Gläubiger auf solche Weise eines Vermögensgegenstandes verlustig geht, läßt sich nicht in Zweifel ziehen." Die Entscheidung ist in ihren übrigen Ausführungen recht anfechtbar.

[3] Hierzu PETERSEN 140 ff.

[4] Vgl. OLG Dresden 27. 4. 1948: Die Bekanntmachung der Landesverwaltung Sachsen vom 5. 4. 1946 (Gesetze 101) und § 9 der VO über die Sozialversicherung vom 28. 1. 1947 (Gesetze 86) beziehen sich, wie schon nach dem Wortlaut der Bekanntmachung nicht zu bezweifeln ist, auf das im Lande Sachsen befindliche Vermögen auch solcher früherer Versicherungsträger, die außerhalb des Landes ihren Sitz haben.

[5] Deshalb hat BEUCK 4 ff. den Begriff „Ostbetrieb" auch weit und organisatorisch gefaßt.

[6] Vgl. zum folgenden BENKARD, Der Einfluß der Zwangsenteignung auf juristische Personen des Handelsrecht mit Betrieben in verschiedenen Zonen, DRZ 1947, 356 ff.; derselbe DRZ 1948, 127 f.

tretenden Fragen bietet. Wir sahen schon [7], daß die Begriffe „Inländer" und „Ausländer" im Fremdenrecht eine besondere Rolle spielen, während im Kollisionsrecht mit dem Sammelbegriff „Ausländer" wenig anzufangen ist. Für die Verwendung des Begriffs „Ausland" im bürgerlichen und Verfahrensrecht [8] sind andere Gesichtspunkte maßgebend. Der Gesetzgeber nimmt an, daß gewisse Förmlichkeiten längere Zeit dauern, wenn sie im Ausland erledigt werden müssen, und räumt daher für diesen Fall weitere Fristen ein. Deshalb überlassen z. B. die §§ 262, 299 ZPO die Bemessung der Einlassungsfrist dem Vorsitzenden, wenn die Zustellung im Ausland erfolgen muß. Auch andere Fristen werden geräumiger bemessen, wenn der Interessent seinen Wohnsitz im Ausland hat (vgl. z. B. §§ 1944 IV, 1954 III BGB). Auch wird die öffentliche Zustellung leichter zugelassen, wenn bei einer im Ausland zu bewirkenden Zustellung die Befolgung der für diese an sich geltenden Vorschriften unausführbar ist oder keinen Erfolg verspricht (§ 203 II ZPO). Gerade im letzten Fall handelt es sich um rein praktische Erwägungen, und es ist daher durchaus verständlich, wenn das Oberlandesgericht Celle für die Frage der öffentlichen Zustellung das derzeit polnisch besetzte Gebiet Deutschlands als Ausland betrachtet [9].

Eine derartige, fern von allem Grundsätzlichen ergangene Entscheidung darf jedoch nicht darin beirren, daß „Inland" und „Ausland" Begriffe des Staats- und Völkerrechts sind und daß — von zoll- und devisenrechtlichen Besonderheiten sowie einigen noch zu erörternden Ausnahmen abgesehen — „Inland" in gesamtdeutschen Gesetzen grundsätzlich das Gebiet des Deutschen Reichs, „Ausland" die Gebiete der anderen Staaten der Erde umfaßt [10].

Anders jedoch in deutschen Landesgesetzen. „Inland" bedeutet für den Gesetzgeber den territorialen Geltungsbereich der Gesetze, wie er sich aus der Verfassung des Landes ergibt [11]. Für den Gesetzgeber eines deutschen Landes bedeutet also „Inland" nur das Gebiet des Landes selbst, nicht etwa auch das Gebiet Deutschlands außerhalb des Landes; denn auf dieses erstreckt sich seine Gesetzgebungsgewalt nicht [12]. Überflüssig zu bemerken, daß damit die anderen deutschen

[7] S. oben S. 12 f.

[8] Auf das Strafrecht, in dem diese Anknüpfung von weit größerer grundsätzlicher Bedeutung ist, ist hier nicht einzugehen.

[9] OLG Celle 28. 11. 1947.

[10] Hierzu Riezler, SJZ 1949, 787.

[11] Hierzu Neumeyer IV 123 ff.

[12] Die Frage wurde bei der Anerkennung landesrechtlicher juristischer Personen in einem anderen deutschen Bundesstaate vom RG erörtert (RGZ 92, 74 ff.). Insoweit geht Art. 154 der Verfassung des Landes Hessen vom 11. 12. 1946 (GVBl 229), so lobenswert die Tendenz der Bestimmung auch ist, über die

Gebiete für dieses Land nicht etwa „Ausland" werden. Vom Standpunkt des Landesgesetzgebers sind Inland und Ausland nicht kontradiktatorische, sondern konträre Gegensätze. Dazwischen liegen die deutschen, nichtinländischen Gebiete. Das Landgericht Leipzig [13] hat dies gut erkannt, wenn es sagt, die Rechtsstellung einer Hamburger Versicherungsgesellschaft im Rahmen der sächsischen Enteignungsgesetzgebung „ähnele" der einer ausländischen. Der gleiche Gedanke klingt an, wenn das Oberlandesgericht Braunschweig den § 244 BGB — der von dem Tatbestand ausgeht, daß eine in ausländischer Währung ausgedrückte Geldschuld im Inland zu zahlen ist — auf einen Fall, in dem eine Forderung in Ostzonenwährung im Westen zu zahlen war, *entsprechend* anwendet [14]. Diese Erwägungen haben, da sie auf den territorialen Bereich abgestellt sind, besondere Bedeutung für Gesetze, bei denen der Akzent so auf der territorialen Abgrenzung liegt wie bei den Enteignungsgesetzen. Da diese durchweg Ländergesetze sind, ist demnach „Inland" in ihrem Sinn nur das Land, welches das Enteignungsgesetz erlassen hat, nicht Deutschland, auch nicht etwa die Ostzone, sofern es sich nicht um zonale Gesetze handelt [15], oder etwa die Deutsche Demokratische Republik, die sich in ihrer Verfassung auf Rahmenvorschriften beschränkt hat. Daß der Grundsatz von der Territorialität der Zwangsmaßnahmen selbst wie die Rechtssätze über die Anknüpfungsbegriffe dem Reichsrecht angehören, steht dem nicht im Wege. Die Frage, was „Territorium" im Sinne des Grundsatzes ist, wird nicht von ihm unmittelbar, sondern von dem konkreten, zur Erörterung stehenden Enteignungsgesetz beantwortet.

Darüber, nach welchen Rechtssätzen die Zurechnung eines Unternehmens im Sinne dieser Vorschriften des Landesenteignungsrechtes zu bestimmen ist, ist im ersten Teil das Erforderliche gesagt worden [16]. Danach ist es unrichtig, hier international-privatrechtliche Gesichtspunkte hineintragen zu wollen [17]. Die erforderlichen

Kompetenz des Landesgesetzgebers hinaus. Die Vorschrift lautet: „Inländer im Sinne gesetzlicher Bestimmungen sind alle Angehörigen der deutschen Länder. Inland ist das gesamte Gebiet dieser Länder."

[13] LG Leipzig 26. 1. 1948 und 18. 2. 1948.

[14] OLG Braunschweig 22. 3. 1949. Die entsprechende, Anwendung des § 244 BGB im Interlokalen Recht ist vielfach bestritten; Belege bei MARQUORDT, MDR 1950, 10.

[15] Vgl. MEYER, ZHR 112 (1948) 93; hierzu oben S. 82.

[16] S. oben S. 32.

[17] Wie es der Beschwerdeführer in dem vom KG am 19. 8. 1948 entschiedenen Fall tat. Zu welchen Mißverständnissen die irrige Verwendung von Begriffen des Kollisionsrechts führen kann, und zwar auch dann, wenn sie zu der gleichen Anknüpfung führen wie die Sachnorm, zeigt der noch weiterhin zu erörternde Beschluß des LG Mannheim vom 11. 2. 1948. Dadurch, daß dieses Gericht „den international-privatrechtlichen Grundsatz der Territorialität" nicht nur — zu-

Anknüpfungsmomente liefert vielmehr die gesamtdeutsche Sachrechtordnung. So gibt sie namentlich erschöpfende Auskunft über die Frage, wo ein Unternehmen beheimatet ist, das dem Reichsrecht seine Rechtsfähigkeit verdankt [18]. Auch vor 1945 konnten diese Rechtssätze schon interlokal-verwaltungsrechtliche Bedeutung haben. Man denke nur an Fragen der Gewerbepolizei, die auch damals zu einem Teil auf Landesrecht beruhte.

So können hier die maßgebenden Anknüpfungen unmittelbar aus dem Gesetz abgelesen werden. Entscheidend für die Frage, wo ein Einzelkaufmann ansässig ist, ist somit für die Zwecke des Interlokalen Verwaltungsrechts der „Ort der Handelsniederlassung", den er nach § 29 HGB zum Handelsregister angemeldet hat. Auf diese Eintragung kommt es vor allem an. Für die Fortdauer seiner Tätigkeit wird es aber auch eine Rolle spielen können, ob Selbständigkeit, Dauer und Vornahme der Hauptgeschäfte des Handelsgewerbes, die seit langem für den Begriff der Handelsniederlassung konstituierenden Merkmale [19], im Zeitpunkt der Enteignung am Eintragungsort noch vorliegen. Ebenso ist es bei den Handelsgesellschaften nicht erforderlich, den alten Streit zwischen Gründungstheorie und Sitztheorie und um die Fragen der Kontrolle neu zu beschwören [20]. Aus dem Handelsgesetzbuch und seinen Nebengesetzen, und nur aus ihnen, ist zu entnehmen, daß der „Sitz" der Handelsgesellschaft die entscheidende örtliche Anknüpfung für das Interlokale Verwaltungsrecht liefert, vor allem also, wieweit das Gesetz selbst Rahmennormen für die Wahl des Sitzes gibt oder ob es dem Gesellschaftsvertrag das Bestimmungsrecht überläßt. So waren seit langem die Grenzen bei der offenenHandelsgesellschaft enger gezogen [21]; für die Aktiengesellschaft dagegen zeigen seit dem Aktiengesetz schon die Worte „in der Regel" des maßgebenden § 5 und die

---

treffend — auf die Enteignung des Vermögens einer Aktiengesellschaft, sondern auch — unzutreffend — auf die Entziehung ihrer Rechtsfähigkeit anwendet, kommt es zu dem irrigen Schluß, daß ein Bankguthaben der Gesellschaft in den Westzonen herrenlos geworden sei, da dort auch die Entziehung der Rechtsfähigkeit der Aktiengesellschaft anerkannt werden müsse. Vgl auch Beitzke, MDR 1949, 761.

[18] Für Unternehmen, die dem Landesrecht ihre Rechtsfähigkeit verdanken, ist die Fragestellung auch heute noch eine andere. Sie ist besonders anläßlich der Gothaischen Kaufgewerkschaften vom RG eingehend erörtert worden; vgl. namentlich RGZ 88, 53 und RGZ 92, 73 ff.

[19] Düringer-Hachenburg³ § 13 Anm. 3—5; Friedrich, SJZ 1948, 27.

[20] Petersen 143 bestimmt das Personalstatut der juristischen Person auch im Interlokalen Recht nach international-privatrechtlichen Gesichtspunkten.

[21] § 106 HGB; vgl. Düringer-Hachenburg³ § 106 Anm. 3: „Der Sitz der Gesellschaft ist der Ort, an dem sich der Betriebsmittelpunkt befindet, von dem aus die Verwaltung geführt wird. Auch durch den Gesellschaftsvertrag kann kein abweichender nomineller Sitz bestimmt werden." Für die Kommanditgesellschaft vgl. im gleichen Sinne LG München 23. 10. 1948.

dort gewährte dreifache Wahlmöglichkeit, daß der Gesellschaftsvertrag weite Freiheit in der Bestimmung des Sitzes hat [22]; und bei der Gesellschaft mit beschränkter Haftung sind die Gesellschafter in der Wahl des Sitzes im Rahmen vernünftiger Erwägungen völlig frei [23].

2. Einfluß einer Enteignung auf juristische Personen und Handelsgesellschaften

a) Unmittelbarer Einfluß

Natürlich können hier namentlich bei der Frage, wieweit Zweigniederlassungen und Geschäftsstellen verselbständigt sind [24], Schwierigkeiten auftreten. Das sind aber Probleme, die im Handelsrecht seit langem erörtert worden sind und unter den besonderen Gesichtspunkten, die jetzt im Vordergrund stehen, eine abweichende Beurteilung, jedenfalls kollisionsrechtlich, nicht erfahren. Auslegungsschwierigkeiten in der Richtung, ob ein Unternehmen im Enteignungsland domiziliert ist oder nicht, sind — soweit ersichtlich — kaum hervorgetreten. Das wirtschaftlich vor allem anderen interessierende Problem liegt vielmehr auf dem Gebiet des Statutenwechsels; es ist die Frage, ob und wieweit diese Unternehmen nach der Enteignung im Osten noch in den Westen ausweichen können, um dort ihre Tätigkeit fortzusetzen, ob sie also — kollisionsrechtlich gesprochen — noch in der Lage sind, die maßgebende interlokalrechtliche Anknüpfung zu ändern. Voraussetzung hierfür ist, daß das betroffene Unternehmen nicht als Rechtspersönlichkeit zu bestehen aufgehört hat; denn wer nicht mehr existiert, kann auch nicht mehr ausweichen.

Die Kernfrage ist daher die, ob die Enteignung die im Enteignungsland ansässige juristische Person oder Gesellschaft in ihrem Wesen zerstört. So ist schon die Frage, ob die sowjetischen Nationalisierungsdekrete die russischen Gesellschaften aufgelöst oder nur ihr Vermögen enteignet haben, von der Rechtswissenschaft gestellt [25] und von der Rechtsprechung der einzelnen Staaten ganz ver-

[22] Noch weiter ging nach der herrschenden Anschauung sein Vorgänger, § 182 HGB. Die Vorschrift ließ einen völlig frei gewählten Sitz zu (Düringer-Hachenburg³ III 1 § 182 Anm. 42).

[23] Eine dem § 5 AktG entsprechende Bestimmung fehlt; vgl. zu der Frage Baumbach, Gesetz betr. die Gesellschaften mit beschränkter Haftung⁴ (1944) § 3 Anm. 3.

[24] S. oben S. 109 N. 35.

[25] Z. B. von Rheinstein 294. Vgl. auch Benjamin, NJ 1950, 147, die auf RG JW 1931, 141 ff. (= RGZ 129, 98) verweist.

schieden beantwortet worden. Das Schweizer Bundesgericht [26], um nur ein, allerdings durch Sorgfalt der Begründung ausgezeichnetes Beispiel zu nennen, hat die sowjetische Gesetzgebung dahin ausgelegt, daß die russischen Banken auf Grund der Nationalisierungsdekrete als juristische Personen des Privatrechts untergegangen seien. Obwohl das schweizerische Gericht diese Gesetzgebung als gegen den schweizerischen ordre public gehend erachtet hat [27], hat es doch hieraus den Schluß gezogen, daß hiermit deren Rechtspersönlichkeit auch im Ausland verloren sei und daß damit die ausländischen Filialen dieser Banken ihrer Rechtspersönlichkeit im Ausland verlustig gegangen seien [28]. Ein deutsches Gericht [29] scheint bei der Beurteilung interzonaler Verhältnisse nur im Kielwasser dieser Rechtsprechung zu segeln, wenn es annimmt, daß die in Thüringen, dem Lande des Sitzes, verfügte „Übergabe" einer Aktiengesellschaft an den Staat nach Sinn und Zweck dieser Verfügung die Enteignung ihres Vermögens *und* die Entziehung ihrer Rechtsfähigkeit in sich begreife, und daraus den logisch scheinbar unanfechtbaren Schluß zieht, daß ein Bankguthaben der Gesellschaft in den Westzonen herrenlos geworden sei.

Damit war allerdings die Rechtslage völlig verkannt und ein Fall des Interlokalen Rechts nach Grundsätzen des Internationalen Rechts beurteilt [30]. Der grundlegende Unterschied zwischen den russischen und den deutschen Fällen ist doch der, daß in den erstgenannten die Rechtsordnung, auf der die Rechtspersönlichkeit der

---

[26] BGE 50 (1924) II 507 ff. Vgl. auch BGE 51 (1925) II 264. Die deutsche Rspr. zu der Frage ist kurz wiedergegeben bei Benkard, DRZ 1947, 358 ff. Am ausführlichsten ist der Komplex wohl erörtert RGZ 129, 98 ff.; vgl. auch Riezler 27 N. 26.

[27] Vgl. auch im gleichen Sinne Bezirksgericht Zürich 26. 8. 1949 (NJW 1950, 519), die Maßnahmen der Alliierten gegen das Vermögen der I. G. betreffend.

[28] Die englische Rspr. deutet die Auflösung in Liquidation um, wobei s. 338 ss. 2 Companies Act, 1929, behilflich ist. Einzelheiten sind strittig; vgl. Csank in RabelsZ 5 (1931) 78 ff.; ferner RabelsZ 2 (1928) 254 ff. und 7 (1933) 361 ff. sowie Mann, SJZ 1950, 556. Die neueste Rspr. geht in der Erhaltung der juristischen Person eher noch weiter; die Entscheidung Tallinna Laevantisus Ltd. v. Nationalised Tallinna Laevantisus and Esthonia State Shipping Line (Brit. Year Book 23 [1946] 385) betrifft eine enteignete estnische Reederei: „The company survives as a juridical person and persons representing it in this country continue to exercise rights over assets of the company within the jurisdiction." — In Frankreich half man sich mit der société de fait; vgl. Esmein in RabelsZ 7 (1933) 421 ff.

[29] LG Mannheim 11. 2. 1948. Nach Ansicht des Gerichts ist „nach dem Territorialitätsprinzip allein das Gesetz des Verleihungsstaates für die Entziehung der Rechtsfähigkeit einer juristischen Person maßgebend".

[30] Zur Kritik der Entscheidung vgl. auch Vogel 227, Würdinger, SJZ 1950, 84. Würdinger parallelisiert die internationalrechtlichen und interlokalrechtlichen Vorgänge zu sehr (Sp. 81 f.) und stützt daher die Fortgeltung der juristischen Personen im Interlokalen Recht auf ordre public-Erwägungen (Sp. 86), während der Gesichtspunkt der Territorialität hier vollauf genügt.

in Frage kommenden juristischen Person beruhte, und die Rechtsordnung, welche die Enteignung aussprach, denselben territorialen Geltungsbereich hatten, während in den deutschen Fällen die Rechtspersönlichkeit auf Reichsrecht, die Enteignung auf Landesrecht beruht, die Rechtsordnungen — von der verschiedenen Dignität ganz abgesehen — also einen ganz anderen Geltungsbereich haben [31]. Wenn eine juristische Person auf Grund einer reichsrechtlichen Bestimmung Rechtspersönlichkeit erlangt hat [32], so genießt sie diese im ganzen Reichsgebiet und nicht nur in dem Land und an dem Ort, wo sie mehr oder minder zufällig ihren Sitz hat. Der Satz der erwähnten Entscheidung, daß „allein das Gesetz des Verleihungsstaates für die Entziehung der Rechtsfähigkeit einer juristischen Person maßgebend" sei, ist zutreffend, wenn das Gericht damit das gesamtdeutsche Gesetz meint; seine Verquickung mit dem ganz anderen Geltungsbereich der Enteignungsnorm jedoch ist irreführend und die rechtliche Folgerung daher falsch [33]. Nur das Recht, das der juristischen Person die Persönlichkeit gegeben hat, kann ihr diese mit voller Wirkung auch wieder nehmen, sei es, daß die juristische Person sich entsprechend seinen Vorschriften „auflöst", sei es, daß dieses Recht sie durch eine Zwangsmaßnahme für aufgelöst erklärt. Das Reichsgesetz vom 9. 12. 1937 [34] tat dies, indem es die Auflösung der von der Einziehung kommunistischen oder sog. volks- und staatsfeindlichen Vermögens betroffenen juristischen Personen und Gesellschaften ausdrücklich vorsah (§ 4). Es ist nun an sich schon bedenklich, wenn sich ein Gericht der Nachkriegszeit [35] auf die analoge Anwendung eines so spezifisch nationalsozialistischen Gesetzes beruft, wie es das Gesetz von 1937 war. Wenn es aber geschieht, um aus den Folgen der reichsrechtlichen Enteignung auf die der landesrechtlichen Enteignung Schlüsse zu ziehen, so ist die Gefahr unvermeidlich, daß ein Holzweg beschritten wird. Dabei soll nur beiläufig erwähnt werden, daß selbst nach Art. 153 der Weimarer Verfassung — der zudem 1937 suspendiert war — ein Reichsgesetz

[31] Es handelt sich also — ähnlich wie oben bei den das Warenzeichen betreffenden Fragen — nicht mehr um ein kollisionsrechtliches Problem, sondern um den „Geltungs- und Wirkungsbereich der juristischen Person" (so RIEZLER 24).

[32] Anders liegen die Verhältnisse, wenn die Rechtsfähigkeit auf Landesrecht beruht; s. oben S. 146 N. 18. Hier befindet das Landesrecht allein über die Rechtsfähigkeit; vgl. LG Giessen 21. 5. 1951 (bergrechtliche Gewerkschaft nach thür. Landesrecht). Jedoch ist auch hier nach allgemeinen Rechtsgrundsätzen Liquidation erforderlich.

[33] Übereinstimmend ULMER, SJZ 1948, 682 N. 32. Den Gegensatz hebt gut hervor OLG Düsseldorf 29. 9. 1950.

[34] Gesetz über die Gewährung von Entschädigungen bei der Einziehung oder dem Übergang von Vermögen (RGBl I 1333).

[35] OLG Gera 4. 6. 1948.

immerhin eine entschädigungslose Enteignung aussprechen durfte, und nur den Landesgesetzen dies ganz verwehrt war; ebenso mag die Frage, ob nach 1945 dem Landesrecht eine entschädigungslose Enteignung trotz Art. 153 erlaubt war, in diesem Zusammenhang offen bleiben [36]. Hier handelt es sich nur darum, daß das Landesgesetz, das eine Zwangsmaßnahme enthält, eng territorial begrenzt ist und daher einer auf Reichsrecht gegründeten juristischen Person die Rechtsfähigkeit höchstens mit Geltung für ihr Gebiet entziehen kann [37], nicht aber für das übrige Reichsgebiet [38], auch nicht mit Wirkung für das Ausland.

Soweit ersichtlich, besteht nur eine Ausnahme, die sich aus der Natur der Zwangsmaßnahme ergibt. Ist die Existenz der juristischen Person von der Eintragung in ein Register schlechterdings abhängig und erzwingt das enteignende Land die Löschung in dem in seinem Machtbereich befindlichen Register, so ist der juristischen Person die Grundlage ihrer Rechtsfähigkeit entzogen. Nach deutschem Recht ist aber die Beendigung der Rechtsfähigkeit einer juristischen Person niemals von der Löschung in einem Register allein abhängig [39]. Aus diesen Gründen wiederholt sich die bei den sowjetischen Enteignungsdekreten aufgeworfene Fragestellung bei den ostzonalen Enteignungen nur scheinbar und auf einer ganz anderen Ebene. Vorausgeschickt sei, daß sich bei der Undurchsichtigkeit der gesetzlichen Grundlagen oft nur sehr schwer feststellen läßt, ob sich das zugrundeliegende Dekret auf die Enteignung bzw. Überführung in Gemeineigentum beschränkte oder ob zusätzlich über die Liquidation oder Auflösung der juristischen Person etwas gesagt war [40].

---

[36] Bejahend OLG Halle 27. 5. 1949. Vgl. hierzu oben S. 84 N. 50.

[37] Wie dies z. B. die Auflösungsverordnung des Landes Thüringen vom 31. 3. 1947 tut; vgl. hierzu LG Düsseldorf 10. 11. 1950.

[38] So sehr deutlich OLG Düsseldorf 29. 9. 1950.

[39] Bei der Sitzverlegung einer Kapitalgesellschaft vor 1937 gab es einen Zeitraum, in dem die Firma weder am alten noch am neuen Sitz eingetragen war. Es besteht Einigkeit darüber, daß der rechtliche Bestand der Gesellschaft hierdurch nicht berührt war; vgl. Vogel 205; Gadow, Kommentar zum Aktiengesetz (1939) § 38 Anm. 1. Auch aus der Tatsache, daß nach § 34 AktG die Eintragung rechtsbegründende Wirkung hat, folgt noch nicht, daß eine nach Reichsrecht unrechtmäßige Löschung die juristische Person zerstört; vgl. LG Wuppertal 24. 6. 1949; OLG Bamberg 30. 1. 1948: „Daß eine Aktiengesellschaft nicht zwangsläufig durch die Löschung im Handelsregister ihre Rechtspersönlichkeit verliert, ist in Rechtsprechung und Rechtslehre seit jeher anerkannt." Ebenso OLG Bamberg 31. 3. 1950 und OLG Düsseldorf 29. 9. 1950. Deshalb behandelt das LAG München (14. 2. 1950) eine in der Ostzone enteignete juristische Person unabhängig von einer etwaigen Löschung im Handelsregister als parteifähig im Sinne des § 57 ZPO. Auch OLG Dresden 16. 2. 1950 bemerkt: „Es ist anerkannten Rechtes, daß die Löschung im Handelsregister kein rechtsändernder Akt ist", kommt dann allerdings aus den unten S. 154 dargelegten Erwägungen zu einer Verneinung des Bestehens irgendwelcher Liquidationsgesellschaft.

[40] Ein anschauliches Bild dieser Schwierigkeiten gibt OLG Celle 28. 5. 1948.

Die letztere subintelligieren, wie es die Mannheimer Entscheidung tat, darf man auf keinen Fall. Denn wenn auch das Oberlandesgericht Gera annahm, daß eine in Landeseigentum übergegangene Gesellschaft mit beschränkter Haftung als Rechtspersönlichkeit erloschen sei und der Löschung auf Grund des Gesetzes über Auflösung und Löschung von Gesellschaften und Genossenschaften vom 9. 10. 1934 [41] nur deklaratorische Bedeutung zukomme [42], daß eine offene Handelsgesellschaft, die auf Grund der §§ 12, 15 der Thüringischen Verordnung vom 18. 10. 1946 [43] in einen landeseigenen Betrieb überführt worden war, „durch Eingriff der Staatsgewalt im öffentlichen Interesse vernichtet" worden sei [44], so hat es doch in dem letztgenannten Fall, der über die Zonengrenzen hinausgriff, angenommen, daß die „hier untergegangene" offene Handelsgesellschaft in den Westzonen noch bestehe, soweit sich dort beschlagnahmefreies Vermögen befinde [45]. Man mag über die Richtigkeit dieser Argumentation streiten und aus der Entscheidung herauslesen, daß ihr Motiv der Wunsch war, die offenbare Unbilligkeit, die immer dann vorliegt, wenn der Staat nur die Aktiven, nicht auch die Passiven übernimmt — eine Unart, von der übrigens auch westliche Staaten keineswegs frei sind —, durch einen Hinweis auf die Haftung des freien Westvermögens abzuschwächen. War diese Unbilligkeit doch die Veranlassung für die schweizerische Rechtsprechung gewesen, den sowjetischen Nationalisierungsdekreten sowie den Kontrollratsgesetzen der Alliierten ihren ordre public entgegenzusetzen [46]. Deutlich ist doch, daß der tiefste Grund der Entscheidung das Bewußtsein von der engen Begrenztheit des zur Anwendung kommenden Enteignungsgesetzes gewesen war.

Das deutsche Recht regelt die Tatbestände, bei deren Vorliegen

---

[41] RGBl I 914.

[42] OLG Gera 4. 3. 1947. Ähnlich — in Auslegung des Befehls 64/1948 der SMA — AG Magdeburg 14. 9. 1949 (betr. eine G.m.b.H.): „Der Entzug des Restvermögens und damit *aller* Vermögenswerte hat das Erlöschen der juristischen Person ohne weiteres zur Folge."

[43] GesSlg 1947, 13.

[44] OLG Gera 4. 6. 1948; das Kassationsurteil vom 14. 2. 1951 (die maßgebenden Stellen bei BEUCK, IZR 54 ff.) greift diese Partie des Urteils nicht an, sondern entscheidet die Frage der Haftung des Gesellschafters in anderer Weise als das OLG. Ebenso wie die oben angeführte Stelle OLG Erfurt 12. 10. 1950 (Plenarbeschluß). Hiergegen mit Recht WÜRDINGER, SJZ 1950, 84: „Die liquidationslose Vernichtung von Gesellschaften widerspricht zwingenden, unser ganzes Gesellschaftsrecht beherrschenden Rechtsgrundsätzen."

[45] Damit war das Gericht seiner älteren Rspr. treu geblieben: OLG Gera 24. 7. 1946.

[46] BGE 51 (1925) II 264; 53 (1927) III 58; Bezirksgericht Zürich 26. 8. 1949 (NJW 1950, 520). Auch für das Urteil des KG (West) vom 20. 10. 1950 war dieser Gesichtspunkt vielleicht entscheidender für die Anwendung des ordre public als die Tatsache, daß keine Entschädigung gewährt wurde.

eine Aktiengesellschaft, eine offene Handelsgesellschaft, eine Gesellschaft mit beschränkter Haftung ihr Ende finden, abschließend. Mag dabei bei der offenen Handelsgesellschaft z. B. streitig sein, ob diese Beendigungsgründe lediglich dem § 131 HGB oder dem Ineinandergreifen von Handels- und bürgerlichem Recht zu entnehmen sind [47], fest steht, daß das Reichsrecht und nur das Reichsrecht diese Frage für das ganze deutsche Gebiet regeln konnte. Enteignung oder partielle Enteignung findet sich unter diesen Auflösungsgründen nicht. Zu ihnen kann allerdings durch landesrechtliche Bestimmung als zusätzlicher landesrechtlicher Auflösungsgrund die Enteignung treten; er muß jedoch ausdrücklich vorgeschrieben sein und hat auch dann nur territorial begrenzte Wirkung, ist also unfähig, die juristische Person oder Handelsgesellschaft schlechthin aufzulösen [48].

Daß die Vermögenslosigkeit und damit der durch eine Vollenteignung herbeigeführte Zustand die Auflösung und Löschung von Gesellschaften nicht zur unabwendbaren Folge hat, ergibt sich für Handelsgesellschaften, die juristische Personen sind, unmittelbar aus dem Gesetz vom 9. 10. 1934. Denn dadurch, daß diese Handelsgesellschaften, also Aktiengesellschaften, Kommanditgesellschaften auf Aktien und Gesellschaften mit beschränkter Haftung, soweit sie kein Vermögen haben, gelöscht werden *können* und dann mit der Löschung als aufgelöst gelten, ergibt sich, daß sie nicht gelöscht werden *müssen* und vor allem, daß sie nicht ohne Löschung aufgelöst oder — um die Ausdrucksweise des Oberlandesgerichts Gera zu gebrauchen — „vernichtet" sind [49]. Diesem Gericht ist allerdings darin beizupflichten, daß für die offene Handelsgesellschaft sich aus dem Gesetz keine Schlüsse ergeben, weil sie außerhalb seines Anwendungsbereichs liegt; jedoch ist der Gegenschluß deshalb nicht statthaft, und allgemeine Erwägungen führen bei der offenen Handelsgesellschaft zu etwa den gleichen Ergebnissen wie bei den juristischen Personen.

---

[47] Vgl. zu dieser Streitfrage DÜRINGER-HACHENBURG³ § 131 Anm. 10 ff.

[48] Derselben Ansicht ist wohl VOGEL 226. In einem von ihm in N. 97 mitgeteilten Fall war die Firma nach Durchführung der Enteignung auf Grund des Löschungsgesetzes wegen Vermögenslosigkeit gelöscht worden. Das Registergericht — es war das AG Dessau — sah mangels ausdrücklicher Vorschrift die Enteignung nicht als selbständigen Vernichtungsgrund an.

[49] OLG Hamburg 11. 6. 1948 betr. eine Aktiengesellschaft; LG Hamburg 6. 10. 1948 und die dieses Urteil bestätigende Entscheidung OLG Hamburg 2. 2. 1949; LG Koblenz 15. 2. 1949; LG Hamburg 17. 1. 1946: Eine Genossenschaft mit Sitz in den polnisch besetzten Gebieten Deutschlands besteht als Rechtspersönlichkeit weiter und gilt auch bei Vermögenslosigkeit nicht als aufgelöst; LG Berlin (West) 13. 10. 1950 (gleicher Sachverhalt bei einer Aktiengesellschaft; der selbstschuldnerische Bürge konnte daher in Anspruch genommen werden). Kritisch BELL, NJW 1951, 526.

Die Frage, wie weit die Enteignung die juristische Person denn nun ergreift, ist hier nur von Bedeutung, soweit sie kollisionsrechtlicher Natur ist, namentlich soweit es sich darum handelt, ob die juristische Person nach der Enteignung noch einen Wechsel der Anknüpfung vornehmen kann [50]. Die Möglichkeit eines solchen Wechsels ist von der Rechtsprechung überwiegend bejaht worden [51], wenngleich mit den verschiedensten Begründungen, da sowohl die positiv-rechtliche Zwangsmaßnahme wie die Struktur der betroffenen Gesellschaft wie die Fragestellung des Einzelfalles stark voneinander abweichen, und nicht zuletzt deshalb, weil das ganze Problem den Gerichten neu war und die Richter sich erst in die schwierigen und sehr grundsätzlichen Fragen einarbeiten mußten. Die wohl beliebteste Begründung hat es einfach darauf abgestellt, daß die Gesellschaft — und zwar auch bei Löschung im Handelsregister ihres Sitzes [52] — rechtsfähig bleibe, solange sie enteignungsfreies Vermögen besitze [53].

Andere Gerichte haben mit ähnlicher Tendenz entschieden, daß nicht die Enteignung, sondern nur die Vernichtung der wirtschaftlichen Grundlage die Existenz einer Handelsgesellschaft beende [54]. Nach ständiger Rechtsprechung [55] höre eine Handelsgesellschaft erst

---

[50] Daß die Fortgeltung der juristischen Person nach Auflösung in der Ostzone auch ohne Sitzverlegung praktisch werden kann, und zwar nach den verschiedensten Richtungen, zeigen der Fall Auto-Union (OLG Düsseldorf 29. 9. 1950), sowie der in den Hamburger Entscheidungen 6. 10. 1948 / 2. 2. 1949 erörterte Fall. Über das Eingreifen der DM-Bilanz-Gesetzgebung Beuck, IZR 29 f.

Eine andere Frage ist, ob die ostzonalen Zweigniederlassungen eines im Westen gelegenen Unternehmens, die durch Hoheitsakt aufgelöst wurden, im Handelsregister eines Amtsgerichts der Bundesrepublik als nicht mehr bestehend zu löschen sind. So LG Hamburg 26. 1. 1950.

[51] Vgl. Vogel 226; Hildebrandt bei Gessler-Hefermehl-Hildebrandt-Schröder, Kommentar zum HGB (2. Aufl. 1950) § 13 c Anm. 8.

[52] OLG Bamberg 30. 1. 1948.

[53] Die Rspr. ist sehr reich; vgl. z. B. OGH 13. 4. 1950, OLG Düsseldorf 6. 12. 1949 (Aktiengesellschaft); LG Wuppertal 24. 6. 1949; LG Göttingen 17. 11. 1949; OLG Schleswig 2. 9. 1949; KG (West) 25. 4. 1949. Im Ergebnis ebenso Benkard, DRZ 1947, 358; Petersen 141; Würdinger, SJZ 1950, 84. Den Beschluß des LG Leipzig vom 3. 6. 1947, der die gleiche Auffassung vertrat, hob OLG Dresden 1. 7. 1948 mit der oben S. 81 N. 44 wiedergegebenen Begründung auf.

Dabei ist die Frage von Bedeutung, was unter enteignungsfreiem Westvermögen zu verstehen ist. Daß es nicht auf Sachbesitz zu beschränken ist, sondern Forderungen gegen Westschuldner genügen, hat Schreiber (DRZ 1948, 127) zu Recht festgestellt. Benkard (ebd.) ist dem beigetreten. Ob allerdings Kriegsschädenforderungen gegen das Reich ausreichen, wie Schreiber aaO annimmt, ist recht zweifelhaft.

[54] KG 19. 8. 1948: Enteignung einer Bank mit Hauptniederlassung in Thüringen zugunsten der Landesbank Thüringen; es bestanden mehrere Zweigniederlassungen außerhalb Thüringens; LG Göttingen 23. 2. 1950; OLG Hamburg 8. 5. 1951 (Vertretung der enteigneten, im Westen vermögenslosen Kommanditgesellschaft durch Liquidatoren).

[55] Vgl. z. B. RGZ 110, 422.

dann zu bestehen auf, wenn diese Grundlagen untergegangen seien und der Aufbau des Geschäfts nach innen und außen zerstört sei, wobei auf das Löschungsgesetz hingewiesen wird; mit der Enteignung der Hauptniederlassung sei daher eine Kapitalgesellschaft noch nicht aufgehoben, dies könne erst durch Liquidation erfolgen. Noch präziser drückte sich ein Gericht der Ostzone, das Landgericht Leipzig, in zwei Entscheidungen aus. Entstehen und Untergehen der Rechtspersönlichkeit einer Aktiengesellschaft richte sich nach Aktienrecht. Sie entstehe mit der Eintragung in das Handelsregister (§ 34 AktG) und werde aus den in § 203 des gleichen Gesetzes aufgeführten Gründen aufgelöst. Zwischen diesen beiden Zeitpunkten bestehe sie unabhängig von ihrem Besitz als juristische Person (§ 1 AktG). Die Enteignung möge deshalb tiefgreifende wirtschaftliche Folgen für die Aktiengesellschaft haben, sie sei aber ohne Einfluß auf ihre Rechtspersönlichkeit; sie bestehe trotz Enteignung weiter wie eine natürliche Person, deren Vermögen enteignet worden sei, und sei deshalb nicht gehindert, außerhalb Sachsens im Rahmen der an ihrem Tätigkeitsort geltenden gesetzlichen Bestimmungen Geschäfte zu betreiben [56]. Die Entscheidungen sind aus verschiedenen Gründen bemerkenswert: einmal deshalb, weil sie den Fall möglichst nach den Bestimmungen des Gesetzes selbst zu lösen suchen und trotzdem den vom Gesetzgeber sicher nicht vorausgesehenen Umstand des Zwangseingriffs in einem Teil des Geltungsbereiches des Gesetzes — und gerade am Sitz der Gesellschaft — in seinen Rahmen einordnen; vor allem aber, weil sie einen allgemeinen Grundsatz der Gesetzesanwendung beherzigen: einen Eingriff in eine bestehende Rechtslage genau abzugrenzen und nicht unnötig auszudehnen. Es ist bedauerlich, daß die Entscheidungen ein Schwanengesang werden sollten. Denn das dem Landgericht übergeordnete Beschwerdegericht, das Oberlandesgericht Dresden, schob das Problem auf ein ganz anderes Gleis; in einer Entscheidung, die einen anderen Beschluß des Landgerichts Leipzig [57] aufhob, schränkte es die Kompetenz der Gerichte in entscheidender Weise ein: „Die Erwägung des Landgerichts, daß die Aktiengesellschaft noch bestehe,

---

[56] LG Leipzig 24. 6. 1947 und 22. 7. 1947. Das Gericht zieht daraus den auch sonst sehr wichtigen Schluß, daß die Enteignung der Bestellung und Eintragung neuer Vorstandsmitglieder nicht entgegenstehe. Die Enteignung war durch Beschluß der Landesverwaltung Sachsen auf Grund der Volksabstimmung vom 30. 6. 1946 erfolgt. In denselben Gedankengängen bewegt sich die gleichfalls sehr klare und genaue Entscheidung des OLG Düsseldorf vom 29. 9. 1950. Imig (NJW 1949, 856) wendet bei Personalgesellschaften hier den § 29 BGB analog an; zustimmend Danckelmann in Palandts Kommentar zum BGB, § 29 Anm. 1, § 54 Anm. 2, ablehnend Peters (MDR 1951, 343), der statt dessen die Bestellung eines Abwesenheitspflegers nach § 1911 II BGB empfiehlt.

[57] Vom 3. 6. 1947. S. oben N. 53.

weil die Enteignung auf das im Lande Sachsen befindliche Vermögen beschränkt ... sei, kann nicht gebilligt werden." [58] Vielmehr sei die weitergehende Auslegung der Verwaltungsbehörden für die Gerichte bindend.

Damit überließ das Beschwerdegericht nicht nur die Entscheidung über den Umkreis der der Entscheidung unterfallenden Gegenstände [59], sondern auch die Beurteilung der Einwirkung auf die Rechtspersönlichkeit der enteigneten juristischen Person einem gerichtlich nicht nachprüfbaren Ermessen der Verwaltungsbehörden und entzog sie damit der Kognition durch die Gerichte des Enteignungslandes. An der Rechtslage selbst konnte damit allerdings nichts geändert werden. Festzuhalten ist vielmehr, daß nach der nahezu übereinstimmenden Rechtsprechung — soweit ihr eine Entscheidungsbefugnis zugestanden war — sowie nach der Rechtslehre, und zwar auch nach Ansicht derjenigen Schriftsteller, die eine weitgehende Einwirkung der Enteignung auf die Existenz der juristischen Person zugestehen [60], die enteignete juristische Person als Vermögensträger außerhalb des enteignenden Landes durch die Enteignung nicht beeinträchtigt wird. Es ist ihr also auch nach der Enteignung eine Fortsetzung der Geschäftsbetätigung außerhalb des enteignenden Landes ohne die Risiken und Kosten eines formellen Neubeginns möglich.

b) Indirekte Enteignungsmöglichkeiten?

Nun kann man sich einer juristischen Person wirtschaftlich in ganz anderer Weise bemächtigen als einer natürlichen Person. Man

---

[58] OLG Dresden 1. 7. 1948. In derselben Richtung weitergehend OLG Dresden 16. 2. 1950.

[59] Hierüber oben S. 81, N. 46.

[60] Beitzke (MDR 1949, 761) nimmt an Hand der Entscheidungen des OLG Gera (4. 3. 1947 und 4. 6. 1948), OLG Dresden (s. vorletzte Note) und des AG Magdeburg vom 14. 9. 1949 eine feststehende Praxis der Ostzonengerichte dahingehend an, daß es sich „um einen dem Recht der Ostzone eigentümlichen Erlöschensgrund" handle, der zwar nirgends ausdrücklich ausgesprochen sei, sich aber aus dem Sinn der Enteignungsbestimmung ergebe. M. E. bedarf die Bildung eines derartigen, der ausdrücklichen gesetzlichen Fundierung ermangelnden landesrechtlichen Satzes gegen geltendes Gesamtstaatsrecht einer breiteren Basis, als sie diese Praxis bietet, auch wenn man eine solche Bildung grundsätzlich für möglich halten sollte. Beitzke ist der Auffassung, gegen die sich auch LG Göttingen 17. 11. 1949 wendet, daß die Auflösung der juristischen Person auch in den Westzonen anerkannt werden müsse. Angesichts der territorialen Begrenzung der Enteignungswirkungen ist jedoch auch er der Ansicht, daß in allen Fällen, in denen die juristische Person Vermögen in den Westzonen behalten hat, sie dort zunächst als Liquidationsgesellschaft fortbesteht und sich durch einen Fortsetzungsbeschluß wieder in eine werbende Firma verwandeln könne. Damit besteht im praktischen Ergebnis jedenfalls in der Grundfrage weitgehende Einigkeit.

kann die Aktien einer Aktiengesellschaft, die Anteile einer Gesellschaft mit beschränkter Haftung erwerben und die Gesellschaft dann nach Gefallen umgestalten. Es fragt sich, ob sich aus diesen — nennen wir sie gesellschaftsrechtlichen — Möglichkeiten auch Enteignungsmöglichkeiten hinsichtlich der juristischen Person ergeben, die weiter reichen, als sie bei natürlichen Personen bestehen. Diese Auffassung wird von gewichtiger Seite vertreten. PETERSEN[61] nimmt für die Aktiengesellschaft an, daß das Vermögen der Aktiengesellschaft durch Enteignung der Aktien auf den enteignenden Staat überführt werden kann, wenn sich alle Aktien innerhalb des enteignenden Landes befinden, da der Erwerb des Eigentums an Wertpapieren dem Recht des Ortes unterstehe, an dem die Urkunde aufbewahrt wird. Diese „indirekte Enteignungsmöglichkeit" müßte demnach auch gegeben sein, wenn der Sitz der Aktiengesellschaft selbst außerhalb des enteignenden Landes liegt. Bei der Gesellschaft mit beschränkter Haftung nimmt PETERSEN an, daß die Anteile einer Gesellschaft, die ihren Sitz im Enteignungslande hat, ohne Rücksicht auf Wohnsitz und Staatsangehörigkeit der Gesellschafter enteignet werden können und daß auch die Gesellschaft mit beschränkter Haftung auf diesem Wege ihres Eigentums völlig verlustig gehen könne, und zwar einschließlich desjenigen Vermögens, das sich außerhalb des Enteignungslandes befinde. Die Enteignung könne auch bei anderen juristischen Personen, deren Mitgliedschaftsrechte nicht in Wertpapieren verkörpert seien, in gleicher Weise durchgeführt werden. Bei offenen Handelsgesellschaften und Kommanditgesellschaften komme sie nicht in Betracht, da deren Anteile nicht übertragbar seien.

Zu diesen Fragen ist zunächst allgemein folgendes zu bemerken: Pfändungsfähigkeit und Enteignungsfähigkeit wurden in dieser Darstellung mehrfach in nahe Beziehung gebracht[62]; ist ein Gegenstand nicht pfändbar, so ist der Schluß, daß er auch nicht enteignet werden kann, im allgemeinen zwingend. Dagegen ist die Folgerung von der Pfändbarkeit eines Gegenstandes auf seine Enteignungsfähigkeit viel fraglicher. Denn die Einzelpfändung hat im Rechtsleben eine vollkommen andere Funktion als die Enteignung. Die Einzelpfändung von Mitgliedschaftsrechten greift nicht an die gesellschaftliche Struktur der juristischen Person, deren Mitgliedschaft in Frage kommt; die Enteignung tut es. Wenn also § 821 ZPO für die Zwangsvollstreckung Wertpapiere, auch wenn sie Mitgliedschaftsrechte verkörpern, wie bewegliche Sachen behandelt, so ist schon der sachrechtliche Schluß darauf, daß sie auch wie beweg-

[61] S. 141 ff.

[62] Vgl. oben S. 125, N. 10.

liche Sachen enteignet werden können, nicht unbedenklich. Hier ist vielmehr eine sehr viel eingehendere Untersuchung nötig, welche Rechtsposition sich hinter dem Wertpapier verbirgt. Es wird sich dann bei der Aktie zeigen, daß ihre Doppelnatur — Mitgliedschaftsrecht und Vermögensanteil [63] — auch durch die Form des Inhaberpapiers durchschimmert. Bei dem vermögensrechtlichen Charakter der Enteignungsmaßnahme ist aber ein Zugriff grundsätzlich nur auf die vermögensrechtliche Seite der Aktie möglich. Am klarsten zeigt sich die Gefahr einer zu weitgehenden Gleichsetzung von Mitgliedschaftspapier und beweglicher Sache aber bei der kollisionsrechtlichen Prüfung. Man setze den Fall, daß der im Westen lebende Aktionär einer westdeutschen Aktiengesellschaft sein Aktienpaket nach Sachsen verlagert hat und die Aktien dort enteignet wurden. Würde man dem enteignenden Staat in der Hauptversammlung ein Stimmrecht einräumen? Kaum. Dies wäre jedoch die logische Folge, wenn man die Aktien wie bewegliche Sachen behandelte. Die Entscheidungen, auf die diese allzu vereinfachende Betrachtung sich stützen könne, führen bei genauerer Betrachtung andere Erwägungen ins Feld [64]. Denn zumindest im Kollisionsverwaltungsrecht ist die rechtliche Situation eine andere. Während es bei der Pfändung im allgemeinen unbedenklich ist, wenn das Recht des Staates, dem die Gesellschaft angehört, bei der kollisionsrechtlichen Zuordnung der Pfändung nicht berücksichtigt wird, ist dies bei der Enteignung nicht der Fall. Denn es sind ja schließlich seine Gesellschaften, deren Überfremdung durch Zwangseingriff eines anderen Staates hier zur Debatte steht. Schon im Internationalen Privatrecht wird gelehrt, daß über die Rechte aus der Aktie das Personalstatut der Aktiengesellschaft entscheidet [65]. Um wieviel mehr muß dies im Internationalen und Interlokalen Verwaltungsrecht der Fall sein. Anderenfalls könnte der Grundsatz von der Territorialität der Zwangsmaßnahmen auf diesem Wege ohne weiteres überspielt werden. Es ergibt sich hier also die interessante Kombination, daß gerade die Berücksichtigung des Personalstatuts — allerdings in einem übertragenen Sinn — die erforderliche Territorialität sichern muß. Denn es muß aus all' dem der Schluß gezogen werden, daß eine

---

[63] PETERSEN verweist S. 144 auf diese Teilung.

[64] So ist die Entscheidung von King's Bench Division, welche die spanischen Ansprüche auf die in London deponierten Wertpapiere des früheren Königs abwies, in keiner Weise auf die Rechtsnatur der Wertpapiere gestützt; vgl. RabelsZ 10 (1936) 306 ff. Auch die italienischen Urteile zu dem gleichen Komplex (in RabelsZ 9 (1935), 206 ff.) führen neben der Kollisionsnorm für Mobilien (s. oben S. 104) andere Argumente an.

[65] NUSSBAUM 192 mit einzelnen Beispielen; vgl. auch S. 332; für das Interzonale Recht SAALFRANK, BB 1950, 805.

Aktie der Enteignung überhaupt nur zugänglich ist, wenn sich der Sitz der Aktiengesellschaft sowie das Papier selbst in dem enteignenden Land befinden[66]. Auch dann würde sich aber die Enteignung nicht auf das Vermögen der Aktiengesellschaft erstrecken, das außerhalb des enteignenden Landes liegt. Auch die Konvertierung von Aktien in Schuldverschreibungen scheint nur im Rahmen des Territorialitätsgrundsatzes möglich, so daß auch auf diesem Wege ein Zugriff auf das außerhalb des Enteignungslandes gelegene Vermögen der zu enteignenden Aktiengesellschaft nicht angängig ist[67]. Die Frage der Behandlung der einzelnen Gruppen der Wertpapiere im Interlokalen Verwaltungsrecht, namentlich im Interzonenrecht, bedarf einer eingehenden Untersuchung, die GÜNTHER BEITZKE uns in Aussicht gestellt hat.

Bei Geschäftsanteilen der Gesellschaft mit beschränkter Haftung fällt die Verkörperung des Rechts im Wertpapier und damit die stets aus der Doppelheit von Recht und Papier sich ergebende Komplikation fort. Was jedoch auch hier bleibt, ist die Doppelheit von Mitgliedschaft und Vermögensanteil, die, anders als bei der Aktie, auch ihren sprachlichen Ausdruck gefunden hat[68]. Die Pfändung eines Geschäftsanteils einer Gesellschaft mit beschränkter Haftung erfolgt nach § 857 ZPO; sie berechtigt jedoch nicht zur Ausübung des Verwaltungsrechts, insbesondere des Stimmrechts[69]. Schon im Pfändungsrecht wird hier also die Spaltung deutlich, welche die Frage der Enteignungsfähigkeit zumindest dann, wenn sie nicht im Enteignungsgesetz ausdrücklich vorgeschrieben ist, problematisch macht[70]. Auch dann kann sie nur Geschäftsanteile von Gesellschaften erfassen, deren Sitz nach dem Gesetz vom 20. 4. 1892 sich im enteignenden Land befindet[71], und sich keinesfalls auf das Vermögen dieser Gesellschaften beziehen, das außerhalb des Enteignungslandes gelegen ist[72]. Insoweit behält der Gesellschafter nicht

---

[66] Man vergleiche auch AG Hamburg 11. 2. 1948, wo diese Fragen am Rande erörtert werden: „Selbst wenn diese Mitgliedschaftsrechte in der sowjetischen Zone wirksam enteignet werden können, bedarf es einer besonderen Beschlagnahmeverfügung für die Aktien." Die Frage, ob Aktien einer ostzonalen Aktiengesellschaft, deren Inhaber in den Westzonen wohnen, wirksam enteignet werden können, behandelt AG Krefeld 25. 5. 1949.

[67] Die Möglichkeit wird von PETERSEN 144 erwogen.

[68] Stammeinlage und Geschäftsanteil; vgl. HUECK, Gesellschaftsrecht (1948) 194.

[69] BAUMBACH, Zivilprozeßordnung 20. Aufl. (1951) Anhang zu § 859 unter 3.

[70] PETERSEN 140 f. behandelt die nicht durch ein Wertpapier verkörperten Mitgliedschaftsrechte hinsichtlich der Zuständigkeit zur Beschlagnahme etwa wie Forderungen. Zweifelnd AG Hamburg 11. 2. 1948.

[71] Ebenso PETERSEN 143 ff., der aber den Sitz nach Internationalem Privatrecht bestimmt.

[72] A. A. PETERSEN 142.

nur Mitgliedschaft, sondern auch Vermögensanteil. Es wäre nicht einzusehen, warum das außerhalb des Enteignungslandes befindliche Vermögen einer Gesellschaft mit beschränkter Haftung auf diesem Wege dem Zugriff des Enteignungslandes offen liegen sollte, während das Vermögen einer in der gleichen rechtlichen Situation befindlichen Kommanditgesellschaft diesem Zugriff entzogen bliebe.

Es scheint sich somit schon aus der rein objektbezogenen Natur der Enteignung zu ergeben, daß natürliche und juristische Personen enteignungsrechtlich grundsätzlich gleichstehen, daß sich also vor allem keine zusätzlichen „indirekten" Enteignungsmöglichkeiten bei diesen ergeben. Allgemeinrechtliche Erwägungen stützen dieses Ergebnis. Die hinter der Enteignung von Betrieben stehenden sozialpolitischen Kräfte stehen der gesellschaftsrechtlichen privatwirtschaftlichen Struktur dieser Betriebe ablehnend gegenüber und erstreben eine andere Konstruktion wirtschaftlicher Betätigung. Es ist deshalb, falls keine ausdrückliche gesetzliche Bestimmung in diese Richtung weist [73], nicht anzunehmen, daß das Gesellschaftsrecht als solches Handhaben bietet, die zu seiner eigenen Ausschaltung führen. Das Ziel ist ein anderes, also muß auch der Weg ein anderer sein.

c) Sitz außerhalb des enteignenden Landes

Daß eine außerhalb des enteignenden Landes seßhafte juristische Person von einer Zwangsmaßnahme dieses Landes in ihrer Rechtspersönlichkeit überhaupt nicht ergriffen werden kann [74], folgt unmittelbar aus dem Grundsatz der Territorialität. Jedoch ist der Geschäftsbetrieb namentlich der Banken und Versicherungsgesellschaften in den Ländern der Ostzone so einschneidenden Veränderungen unterworfen worden, daß die Rechtsprechung sich vielfach mit den Auswirkungen solcher Maßnahmen auch nach der subjektiven Seite hin beschäftigen mußte. So hat die Frage, wie die Bankensperre und die Einziehung der in der Ostzone belegenen Aktien im Hinblick auf die Rechtspersönlichkeit der Banken zu werten sind, zu mehreren Entscheidungen, vor allem hinsichtlich der Dresdner Bank, geführt. Die Gerichte haben durchweg entschieden, daß die Rechtspersönlichkeit der Bank hierdurch keine Änderung

---

[73] So schreibt z. B. § 12 der thür. VO vom 18. 10. 1946 (GesSlg 1947, 13) ausdrücklich vor, daß die Geschäftsanteile von Mitinhabern mit allen sich daraus ergebenden Gesellschaftsrechten auf die Hauptverwaltung der landeseigenen Betriebe übergehen; vgl. OLG Gera 4. 6. 1948 betreffend eine oHG.

[74] Vgl. BENKARD, DRZ 1947, 357 ff.; WÜRDINGER, SJZ 1950, 84. Irreführend LG Berlin (West) 28. 3. 1949.

erfahren [75] und sie Partei- wie Prozeßfähigkeit behalten habe [76]. Bei Versicherungsgesellschaften ist von Gerichten der Ostzone dahin entschieden worden, daß das ostzonale Verbot des Geschäftsbetriebes privater Versicherungsgesellschaften sich nur auf die Ostzonen-Geschäftsstelle einer Hamburger Versicherungsgesellschaft erstrecke [77] und daß durch das thüringische Gesetz über den Neuaufbau des privaten und öffentlichen Versicherungswesens in Thüringen vom 22. 9. 1945 lediglich die in Thüringen befindliche Geschäftsstelle betroffen sei [78].

3. Der Wechsel des Sitzes

Kollisionsrechtlich ist diese letztgenannte Gruppe von Entscheidungen deshalb von besonderem Interesse, weil sie zu dem Begriff des Inlands zurückführt. Es war festgestellt worden, daß dieser Begriff in deutschen Gesamtstaats- und Einzelstaatsgesetzen eine verschiedene Bedeutung hat [79] — eine Feststellung, die sich aus dem unterschiedlichen Bereich der Gesetzgebungsgewalt unmittelbar ergibt. Es ist jedoch die Frage, ob diese Feststellung auch im Recht der Zwangsmaßnahmen ausnahmslos Geltung hat. Es ist eine auch sonst zu beobachtende Erscheinung, daß ein sehr prononcierter juristischer Grundsatz, wie es der von der Territorialität der Enteignungsmaßnahmen sicher ist, auf die Auslegung rechtlich oder wirtschaftlich mit ihm zusammenhängender Normen abfärbt, ja, ihnen die von ihm gebotene Auslegung aufzwingt. Der Grundsatz von der Territorialität der Zwangsmaßnahmen ist in ganz besonderer Weise auf den räumlichen Geltungsbereich der Gesetze abgestellt. Der Begriff „Inland" spielt daher bei ihm eine sehr viel größere Rolle als bei Gesetzen, die auch oder vorwiegend mit personalen Anknüpfungsmomenten arbeiten. Daß der Grundsatz selbst, obwohl Reichsrecht, mit dem Inlandsbegriff des konkreten Enteignungsgesetzes arbeiten muß, wurde bereits betont [80]. Darüber hinaus ist es aber nach allgemeinen Auslegungsregeln möglich, den spezifisch enteignungsrechtlichen Begriff des Inlands auch dort zu verwenden, wo nach der Persönlichkeit des Gesetzgebers und dem Inhalt der Norm an sich ein anderer Begriff „Inland" zur Anwendung kommen müßte, also mit dem engen Begriff „Inland" der Landesenteignungs-

[75] OLG Kiel 5. 10. 1948.
[76] OLG Hamburg 11. 6. 1948.
[77] LG Leipzig 26. 1. 1948.
[78] OLG Gera 22. 6. 1948. In dem Urteil des gleichen Gerichts vom 3. 10. 1947 wird festgestellt, daß durch die Beschlagnahme des Geschäftsvermögens einer GmbH. mit Sitz in Berlin auf Grund des MRG Nr. 52 die Existenz der Gesellschaft als juristischer Person nicht beseitigt sei; der Fall lag also anders.
[79] S. oben S. 144 f.
[80] S. oben S. 145.

gesetze immer dann auch im Reichsrecht zu arbeiten, wenn die reichsrechtlichen Vorschriften die Bezeichnung „Inland" im unmittelbaren Zusammenhang mit der Enteignungsgesetzgebung gebrauchen. Mit anderen Worten, die restriktive Natur, die dem Grundsatz von der Territorialität der Zwangsmaßnahmen in den Fragen des Anwendungsgebietes eignet, teilt sich auch den inhaltlich benachbarten Partien des Reichsrechts mit. Die Auslegung des Begriffes „Inland" kann auch in solchen gesamtstaatlichen Vorschriften, die im Rahmen des Interlokalen Verwaltungsrechtes zur Anwendung kommen, eine andere sein als in solchen des Interlokalen Privatrechts. Im Sinne des Interlokalen Privatrechts kann ein Wohnsitz auch „inländisch" sein, wenn er zwar in Deutschland, aber außerhalb des Geltungsbereichs der anzuwendenden Landesrechtsordnung liegt. In dem hier zur Erörterung stehenden Teil des Interlokalen Verwaltungsrechts dagegen ist der in Deutschland belegene Sitz einer juristischen Person, der Wohnsitz einer natürlichen Person, nicht „inländisch", falls er außerhalb des enteignenden Landes liegt, auch wenn die Vorschriften über den Sitz oder den Wohnsitz sich in gesamtstaatlichen Normen finden [81].

Verlegt daher eine natürliche Person den Wohnsitz, eine juristische Person den Sitz aus einem Enteignungslande in ein Nicht-Ent-

---

[81] Auf welche weiteren Materien sich diese Auslegung erstreckt, ist hier nicht zu untersuchen. Man vergleiche auf dem Gebiet des interzonalen Prozeßrechts (Auslegung des Wortes „Inland" in § 606 ZPO) die Auseinandersetzung zwischen Schönke (DRZ 1947, 15) und Nehlert (JR 1947, 22) einerseits, Plassmann (JR 1948, 182) andererseits; hierzu Riezler, SJZ 1947, 235; 1949, 787. Nachdem nunmehr allseits Einigkeit darüber besteht, daß § 606 ZPO überall in neuer Fassung anzuwenden ist, ist die Streitfrage für das Interzonale Recht wesenlos geworden (hierzu Bayer. ObLG 15. 12. 1948), spielt aber bei der Auslegung des mehrfach in § 606 vorkommenden Tatbestandsmerkmals „im Inland" weiterhin eine Rolle. Die Ostzone betrachten als Inland OLG Nürnberg 2. 3. 1950; OLG Frankfurt 30. 6. 1950; OLG Schleswig 9. 6. 1950 und OLG Celle 8. 12. 1950; hiergegen Kluge und Riezler, SJZ 1950, 427. Vermittelnd Reuss, Zum gegenwärtigen Stand des interzonalen Verfahrensrechts in Deutschland (MDR 1951, 205), mit reicher Rspr. Zu weitgehend in diesen Fragen Beuck, IZR 4.

Auch anläßlich des § 37 II FGG (Zuständigkeit für die Abwesenheitspflegschaft) wird eine ähnliche Frage erörtert. Hier sagt LG München II 18. 9. 1948: „Die Auslegung, daß die Ostzone wie Ausland, die Abwesenden wie Ausländer zu behandeln seien, da die interzonalen Verhältnisse sich bereits zu internationalen entwickelt hätten, ist abzulehnen." Hierzu oben S. 144 f.

Desgleichen ist bei § 23 ZPO diese Frage zur Sprache gekommen; vgl. einerseits LG Köln 22. 5. 1950; OLG Hamburg 16. 8. 1951 (die Vorschrift des § 23 findet keine Anwendung), andererseits LG Gera 6. 12. 1949; LG Konstanz 6. 1. 1951; LG Leipzig 20. 6. 1951 (sie findet Anwendung); scharf gegen das Kölner Urteil Beuck, IZR 81 mit weiterer Rspr. Der BGH hat in seinem Urteil vom 24. 11. 1951 diese Frage nunmehr abschließend dahin geklärt, daß die sowjetische Zone sicher kein Ausland im Sinne des § 23 sei, daß aber zur Vermeidung von Schwierigkeiten für die Gläubiger wegen Fehlens eines Gerichtsstandes § 23 analog anzuwenden sei.

eignungsland, so spielt sich dieser Wechsel der maßgeblichen Anknüpfung, interlokal-verwaltungsrechtlich gesehen, nicht im Inland ab. Daß ein solcher Wechsel auch bei der juristischen Person und der Handelsgesellschaft nach der Enteignung noch möglich ist, haben wir gesehen. Sogar die wenigen Urteile, die eine völlige „Vernichtung" der juristischen Person durch die Enteignung annahmen, schränkten dies flugs territorial ein und ermöglichten dadurch vielleicht nicht eine „Verlegung" [82], aber ein Weiterbestehen im Westen; sie kamen also zu etwa dem gleichen Ergebnis, wie die Mehrheit der Urteile, die der Auffassung war, daß zumindest bei beschlagnahmefreiem Westvermögen die Rechtspersönlichkeit der enteigneten juristischen Person überhaupt nicht berührt würde, und die daher eine Verlegung im technischen Sinne noch zuließ, wenn auch vielleicht im Liquidationsstadium [83].

Die Frage der Verlegung des Sitzes enteigneter oder von der Enteignung bedrohter Betriebe aus der Ostzone in den Westen ist in der gerichtlichen Praxis der Jahre 1947—1949 weitgehend geklärt worden [84], und es gilt jetzt nur noch, kollisionsrechtliche Nachlese zu halten. Problematisch war die Frage vor allem für Kapitalgesellschaften, da hier die Sitzverlegung als Satzungsänderung einen Beschluß der Hauptversammlung erforderte [85]. Die Sitzverlegungen aus den 1920 abgetretenen Gebieten ergeben manche, allerdings nur mit Vorsicht anzuwendende Parallele [86]. Man kann wohl sagen, daß die Sitzverlegungen in den Westen auch in den Fällen, in denen eine Enteignung des Betriebes noch nicht erfolgt war, in den Enteignungsmaßnahmen der Länder der Ostzone ihren meist einzigen Grund hatten, und wird nicht zu weit gehen, wenn man feststellt, daß die Enteignungsmaßnahmen und die Sitzverlegungen in einem unmittelbaren wirtschaftlichen Zusammenhang standen. Es ist des-

---

[82] Eine solche nimmt BEITZKE (MDR 1949, 761) noch an, obwohl er der Enteignung einen weitgehenden Einfluß auf die Rechtspersönlichkeit der enteigneten juristischen Person einräumt. Weitergehend SCHMID, JR 1948, 553, der auch ohne Beschluß der Hauptversammlung zu einem neuen Sitz in den Westzonen kommt.

[83] So OLG Celle 28. 5. 1948 (Sitzverlegung einer GmbH); zustimmend BEITZKE, MDR 1949, 761.

[84] Vgl. FRIEDRICH, SJZ 1948, 23 ff.; BENKARD, DRZ 1949, 321; BEITZKE, MDR 1949, 761; BEUCK 61; IZR 30 ff, 34 ff.

[85] Für juristische Personen, deren Rechtsnatur auf Landesrecht beruht, ist die Rechtslage auch hier eine andere; sie verlieren ihre Rechtspersönlichkeit mit Verlassen des Landes: RGZ 88, 53, Gothaische Gewerkschaften betreffend.

[86] Die Gesellschaften waren durch die Abtretung der Gebiete als solche nicht zur Auflösung gelangt, vgl. RGZ 107, 94; der Versailler Vertrag hat vielmehr den Fortbestand der bei seinem Abschluß dort (in Elsaß-Lothringen) vorhanden gewesenen Aktiengesellschaften zur Voraussetzung (Art. 54 III, 60).

halb nach dem, was soeben gesagt wurde, sehr wohl möglich, bei Auslegung der Sätze des Reichsrechts über die Sitzverlegung mit dem Inlandsbegriff des Landesenteignungsrechts zu arbeiten. Wendet man ihn bei der Auslegung der vielzitierten § 13 c HGB und § 38 AktG an, so ergibt sich, daß die Worte „im Inland" in diesen Vorschriften in diesem Zusammenhang nicht „in Deutschland", sondern „im Geltungsbereich des in Frage kommenden Enteignungsrechts" bedeuten. Wird die Niederlassung aus diesem Geltungsbereich heraus verlegt, so finden diese Bestimmungen also keine Anwendung, da es sich nicht um eine Verlegung „im Inland" handelt. Es bedarf demnach in diesen Fällen der Anmeldung bei dem Registergericht der bisherigen Niederlassung nicht. Obwohl es sich um Reichsgesetze handelt und obwohl bei der Schaffung der §§ 13 c und 38 im Jahre 1937 [87] sicher niemand an derartige Auslegungsmöglichkeiten gedacht hat, erscheint diese Auslegung deshalb geboten, weil der Begriff „Inland" wegen der interlokalrechtlichen Bedeutung der Verlegung hier den Grundsätzen des Interlokalen Verwaltungsrechts, genauer: denen des Interlokalen Enteignungsrechts, entnommen werden muß. Dieses kommt zum Zuge; denn was hier verschieden ist — und Rechtsverschiedenheit innerhalb Deutschlands ist die Voraussetzung für die Anwendbarkeit des Interlokalen Rechts — ist das Enteignungsrecht, ein Teil des Verwaltungsrechts. In dieser Hinsicht ist Deutschland kein „einheitliches Rechtspflege- und Verwaltungsgebiet" mehr [88], nicht etwa, wie oft angenommen wird, hinsichtlich des Handelsregisterrechts [89]; dieses wird, soweit ersichtlich, im großen und ganzen in Deutschland noch relativ gleichmäßig gehandhabt [90].

Vogel, der in der Festschrift für Raape eine übersichtliche und eingehende Darstellung aller die Ost-West-Sitzverlegungen betreffenden Fragen gegeben hat [91], auf die wegen der zahlreichen register- und gesellschaftsrechtlich hier auftauchenden Probleme

[87] Die Bestimmung des AktG, das vom 30. 1. 1937 datiert, ist die ältere. Ihr ist § 13 c HGB nachgebildet, der durch das Gesetz über die Eintragung von Handelsniederlassungen und für Verfahren in Handelsregistersachen vom 10. 8. 1937 in das HGB eingefügt worden ist. Über die gesetzgeberischen Gründe der Vorschrift vgl. Lenz in der Kommentierung des Gesetzes bei Pfundtner-Neubert, Das neue Deutsche Reichsrecht II b 54, ferner Vogel 205.

[88] Vgl. Dölle 175.

[89] Dies ist die jetzt herrschende Ansicht der Rspr.; vgl. LG Bonn 8. 9. 1947; LG Frankfurt a. M. 10. 3. 1949; LG Wuppertal 24. 6. 1949.

[90] Daß praktische Schwierigkeiten bestehen, ist sicher; vgl. Benkard, DRZ 1947, 357. Die von Benkard hieraus gezogenen Folgerungen sind jedoch m. E. zu grundsätzlich.

[91] S. 203—228; vgl. ferner Benkard (DRZ 1947, 359) und die Übersicht über die Entwicklung der Rspr. von Beuck, NJW 1947/48, 484 ff.

verwiesen werden darf [92], kommt der hier vertretenen Auffassung nahe, wenn er darauf hinweist, es handele sich um eine „von dem Gericht des bisherigen Sitzes nicht zu behandelnde Frage der Territorialitätswirkung“ [93]. Mir scheint diese Auslegung deshalb den Vorzug zu verdienen, weil sie aus den Grundbegriffen des Interlokalen Verwaltungsrechts selbst gewonnen ist, also in dem Schwerpunkt der rechtlichen Situation, wie sie nun einmal gegeben ist, ansetzt. Sie führt zu dem gleichen, von praktischen Erwägungen zwingend geforderten Ergebnis, das von dem überwiegenden Teil der Rechtsprechung und der Literatur auf teilweise anderen Wegen erreicht wird. Zunächst muß betont werden, daß die Befassung des bisherigen Registergerichts nicht aus dem Grund unterbleiben kann, weil die in Frage kommende Bestimmung lediglich registerrechtlicher, also formeller Natur sei [94]. Sie kommt vielmehr deshalb nicht zum Zuge, weil ein Tatbestandsmerkmal der einschlägigen Bestimmung („im Inland“) nicht vorliegt. Manche der mit der Frage befaßten Gerichte begründeten die Tatsache, daß sie über § 13c I und die entsprechende Vorschrift des Aktienrechts hinweggingen, mit dem Hinweis, daß die Gerichte der Ostzone ihre Mitwirkung bei der Sitzverlegung verweigert hätten [95]. Abgesehen davon, daß es mißlich ist, einem deutschen Gericht Rechtsverweigerung vorzuwerfen, hat diese Lösung den Nachteil, daß jedesmal der Beschwer-

[92] Namentlich auch wegen der Fragen, die mit dem MRG Nr. 52 in Zusammenhang stehen.

[93] S. 221. Zu entsprechenden Ergebnissen kommt für das ähnlich gestaltete Schiffsregisterrecht (§§ 13 ff. des alten Flaggengesetzes) KURT v. LAUN, Ein Ost-West-Problem zum Schiffahrtsregisterrecht (MDR 1949, 143), allerdings mit der zu weitgehenden Formulierung, daß die ostdeutschen Gebiete zwar nicht rechtlich, aber doch wohl praktisch als Ausland anzusehen seien. Er wendet daher auf Schiffsumschreibungen von Ost nach West nicht § 13 II, sondern § 14 III 3 des alten Flaggengesetzes an. Ein Gutachten K. v. LAUNS zu der gleichen Frage nach neuem Flaggenrecht wird bei BEUCK, IZR 31 f. rekapituliert.

[94] Dies zu den Ausführungen von SPRINGER, NJW 1949, 563: „In der Frage der Sitzverlegung ... standen der Entscheidung aber nicht materiellrechtliche Bestimmungen entgegen, es handelte sich vielmehr um die erweiterte Auslegung formeller Vorschriften, die erforderlich wurde, weil die Gerichte der Ostzone ihre Mitwirkung bei Sitzverlegungen ... versagten.“ Vgl. auch LG Bonn 8. 9. 1947.

[95] Hierzu OLG Celle, Beschluß vom 28. 5. 1948, der deshalb den Beschluß des LG Göttingen vom 14. 10. 1947 aufhob; hier auch weitere ältere Rspr. Ferner LG Braunschweig 2. 11. 1950. Vgl. ferner SPRINGER in der vorigen Note. Farbloser AG Hamburg 11. 2. 1948: „Ist bei ordnungsmäßig beschlossener Sitzverlegung die Mitwirkung des ostzonalen Sitzregistergerichts *nicht zu erreichen*, ist das Gericht des neuen Sitzes zur Eintragung berechtigt.“ Ähnlich auch ERNST WOLFF, 198 „... falls feststeht, daß das Gericht der Hauptniederlassung eine solche Eintragung ablehnt.“ HILDEBRANDT in dem Kommentar zum HGB von GESSLER-HEFERMEHL-HILDEBRANDT-SCHRÖDER (2. Aufl. 1950) § 13 Anm. 8 verlangt die Feststellung, daß das alte Registergericht nicht tätig werden kann oder will und daß der Beschwerdeweg erschöpft ist. Das geht aus den im Text erörterten Gründen zu weit; ablehnend auch DUDEN, NJW 1950, 818.

deweg eingeschlagen und erschöpft werden muß [96], was für die betroffene Firma Zeit- und Geldverlust mit sich bringt. Deshalb scheint auch diese Rechtsprechung überwiegend fallengelassen worden zu sein. Die allgemein anerkannte Praxis geht jetzt jedenfalls dahin, die Sitzverlegung einzutragen, ohne die Mitwirkung des bisherigen Registergerichts abzuwarten [97].

Es sei jedoch ausdrücklich darauf hingewiesen, daß diese Auslegung des § 13 c I HGB und des § 38 I AktG nur dann zur Anwendung kommen kann, wenn sie interlokal-verwaltungsrechtlich geboten ist, also die beteiligten Registergerichte Ländern mit verschiedenen Enteignungsordnungen angehören. Liegen die Gerichte in der gleichen Zone, so müssen die Vorschriften an sich zur Anwendung kommen, da Abweichungen im einzelnen, wie sie zwischen den einzelnen Ländern der Ostzone bestehen mögen, ihre Ausschaltung kaum rechtfertigen. Ebenso mußte das Oberlandesgericht Gera sich bei der Verlegung einer Firma von Königsberg i. Pr. nach Ilmenau auf andere Weise von den Vorschriften lösen, um die Nichtbeteiligung des bisherigen Registerrichters zu begründen. Das Gericht stellte es lediglich auf den Zwang der tatsächlichen Lage ab [98] und fand damit die in diesem besonderen Fall der rechtlichen Wirklichkeit sicher am nächsten kommende und zudem ein fatales Präjudiz vermeidende Lösung.

Die Verlegung des Sitzes bedeutet kollisionsrechtlich einen Wechsel der maßgebenden Anknüpfung. Eine zweite, weniger einschneidende Form des Ausweichens nach dem Westen ist die Begründung eines zweiten Sitzes in den Westzonen [99]. Sie wurde namentlich von Versicherungsgesellschaften gewählt, die ihren Sitz in Berlin haben. Kollisionsrechtlich gesehen bedeutet die Begründung des Doppelsitzes, wenn beide Sitze die volle gesetzliche Funktion haben sollen, die Gewährung des Wahlrechts für die Gesellschaft, die erwünschte Anknüpfung selbst zu bestimmen. Werden die Funktionen des Sitzes jedoch geteilt, so bedeutet die Begründung eines Doppelsitzes die entsprechende Aufteilung der Anknüpfungen auf die beiden in

---

[96] So ausdrücklich OLG Celle 28. 5. 1948; hiergegen auch LG Frankfurt a. M. 10. 3. 1949 und LG Göttingen 17. 11. 1949.

[97] So OLG Düsseldorf 6. 12. 1949 (unter III am Ende). Bei dem neuen Registergericht lag schon immer der Schwerpunkt: OLG Kassel 16. 12. 1949.

[98] OLG Gera 3. 2. 1947: Es „muß heute der rein tatsächliche, durch das Potsdamer Abkommen festgelegte Zustand der Besetzung der Gebiete östlich der Oder-Neisse-Linie die Grundlage dafür abgeben, daß deutsche Kaufleute mit dem früheren Sitz in diesem Gebiet jetzt die Möglichkeit haben müssen, sich im Rumpfgebiet rechtswirksam niederzulassen".

[99] Springer (NJW 1949, 563) weist mit Recht darauf hin, daß die Begründung eines zweiten Sitzes einer AG in den Westzonen und die Frage der Sitzverlegung dogmatisch nichts miteinander zu tun haben.

Betracht kommenden Rechtsordnungen. Die Diskussion über die sehr umstrittene Frage des doppelten Sitzes wird, soweit ersichtlich, nahezu ausschließlich auf dem Boden der Sachnormen des Gesellschaftsrechts geführt und bietet keine kollisionsrechtlichen Besonderheiten [100].

SCHLUSS

DAS KOLLISIONSRECHTLICHE OST-WEST-PROBLEM IM RAHMEN DER DEUTSCHEN RECHTSORDNUNG

Man wird dem Verfasser vielleicht vorwerfen, daß er auf einem wenig begangenen Grenzgebiet zwischen öffentlichem und privatem Recht, zwischen Kollisions- und Sachnormen, zwischen innerstaatlichem und internationalem Recht den Leser mit überflüssigen Erörterungen aufgehalten und ihn mit Distinktionen behelligt habe, deren Berechtigung sich, wenn überhaupt, erst nach einer Kette nicht einfacher Schlüsse ergebe. Es sei zugegeben, daß es schwierig ist, auf diesem Gebiet überhaupt einen Weg zu finden, und daß der

---

[100] Über die Entwicklung der Frage (Gutachten GESSLERS) BEUCK, IZR 36 ff. Das ältere Schrifttum verneint die Möglichkeit eines zweiten Sitzes durchweg, zumal bei juristischen Personen des Handelsrechts; einen Überblick gibt STARKE, MDR 1948, 461. Verneinend VOGEL 225, DNZ 1950, 85, NJW 1950, 352 und JZ 1951, 765; SPRINGER, NJW 1949, 563; v. LAUN, Doppelsitz von Aktiengesellschaften, in: Festschrift für Haff (1950); BEUCK, IZR 38. Zweifelnd CONSBRUCH, NJW 1949, 375 und BRONISCH, BB 1949, 726.

In einem Sonderfall, dem der Gothaischen Kaufgewerkschaften, hat das RG einen Verwaltungssitz in Hannover neben dem Sitz in Gotha für zulässig erachtet (RGZ 99, 218).

HILDEBRANDT (JR 1949, 250 und in dem Kommentar zum HGB von GESSLER-HEFERMEHL-HILDEBRANDT-SCHRÖDER [2. Aufl. 1950] § 13 c III) hält einen Doppelsitz in verschiedenen Wirtschafts- und Währungsgebieten für möglich, nicht auf Grund der gesetzlichen Bestimmungen, sondern der tatsächlichen Lage. Bejahend ferner BERNAU, NJW 1949, 86 ff.; SCHMIDT, JR 1949, 207; STARKE, MDR 1950, 48 mit weiterer Lit., BB 1948, 462; KEIDEL, G. über die Angelegenheiten der freiwilligen Gerichtsbarkeit [4] (1951), § 131 Anm. 3.

Die neue Rspr. — mit Ausnahme der Berliner: KG (West) 27. 4. 1950 — drängt zur Bejahung des Doppelsitzes. So AG Bonn 17. 9. 1948, LG Köln 31. 10. 1949 und 21. 6. 1950 (Personalgesellschaften betreffend), LG München I 22. 3. 1950 und AG Heidelberg 27. 12. 1948. Die letztgenannte Entscheidung zieht kollisionsrechtliche Gesichtspunkte insoweit unterstützend heran, als in der Entscheidung der Umstand berücksichtigt wird, daß der Sitz der zweiten Hauptverwaltung zum Sitz der Gesellschaft im Währungsgebiet (Westzonen) gemacht wurde, die Verschiedenheit des Währungsrechts an beiden Sitzen also eine Rolle spielte. Nunmehr hat auch der Gesetzgeber die Möglichkeit eines Doppelsitzes bejaht, zunächst in einem Spezialfall: § 2 III der 35. DVO zum Umstellungsgesetz (hierzu WÜRDINGER, SJZ 1950, 88; REWOLDT, MDR 1951, 653), sodann allgemein: § 5 des D-Markbilanzergänzungsgesetzes vom 28. 12. 1950 (BGBl 811), und zwar für den Fall, daß ein Sitz sich in Berlin (West), der zweite sich in der Bundesrepublik befindet.

Verfasser durchaus nicht sicher ist, überall den richtigen Weg gewiesen zu haben. Was aber die Notwendigkeit der Bearbeitung dieses Grenzgebietes betrifft, so sei es am Schluß erlaubt, nur ganz kurz die behandelten Fragen in einen größeren Zusammenhang zu stellen.

Eine große Zahl der hier erörterten Konflikte ist daraus zu erklären, daß auf der einen Seite sozialistisch, auf der anderen Seite nicht-sozialistisch organisierte Staaten stehen. Rechtstechnisch drückt sich der Unterschied in der wirtschaftspolitischen Konzeption beider Staatengruppen vor allem darin aus, daß in sozialistischen Staaten wirtschaftliche Betätigungen und damit Wirtschaftsgebiete dem öffentlichen Recht zugeordnet sind, die in nicht-sozialistischen Staaten zum Privatrecht gehören [1]. Als Beispiel sei nur auf die Besonderheiten hingewiesen, die sich daraus ergeben, daß der Außenhandel der UdSSR in dem sowjetischen Außenhandelsmonopol konzentriert ist [2], während der Außenhandel der nicht-sozialistischen Staaten sich vorwiegend in privatrechtlichen Formen vollzieht. Aus diesem Gegenüberstehen und Ineinandergreifen von privatem und öffentlichem Recht, das sich aus der Verschiedenheit der wirtschaftlichen und politischen Systeme ergibt, folgte ein guter Teil der hier behandelten Probleme; namentlich der Grundsatz von der Territorialität der Zwangsmaßnahmen wurzelt auf diesem Grenzgebiet und hat hier seine wichtige Funktion als ein untrügliches Merkmal starken wirtschaftspolitischen Gefälles. In dieser Abhandlung ging es neben anderen Dingen vor allem darum, dieses Gegenüberstehen und Ineinandergreifen kollisionsrechtlich zu spiegeln. Es sind natürlich auch zahlreiche andere Spiegelungen möglich, z. B. vom Standpunkt des Arbeits- oder des Wirtschaftsrechts aus. Aufgabe der Rechtswissenschaft ist es, den rechtlichen Status eines solchen Gegenüberstehens möglichst genau und objektiv wiederzugeben und die Begriffe und übrigen Denkformen bereitzustellen, die zur Überwindung der im staatlichen und wirtschaftlichen Leben sich aus dieser Situation ergebenden Schwierigkeiten notwendig sind. Ob sie angewandt werden, liegt jenseits ihrer Macht.

Dieses Ineinandergreifen zweier einander gegenüberstehender Systeme wurde hier nicht abstrakt abgehandelt, sondern an dem wohl einmaligen Beispiel des gegenwärtigen Deutschlands dargestellt. Das für uns Deutsche so Erregende und so eminent Wichtige an dem heutigen rechtlichen Zustand Deutschlands ist, daß sich

---

[1] Vgl. RIEZLER, RvglHwb II 610; über die Qualifikation des Systembegriffs „öffentlich-rechtlich" s. NEUMEYER IV 160 ff.

[2] Vgl. RvglHwb III 463.

dieses Zusammentreffen zweier Systeme im Rahmen der in ihren wesentlichen Stücken noch aufrechtstehenden deutschen Gesamtrechtsordnung abspielt. Die Beantwortung der Frage, ob diese deutsche Gesamtrechtsordnung einerseits tragkräftig, andererseits elastisch genug ist, um die ungeheure Spannung zwischen den beiden Systemen, die letzten Endes die Spannung zwischen zwei verschiedenen Welten ist, auszuhalten und — vielleicht — für sich auszugleichen, wird auch für die Zukunft des deutschen Staates entscheidend sein.

Verzeichnis der deutschen Entscheidungen [1]

1. Reichsgericht

U 2. 10. 1896 (I): RGZ 18, 31: **129**
U 21. 3. 1905 (II): RGZ 60, 296: **59**
U 29. 5. 1908 (II): RGZ 69, 1: **74, 134, 135, 138**
U 22. 1. 1916 (V): RGZ 88, 53: **79, 146, 162**
U 19. 1. 1918 (V): RGZ 92, 73: **32, 72, 75, 79, 144, 146**
U 19. 6. 1920 (I): RGZ 99, 217: **79, 166**
U 29. 10. 1920 (II): RGZ 100, 182: **129**
U 15. 11. 1920 (I): RGZ 100, 210: **79, 85**
U 7. 6. 1921 (VII): RGZ 102, 251: **68, 71, 79, 81, 102**
U 28. 9. 1921 (I): RGZ 102, 390: **140**
B 29. 5. 1923 (II): RGZ 107, 31: **124**
U 2. 6. 1923 (V): RGZ 107, 44: **66, 92, 106, 109**
U 29. 6. 1923 (II): RGZ 107, 94: **10, 162**
U 30. 6. 1923 (I): RGZ 108, 210: **109**
U 19. 9. 1923 (I): RGZ 107, 121: **46**
U 2. 5. 1924 (I): RGZ 108, 265: **106**
U 3. 4. 1925 (VI): RGZ 110, 380: **106**
U 30. 4. 1925 (II): RGZ 110, 422: **153**
U 11. 7. 1925 (I): JW 1926, 1986 (Grimm): **106**
U 3. 6. 1927 (II): RGZ 117, 218: **129**
U 20. 9. 1927 (II): RGZ 118, 76: **91, 132, 134, 136, 137, 138**
U 27. 1. 1928 (VII): RGZ 120, 70: **45, 48**
U 20. 5. 1930 (II): RGZ 129, 98: **95, 147, 148**
U 22. 9. 1930 (IV): RGZ 130, 23: **75, 80, 101, 106, 109**
U 5. 6. 1931 (II): MuW 1931, 430: **124**
U 16. 5. 1933 (II): RGZ 140, 340: **107**
U 13. 6. 1934 (I): RGZ 145, 16: **75**
U 14. 9. 1938 (II): RGZ 158, 226: **124, 126**
U 6. 10. 1939 (I): RGZ 161, 387: **140**
U 17. 6. 1940 (VIII): RGZ 164, 193: **29**
B 23. 4. 1941 (VI): DR 1941, 1618: **57**
B 17. 7. 1943 (Großer Senat): ZAkDR 1944, 67: **29, 51, 57**

2. Bundesgerichtshof

U 24. 11. 1951: MDR 1952, 99 = JZ
U 26. 1. 1951: BGHZ 1, 109 = JZ 1951, 302 = MDR 1951, 288 = NJW 1951, 400 = DNZ 1951, 178 = BB 1951, 232: **47, 54, 117, 118**
U 5. 3. 1951: NJW 1951, 521 (Hefermehl) = MDR 1951, 348: **132**
U 10. 5. 1951: BGHZ 2, 130 = NJW 1951, 958: **30**
U 29. 5. 1951: BGHZ 2, 218 = MDR 1951, 546 = NJW 1951, 652 = BB 1951, 599: **109, 110**
U 28. 6. 1951: JZ 1951, 696: **8**
U 24. 11. 1951: MDR 1952, 99 = JZ 1952, 82 = NJW 1952, 183 = BB 1952, 42: **161**

3. Oberster Gerichtshof für die Britische Zone

U 1. 7. 1948: OGHZ 1, 87 = SJZ 1949, 407 = DV 1948, 15: **84, 89**
U 10. 3. 1949: OGHZ 1, 363 = MDR 1949, 289 = NJW 1949, 465 (Kleinrahm): **46**
U 31. 3. 1949 (I 125/48): HEZ 2, 311 = MDR 1949, 353: **75, 85**
U 31. 3. 1949 (I 142/48; bestätigt OLG Braunschweig 23. 3. 1948): HEZ 2, 362 = MDR 1949, 351 = JR 1949,

[1] Urteile sind durch U, Beschlüsse durch B bezeichnet; die Verfasser von Anmerkungen sind in Klammern genannt.

286 = BB 1949, 258: **75, 81, 108, 109, 113**

U 31. 3. 1949 (I 169/48): OGHZ 1, 386 = NJW 1949, 502 = MDR 1949, 419: **75, 92, 94, 113**

U 2. 6. 1949: MDR 1949, 615 = DRZ 1949, 469 = BB 1949, 540: **46**

U 23. 6. 1949: OGHZ 2, 143 = MDR 1949, 478 (SIEVEKING) = DRZ 1949, 500 (MEYER) = NJW 1949, 621 = BB 1949, 402: **109, 110, 113**

U 17. 11. 1949: OGHZ 3, 1 = MDR 1950, 93 = NJW 1950, 187: **110**

U 13. 4. 1950: OGHZ 4, 6 = NJW 1950, 644 = JuV 1950, 157: **121, 153**

U 4. 5. 1950: OGHZ 4, 51 = NJW 1950, 643 (MANN S. 906) = DRZ 1950, 364 = JuV 1950, 157: **47, 54, 108**

4. Oberstes Gericht der Deutschen Demokratischen Republik

U 12. 7. 1950: NJ 1950, 403: **112**

U 14. 2. 1951: AZGB Nr. 149/663: **81, 151**[1]

5. Weitere oberste deutsche Gerichtshöfe

Deutsches Obergericht für das Vereinigte Wirtschaftsgebiet, U 13. 4. 1950: MDR 1950, 474 = NJW 1950, 540 = SJZ 1950, 543: **84, 89**

Bayerisches Oberstes Landesgericht, U 15. 12. 1948: NJW 1949, 223: **161**

Oberster Finanzgerichtshof München, Gutachten 27. 2. 1946 bei Zinn, SJZ 1947, 5: **84, 101**

Württembergisch-Badischer Verfassungsgerichtshof, Vorbescheid v. 20. 5. 1950: JZ 1951, 86: **89**

Badischer Staatsgerichtshof, U 15. 1. 1949: RuS März 1950: **99**

6. Instanzgerichte

OLG Bamberg

- B 30. 1. 1948: HEZ 1, 188 = SJZ 1948, 257: **102, 150, 153**
- B 31. 3. 1950: DNZ 1950, 475: **150**

Kammergericht

- U 25. 10. 1927: JW 1928, 1232: **59**
- B 19. 8. 1948: JR 1949, 49 = HW 1949, 44 = NJW 1949, 310: **65, 81, 88, 115, 145, 153**
- B 1. 9. 1948: NJW 1949, 425 = NJ 1949, 39 = JR 1949, 117 = DRZ 1949, 283: **47**
- U 21. 12. 1948: JR 1949, 58: **48**
- U 7. 2. 1949: JR 1949, 90: **48**

Kammergericht (West)

- B 4. 3. 1949: JR 1950, 57: **47**
- U 12. 3. 1949: HW 1950, 72: **47**
- B 4. 4. 1949: JR 1949, 390: **48**
- B 25. 4. 1949: MDR 1951, 40 = HW 1950, 9: **115, 153**
- B 9. 6. 1949: JR 1950, 57: **47**
- U 10. 6. 1949: JR 1950, 151: **47**
- U 27. 8. 1949: JR 1950, 152: **51**
- U 6. 9. 1949: JR 1950, 307: **82, 134, 135**
- B 3. 10. 1949: JR 1950, 57: **48**
- B 29. 11. 1949: NJW 1950, 648: **115**
- B 27. 4. 1950: MDR 1950, 740 = Betrieb 1951, 151: **166**
- B 12. 6. 1950: JR 1950, 684: **115, 117**
- B. 20. 10. 1950: JR 1951, 152 = BB 1951, 64: **59, 15**
- U 15. 12. 1950: JZ 1951, 367 (BEITZKE): **59, 95, 115**
- U 22. 12. 1950: NJW 1951, 486 = BB 1951, 238: **114**
- B 29. 3. 1951: JR 1951, 240 = NJW 1951, 485 = StAZ 1951, 151 = JZ 1951, 508 (BEITZKE): **9, 41, 42**

Kammergericht (Ost)

- U 4. 5. 1951: NJ 1951, 475: **111, 112**

LG Berlin

- B 17. 11. 1947: HW 1948, 43: **115, 117**
- U 14. 8. 1948: NJW 1947/48, 163: **48**
- B 27. 11. 1948: JR 1949, 61: **48**
- B 8. 12. 1948: JR 1949, 60 = HW 1949, 61: **48, 61**

---

[1] Dieses Urteil hebt formell nicht das des OLG Gera vom 4. 6. 1948, sondern ein ihm folgendes (unveröffentlichtes) Urteil des OLG Dresden auf; es wird gebeten, dies bei den angegebenen Stellen zu berücksichtigen.

[1] Vgl. S. 170 N. 1.

Kolibri 360 GmbH
Ferdinand-Jühlke-Straße 7
99095 Erfurt, Deutschland
produktsicherheit@kolibri360.de